Hermann Fischer

Plädoyer für eine Sanfte Chemie

Erwin Chargaff (New York/Wien),
dem liebenswerten und scharfblickenden Altmeister
kritischer Wissenschaft, widme ich
dieses Buch mit Freude und Dankbarkeit. H.F.

Hermann Fischer

Plädoyer für eine Sanfte Chemie

Über den nachhaltigen Gebrauch der Stoffe

Reihe Sanfte Chemie

Verlag C.F. Müller
Alembik Verlag

Die Deutsche Bibliothek - CIP Einheitsaufnahme
Fischer, Hermann:
Plädoyer für eine Sanfte Chemie : über den nachhaltigen
Gebrauch der Stoffe / Hermann Fischer. - Karlsruhe : Müller ;
Braunschweig : Alembik-Verl., 1993
(Reihe Sanfte Chemie)
ISBN 3-7880-9880-5

1. Aufl. 1993

Umschlag: Johannes Nawrath, Hamburg
Konvertierung und Umbruch: Agnes Messing, Braunschweig
Druck u. Verarbeitung: Greiser-Druck, Rastatt
Gedruckt auf 100 % Recyclingpapier, chlorfrei, mit Naturfarben

Printed in Germany
ISBN 3-7880-9880-5

Inhalt

Ouvertüre zu einem neuen Zusammenklang der Stoffe

Die Geschichte und Gegenwart der Harten Chemie

Die Entwicklung der Idee einer Sanften Chemie

Wissenschaftliche Grundlagen einer Sanften Chemie

Zukunftsmodelle: Sanfte Chemie in der Praxis

Diskussionsstand und Perspektiven einer Sanften Chemie

Anhang

Ouvertüre zu einem neuen Zusammenklang der Stoffe

»Die Kunst Bücher zu schreiben ist noch nicht erfunden.
... Fragmente dieser Art sind litterarische Sämereyen.
Es mag freylich manches taube Körnchen darunter seyn
- Indeß wenn nur einiges aufgeht«
Novalis: Blüthenstaub. Fragment Nr. 104

Über dieses Buch

Motive, Anlässe und Ziele für ein Buch über die Sanfte Chemie

Dieses Buch ist für alle Menschen gedacht, die sich für die Eigenschaften und Verwandlungen der Stoffe in ihrer natürlichen und technischen Umwelt interessieren. Es enthält Gedanken über die Art, wie wir bislang unseren Bedarf an Farben, Textilien, Baustoffen, Kosmetika und Waschmitteln erfüllt haben, und welche ökologischen, gesundheitlichen und moralischen Probleme sich daraus ergeben. Es enthält aber ebenso konkrete Vorschläge, wie wir künftig unsere stofflichen Bedürfnisse befriedigen könnten, ohne den Kredit der natürlichen Schöpfung zu überziehen. Das Buch wendet sich daher an alle engagierten Frauen und Männer, die als Verbraucher und Produzenten von Chemie betroffen sind, aber auch an Lehrer in Schulen und Hochschulen, an ältere Schüler und an Studenten sowie an die vielen Menschen, die in der Industrie täglich damit beschäftigt sind, Rohstoffe in Zwischenprodukte und schließlich in Gebrauchsartikel umzuwandeln oder neue Produkte zu erfinden. Es ist das Buch eines Chemikers, Lehrers und Unternehmers, der sein eigenes Leben mit den hier vorgebrachten Ideen voll und ganz verbunden hat.

Chemie nach dem Ende des Erdöls

Das Buch stellt den Entwurf einer Chemie dar, die eine Fortentwicklung der Menschheit auch nach dem baldigen Erschöpfen der fossilen Rohstoffvorräte ermöglichen soll. Es ist daher auch dringend Zeit für Bücher wie dieses: in wenigen Jahrzehnten stehen wir, bezogen auf die uns heute beherrschende Rohstoffbasis, vor dem stofflichen Nichts. Wenig ist bisher für den Tag vorbereitet worden, an dem der letzte Tropfen Rohöl aus einer ausbeutungswürdigen Lagerstätte gepumpt worden sein wird. Viele von uns werden den Tag noch erleben müssen, für unsere Kinder und Enkel ist er unausweichliche Realität mit einschneidenden Konsequenzen für die gesamte Gesellschaft.

Notwendigkeit: eine neue Sicht der Chemie

Es ist aber nicht nur ein Buch über eine mögliche künftige Praxis eines nachhaltigen Gebrauchs der Stoffe. Es enthält auch eine andere, mit dem Alltagsleben jedes Menschen verbundene Sichtweise der Chemie. Es stellt den Versuch dar, die Chemie aus den Gefängnissen der großindustriellen Retorten und aus den Elfenbeintürmen der abstrakten Formelbilder wieder in die unmittelbare Umgebung des Menschen zu stellen und mit seinem eigenen

Wesen, seinen Interessen, seinem Stoffwechsel und seinen unverfälschten Bedürfnissen zu verbinden. Daß dadurch oft mehr neue Fragen als simple, fertige Antworten geliefert werden, gehört zur Grundeinstellung des Autors und ist eher ein Beleg für die Notwendigkeit, eine solche Diskussion zu beginnen, als ein Beweis mangelnder Tragfähigkeit der hier skizzierten Analysen und Konzeptionen.

Zur Entstehung des Buches

Seit fast 10 Jahren gibt es Pläne, dieses Buch über die Grundlagen einer ›Sanften Chemie‹ zu schreiben. Schon bald nach Erscheinen der Nachschrift eines Vortrags, bei welchem der Begriff erstmals im Titel auftauchte, wandten sich verschiedene Verleger an den Autor mit der Bitte um eine entsprechende Monographie. Das Bemühen des Autors um die konkrete Praxis der Sanften Chemie hatte jedoch in all den Jahren immer wieder den Vorrang vor einer Veröffentlichung ihrer Grundlagen erhalten. Nun schließen sich die Kreise insofern wieder, als einer der allerersten Interessenten, Dr. Christof Müller-Wirth vom Verlag C.F. Müller, durch seine zehn Jahre lang nicht nachlassende freundschaftliche Hartnäckigkeit mit dazu beigetragen hat, diese alten Pläne nun endlich zu realisieren.

Das Buch selbst hat durch das Zuwarten nicht unbedingt verloren. Viele Gedanken sind in der Zwischenzeit von der bloßen Skizze in langen Diskussionen und Gesprächen klarer hervorgetreten. Eine besondere Rolle spielen dabei die mehrere hundert öffentlichen Vorträge in vielen Städten Europas, die der Verfasser in diesen zehn Jahren im Umkreis der Sanften Chemie gehalten hat. Den Fragebeantwortungen und Diskussionen im Anschluß an diese Vorträge verdankt er wichtige Anregungen und neue Sichtweisen.

Vorträge und Diskussionen am Beginn

Tatsächlich wäre die Nachzeichnung der vielen dutzend Stunden Diskussion und Fragenbeantwortung im Gefolge der Vorträge der Entwicklung des Themas besonders angemessen - mehr als der zwangsläufig nun gegebene monographische Charakter, welcher die Lebendigkeit der Auseinandersetzung mit Einwänden und Weiterungen der Diskussionsteilnehmer nicht plastisch genug widerzuspiegeln vermag. Dennoch war es einmal nötig, dieses zumeist nicht Notierte und das seit 1979 in verstreuten Teildarstellungen Veröffentlichte nun einmal in der Geschlossenheit eines Gesamtentwurfs darzustellen.

Obwohl der Begriff ›Sanfte Chemie‹ bereits vor einem Jahrzehnt geprägt wurde, in den vergangenen Jahren Gegenstand einer sehr regen, kontroversen Diskussion war und seit einigen Jahren zum fachlexikographischen Standardrepertoire gehört[1], fehlt es immer noch an einer zusammenfassenden Darstellung. Dieser Mangel hatte auch zur Folge, daß die Auseinandersetzung um den Begriff und um dessen Inhalte sich lediglich an verstreut publizierten Einzelaspekten entwickelte und daher dem umfassenderen Anspruch dessen, was darunter verstanden werden kann, nicht gerecht werden konnte.

Damit ist dieses Buch auch gedacht als Ermutigung an die Freunde und Praktiker der Sanften Chemie, das, was hier nur angerissen wurde, auszuführen und ebenfalls zu veröffentlichen. Zudem ist das Buch Auftakt zu einer ganzen Reihe, die auch insgesamt den Titel ›Sanfte Chemie‹ trägt und deren Aufgabe es ist, die konkrete und praktische Ausgestaltung zahlreicher

Ansätze im Bereich eines neuen und zukunftsorientierten Gebrauchs der Stoffe darzustellen.

Eine ›Kampfschrift gegen die Harte Chemie‹?

Um einem naheliegenden Mißverständnis vorzubeugen: dieses Buch ist keine ›Kampfschrift gegen die Harte Chemie[2]‹. Die heute praktizierte Chemie ist eine Tatsache, in der die kreative Leistung und die Lebensarbeit Tausender Menschen steckt. Dieser Leistung gilt in vielerlei Hinsicht die volle Bewunderung des Autors, der sich - selbst ausgebildeter Chemiker und engagierter Naturwissenschaftler - in die Begeisterung eines Menschen beim Auffinden einer neuen Molekülstruktur, eines bislang unbekannten Syntheseweges, einer raffinierten Meßanordnung oder der eleganten mathematischen Beschreibung eines Reaktionsvorganges nur zu leicht hineindenken kann. Es geht nicht um die Bekämpfung der Harten Chemie, sondern um ihre Überwindung, ihre allmähliche Ablösung durch neue, der Endlichkeit unseres Planeten besser angepaßte Forschungs- und Produktionsstrukturen. Dies sind Ziele und Aufgaben, welche die Kräfte und Fähigkeiten eines einzelnen Autors naturgemäß weit übersteigen. Es kann daher hier nur darum gehen, Fragen zu stellen, Erfahrungen mitzuteilen und Anregungen zu vermitteln - das ist alles.

Harte Chemie: überwinden, nicht bekämpfen

Gerade die Chemiker-Kollegen unter den Leserinnen und Lesern sollten sich dessen stets bewußt sein, bevor sie die eine oder andere These in diesem Buch als Angriff auf ihre persönliche Integrität und Lebensleistung mißverstehen. Die hier vorgestellten Thesen und Gedanken leben allerdings auch von ihrer möglichst deutlichen Konturierung. Das Medium des gedruckten Wortes hat seine eigenen Gesetze, in denen die Möglichkeit zur Rückfrage und zum Dialog gerade vom Autor oft schmerzlich vermißt wird - um so mehr, als die Inhalte des Buches, wie erwähnt, hauptsächlich durch Dialoge und Gespräche entstanden sind.

Arbeit für eine Zukunft der Chemie

Im wohlverstandenen Sinne kann dieses Buch sogar als ein Versuch gewertet werden, zu einem langfristigen Erhalt der Chemie als Wissenschaft und als Technik beizutragen. Nur wenn die von den Folgen der modernen Chemie betroffenen Menschen das Gefühl bekommen, daß eine echte Wende im Weltbild, in den Konzepten und in den Handlungsstrategien der Chemieindustrie und der ihr beigeordneten Hochschulforschung eintritt, wird die Chemie eine Zukunft haben. Die Menschen lassen sich mit Hochglanzbroschüren über die menschheitsbeglückenden Vorzüge der Chemie, mit Beschwichtigungskampagnen nach Störfällen und auch mit den üblichen, verlogenen »Chemie-im-Dialog-mit-dem-Bürger«-Inseraten von ihrem tiefen Mißtrauen nicht mehr abbringen. Sie spüren zu deutlich, daß hier die Leute von den Abteilungen für Public Relations und Marketing das Wort führen, nicht diejenigen, die über die zukünftigen Strategien der Chemie entscheiden.

Es wäre schade um die Chemie als Wissenschaft, Technik und Kunst, die mit ihren urbildhaften Grundoperationen seit Jahrtausenden so tief im kollektiven Unbewußten der Menschheit verankert ist. Vielleicht kann diese Schrift einen kleinen Beitrag dazu leisten, die längst überfällige Wende in der Erkenntnis, der Verwandlung und dem Gebrauch der Stoffe vorzubereiten.

Gliederung und Schwerpunkte

Das vorliegende Buch ist in sieben große Abschnitte eingeteilt. Am Beginn steht eine Einführung, in der alle wichtigen Themen und Gesichtspunkte wie in einer Ouvertüre bereits einmal kurz anklingen sollen, um dann in den weiteren Kapiteln des Buches genauer und mit Beispielen und Details ausgeführt zu werden. In dem zweiten Kapitel geht es dann darum, den Hintergrund, vor dem sich die Szenerie einer Sanften Chemie entwickeln soll, möglichst vielfarbig, lebendig und plastisch darzustellen. Diesen Hintergrund, vor welchem die Thesen einer neuen Art der Chemie erst deutlich und verständlich werden und zu dem sie in einer steten gedanklichen Wechselbeziehung stehen, bilden die Ideen und Handlungen der Chemie, wie wir sie heute als eine enorm bedeutsame gesellschaftliche, wirtschaftliche, wissenschaftlich-technische und auch kulturelle Kraft kennen.

Entwicklungen und Prozesse sind nach Überzeugung des Autors stets mindestens ebenso bedeutsam wie Daten und Zustände. Folgerichtig werden in dem zweiten Kapitel nicht nur der jetzige Zustand der Chemie beschrieben, sondern auch einige wesentliche Entwicklungsschritte, die zu diesem Zustand geführt haben. In der Darstellung solcher Entwicklungsschritte kommt es wiederum nicht allein auf die materiellen Aspekte an: welche Stoffe wurden zu welcher Zeit auf welche Weise erstmals dargestellt und bilden so Durchgangsstadien für die heutige Chemie - sondern mindestens ebensoviel Gewicht soll auf die Frage gelegt werden, welche Ideen, Weltbilder und Motive den Entwicklungsgang dessen beeinflußt haben, was als ›Harte Chemie‹ heute vor uns steht.

Im dritten Kapitel wird dann der gedankliche Prozeß geschildert, der aus einer Vielzahl ganz unterschiedlicher Quellen und Strömungen heraus die Idee einer Sanften Chemie zum Vorschein gebracht hat. Auch hier kommt es wieder darauf an, daß eine solche Idee nicht wie eine unverrückbare Tatsache vor dem Betrachter steht, sondern als Ergebnis zahlreicher ideeller und materieller Vorbedingungen und Entwicklungsschritte. Wer einen solchen Gesichtspunkt ernst nimmt, wird auch nicht in die Gefahr geraten, den Inhalt dessen, was hier unter dem Begriff ›Sanfte Chemie‹ vorgestellt wird, als etwas Endgültiges und dogmatisch Festgelegtes mißzuverstehen. Vielmehr ergibt sich aus einer Betonung des Prozessualen, daß mit den hier vorgestellten Ideen zu einer künftigen Sanften Chemie allenfalls der frühe Beginn einer Entwicklung charakterisiert werden kann, von der nur die Rückschau in einigen Jahrzehnten beurteilen mag, was daran keimfähiges Samenkorn war und was taube Spreu.

Beginn einer Entwicklung - kein Dogma

Im vierten Kapitel sollen dann alle Gesichtspunkte gesammelt werden, die heute für eine wissenschaftliche Begründung der Sanften Chemie herangezogen werden können. Auch dabei sollen die naturwissenschaftlichen Gesichtspunkte zwar eine Hauptrolle spielen, aber eingeführt und ergänzt durch geisteswissenschaftliche Aspekte.

Im fünften Kapitel werden dann die verschiedenen Thesen zur Sanften Chemie insofern konkretisiert, als Beispiele für Produkte und Sortimente geschildert werden, bei deren Entwicklung und Herstellung Grundideen der Sanften Chemie Eingang gefunden haben.

Das sechste Kapitel ist der Auseinandersetzung um die Ideen und die Perspektiven der Sanften Chemie gewidmet. Da dieses Konzept bereits seit etwa 10 Jahren in mehr oder minder ausführlicher Form den Weg in die öffentliche Diskussion gefunden hat, gibt es bereits zahlreiche Stellungnahmen kritischer Art. Einige dieser kritischen Gegenthesen werden vorgestellt und analysiert, bevor abschließend der Versuch einer kurzen Zusammenfassung und eines Ausblicks auf die zukünftigen Entwicklungschancen der Idee einer Sanften Chemie unternommen werden soll.

Im letzten Teil findet sich ein Verzeichnis der zur Abfassung dieses Buches verwendeten Literatur, ein Index sowie ausführliche Anmerkungen.

Worum es geht

Gedanken über die Analyse des täglichen Störfalls hinaus

Die moderne Chemie steckt in einer tiefen Krise, der tiefsten seit ihrer Herausbildung vor etwa 150 Jahren. Diese Krise betrifft nicht allein die Chemische Industrie, die sich trotz massiver Öffentlichkeitsarbeit in einem fundamentalen Tiefpunkt ihrer gesellschaftlichen Akzeptanz befindet, sondern auch die gesamte Naturwissenschaft, wie sie an den Schulen und Hochschulen gelehrt wird. Trotz aller Parolen von den segensstiftenden Leistungen der modernen Chemie[3] sind die negativen Folgewirkungen des Einsatzes heutiger chemischer Massenprodukte für Gesundheit, Umwelt und Lebensqualität von Millionen Menschen so offenkundig, daß Zweifel an der Zulässigkeit und Tragfähigkeit der Methoden, mit denen wir heute Stoffe erzeugen und umwandeln, immer drängender werden.

An kritischen Stimmen zur modernen Chemie fehlt es dabei keineswegs. Allerdings zeigt eine Analyse dieser Kritik, daß sie häufig im wesentlichen auf den gleichen erkenntnistheoretischen Fundamenten ruht wie die kritisierten Personen, Konzepte und Verfahren selbst. Sie setzt selten an der Wurzel an, sondern lebt von der Hoffnung auf eine Veränderbarkeit der Chemie unter Beibehaltung ihrer entscheidenden prozessualen und stofflichen Grundprinzipien.

Chemiekritik: selten an der Wurzel angesetzt

Diese Form der Chemiekritik ist verdienstvoll und hat sicher in vielen Fällen eine ›Entschärfung‹ besonders grober Mißstände vorbereitet und erzwungen. Wo sie aus immanenter Sicht erfolgt, fehlt ihr jedoch häufig der Blick dafür, daß es durch diese Form der kritischen Begleitung oft nur zu einer Verlagerung der Probleme kommt. Sie nimmt dann nicht in genügender Klarheit wahr, daß das Hauptproblem nicht in den konkreten Stoffen, Chemieanlagen und Syntheseverfahren liegt, sondern in der wissenschaftlichen Ausbildung, in den gedanklichen Gewohnheiten und nicht zuletzt im Weltbild der in der Chemie tätigen Menschen.

Das vorliegende Buch, wenn auch von einem ausgebildeten Chemiker und engagierten Naturwissenschaftler geschrieben (oder vielleicht gerade deshalb), soll der Versuch zu einer grundlegenden Kritik dieser ideologischen Seite der Chemie und deren stofflichen und prozessualen Folgen sein, aus dem

Chemie der Natur: Jahrmillionen bewährt

sich schließlich auch Vorschläge zu neuen Ansätzen für eine Chemie der Zukunft ergeben. Der Autor orientiert sich dabei hauptsächlich an der jedem Menschen auch ohne wissenschaftliche Ausbildung zugänglichen Tatsache, daß es bereits lange vor Beginn der industriellen Chemie, wie wir sie seit der Mitte des 19. Jahrhunderts kennen, Jahrmillionen lang funktionierende chemische Prozesse in der Natur gegeben hat.

Diese natürlichen Syntheseprozesse haben es nicht verdient, allein durch die Entwicklung neuer und hochkomplexer naturfremder Synthesemethoden in chemischen Retorten auf den Friedhof der überholten Prinzipien geworfen zu werden. Erst kürzlich hat ein Nobelpreisträger der Chemie im Hinblick auf die menschlichen Versuche zur Synthese neuer Chemikalien oder zur künstlichen Nachbildung von Naturstoffen diese Erkenntnis so formuliert:

Chemiker - ›perfekter‹ als die Natur?

»Der Gedanke, besser sein zu wollen als die Natur, [ist] von provokativer Arroganz«[4].

Aber man muß wohl Nobelpreisträger sein, um als organischer Chemiker auch mit einem solchen Ausmaß souveräner Selbstkritik im Kreis seiner Fachkollegen nicht als ideologischer Scharlatan abgetan zu werden.

Es geht mit den hier vorgestellten Thesen nicht darum, die moderne Chemie abschaffen zu wollen. Es geht lediglich darum, durch einen Vergleich der modernen Forschungs- und Synthesemethoden mit den Methoden der organischen Natur die Grenzen und Schwächen ersterer und die Vorzüge und Möglichkeiten letzterer deutlicher herauszuarbeiten[5]. Dies soll nicht in einseitiger Naturschwärmerei und Technophobie geschehen, sondern im Bemühen um faire Vergleiche. Eine solche Einstellung schließt auch den naiven Glauben aus, mit den Anregungen und Thesen dieses Buches sei ein Patentrezept zur Lösung aller ökologischen Probleme der Welt geliefert. Es geht ja gerade darum, die bestehende gedankliche und konzeptionelle Einseitigkeit und Eingleisigkeit in unserem Umgang mit den Stoffen durch einen vielgestaltigen Ansatz aus naturwissenschaftlichen, kulturwissenschaftlichen und phänomenologischen Elementen zu überwinden. Begeisterung für die exakten Naturwissenschaften können mit der innigen Liebe zur Natur und ihrem Erscheinungsreichtum wie auch mit der Freude an der Geschichte der Kultur und der Wissenschaften eine fruchtbare Verbindung eingehen. Wenn eine solche Vielgestaltigkeit des Denk- und Erlebbaren an der einen oder anderen Stelle durchzuschimmern vermöchte, hätte das Buch seinen wichtigsten Zweck bereits erreicht.

Kein Patentrezept zur Lösung aller Probleme

Nun gibt es - wohl fast ausschließlich unter Naturwissenschaftlern - die Sichtweise, man könne zwischen natürlich entstandenen und künstlich hergestellten Substanzen schon deswegen keinen Unterschied machen, weil der Mensch ein Teil der Natur sei und darum die Ergebnisse aller menschlichen Handlungen - bis hin zur Synthese von Dioxinen - wiederum nur als ›natürlich‹ anzusehen seien. Auch hier bedarf es vielleicht der Abgeklärtheit des bereits zitierten Chemie-Nobelpreisträgers, um angesichts aller Unterstellungen der Gleichartigkeit von natürlichen und synthetischen chemischen Stoffen einfach festzustellen:

»Doch wird damit allzu leicht ein Unterschied weggewischt, den sowohl einfache Leute als auch sehr nachdenkliche Menschen deutlich empfinden und für wesentlich erachten.«[6]

Wie ›böse‹ ist die Chemie?

Es kann auch nicht darum gehen, die Diskussion auf die Formel ›Natur ist gut, Chemie ist böse‹ zu reduzieren, wie es denjenigen gelegentlich unterstellt wird, die sich lediglich dafür einsetzen, daß in der Auseinandersetzung um die möglichen Wege der Chemie in die Zukunft den Strategien der natürlichen Stoffproduktion das gleiche Ausmaß und die gleiche Intensität an positiver Aufmerksamkeit zugewendet wird, wie sie durch Wissenschaft und Technik in den vergangenen zwölf Jahrzehnten den Strategien zur Produktion der künstlichen Surrogate gewidmet worden war.

Mit der Unterstellung, Befürworter einer Sanften Chemie lebten in einseitiger, blinder Bevorzugung der Naturstrategien, wird vielmehr eine Art von Stimmungsmache betrieben, um die abwägenden Argumente für eine Sanfte Chemie gar nicht erst im Detail erörtern zu müssen. Daher sei hier klar betont: weder sind die Stoffbildungsstrategien der Natur ›gut‹, noch sind sie ›böse‹ - auch für die Strategien der modernen synthetischen Chemie wäre dies eine verfehlte Urteilskategorie. Es geht nicht um moralische Verurteilungen - in dieser Beziehung haben weder die Vertreter der Sanften noch die der Harten Chemie einen grundsätzlichen Vorsprung. Es geht schlicht um die Abwägung der Zukunftsfähigkeit und Verantwortbarkeit der beiden Strategien, allerdings nicht nur unter Einbeziehung aller meß- und wägbaren ›harten Fakten‹, sondern auf eine der Komplexität des Lebens angemessene, also ganzheitliche Weise.

Zukunftsbewertung statt moralischer Urteile

Man kann gedanklich noch einen Schritt weiter gehen. Die beiden hier gegeneinander abgewogenen Strategien sind letztlich nicht in einer strikt dualistischen Schwarz-Weiß-Kategorisierung gegenüberzustellen. Es gibt vielmehr durchaus Übergangsformen und Zwischenzustände zwischen Harter und Sanfter Chemie. Mit dem später erläuterten Begriff des ›Zurichtungsgrades‹ eines Stoffes ist es beispielsweise möglich, auch solche Zwischenzustände zu beschreiben. Umso wichtiger ist es jedoch auch, die polaren Phänomene in ihrer möglichst charakteristischen Form zu präsentieren, um daraus Beurteilungsgrundsätze eben auch für die Übergangsformen ableiten zu können.

Für einen fairen Vergleich zwischen Harter und Sanfter Chemie war und ist es allerdings ebenfalls notwendig, sich innerlich von dem unseligen Positivismus freizumachen, der uns Naturwissenschaftlern stets nachdrücklich eingeimpft wurde. Dieser wiegt uns in der sorgfältig gepflegten Illusion, durch die Entdeckung neuer Verfahren und Reagenzien und Beschreibungsmodelle in der Chemie gebe es ein ständiges Aufwärts. Schließlich kommt diese schier unüberwindliche Ideologie vom permanenten Fortschritt zu dem Ergebnis, die Leistungen des Menschen hätten heute die Leistungen der natürlichen Evolution bereits bei weitem übertroffen. Folge einer solchen Einschätzung wäre wiederum die Überzeugung, daß eine besondere Wertschätzung gerade der Stoffbildungs-Prinzipien der lebendigen Natur nur aus Unkenntnis der

Chemie - ein ständiges ›Aufwärts‹?

modernen Möglichkeiten, aus nostalgischer Rückwärtsgewandtheit oder eben aus unreflektierter Naturschwärmerei entspringen könne.

Im Gegensatz zu solchen unter Naturwissenschaftlern weitverbreiteten Vorurteilen gehört indes zu einer sachlichen Abwägung zwischen Synthesestrategie der Natur und Synthesestrategie der gegenwärtigen industriellen Chemie ein Maß an Nüchternheit in der Abwägung von Aufwand und Ergebnis, das vielen in der Chemie Tätigen in Hochschulen und Industrie im Gefolge der Alltagszwänge abhanden gekommen zu sein scheint. Auf den Seiten 173 bis 182, auf welchen der Widerstreit der Meinungen zur Sanften Chemie dokumentiert wird, finden sich Beispiele für ein solches irrationales Herangehen an eine Urteilsfindung über die künftigen Strategien der Menschheit zur Produktion chemisch-technischer Alltagsprodukte.

›Härenes Gewand‹ - ›Ende der Forschung‹ - ›Zurück in die Steinzeit‹ : 3 Vorurteile

Drei möglichen Mißverständnissen soll bereits in dieser Einleitung begegnet werden - Vorurteilen, die weniger unter den einfachen Menschen als vielmehr unter Akademikern und Mitarbeitern der bestehenden chemischen Produktionsstätten verbreitet sind. Daher sollen hier diesen denkbaren und vielleicht sogar naheliegenden Vorurteilen entsprechende Voraussagen des Autors entgegengehalten werden:

Vorurteil 1: *»Sanfte Chemie ist Ausdruck eines asketischen, weltfernen, elitären Weltbildes«*

Nichts könnte ferner liegen, als daß das Konzept der Sanften Chemie die Menschen und die Wissenschaftler im Besonderen zurückdrängen könnte auf eine Haltung ›in Sack und Asche‹, fern den Niederungen des Daseins und nur Ergebnis eines elitären Dünkels. Im Gegenteil: die schleichende Vergiftung unserer Umwelt aufgrund der Folgewirkungen Harter Chemie ist es doch gerade, die immer mehr Menschen - Allergiker, Neurodermitiker, Asthmakranke etc. - in eine unfreiwillige Askese gegenüber zahlreichen Freuden und Vergnügungen des Daseins zwingt! Die allmähliche Wiedergewinnung einer Umwelt ohne persistente Schadstoffe ist demgemäß ein ausgesprochen weltliches und lustbetontes Ziel. Selbst da, wo Sanfte Chemie Einschränkungen gegenüber der schrillen Sinnesüberreizung unserer Welt notwendig macht, werden diese zu einem Gewinn an Lebensqualität führen. Und elitär kann doch nur ein Weltbild sein, das infolge der ubiquitären Chemisierung die wenigen verbliebenen lebenswerten Oasen ohne Industrie- und Verkehrsgestank nur noch den überdurchschnittlich Wohlhabenden zugänglich läßt.

Sanfte Chemie - ausgesprochen ›weltlich‹!

Vorurteil 2: *»Die Umwandlung der Harten Chemie in eine Sanfte Chemie bedeutet die Aufgabe der wissenschaftlichen Forschung.«*

Genau das Gegenteil ist der Fall. Die Überprüfung der heutigen Methoden der Chemie hinsichtlich ihrer langfristigen Verantwortbarkeit in einer endlichen Welt mit erschöpften fossilen Ressourcen schafft ungeheure Forschungsaufgaben, nicht nur im Bereich der Chemie, sondern aller Natur-, Ingenieurs- und Geisteswissenschaften. Gerade wenn es zu den Grundprinzipien der Sanften Chemie gehört, die Naturphänomene in ihrer Ganzheit zu erfassen, eröffnet sich für den Forscher ein Kosmos von zu untersuchenden Zusammenhängen. Diese Zukunftsperspektive einer chemischen Forschung im Zeitalter abnehmender nichtregenerativer Rohstoffe wird im übrigen selbst von Autoren des maßgebenden chemischen Standardlexikons bekräftigt, die konzeptionell eher dem Status quo der Chemie anhängen:

Großer Forschungsbedarf für Sanfte Chemie

»Wenn die Beziehungen zwischen Chemie und Umwelt oft verzerrt dargestellt werden, so wird dabei verkannt, daß der Chemiker aus sehr verständlichen Gründen am Umweltschutz interessiert ist - schließlich leben er und seine Nachkommen ja im gleichen Ökosystem! ... Angesichts der Zunahme der Erdbevölkerung einerseits ... und der Abnahme der natürlichen Rohstoffe andererseits bleiben dem Chemiker auch in ferner Zukunft bedeutende Forschungs- und Entwicklungsaufgaben in der Versorgung des Menschen mit Nahrung, Behausung und Bekleidung und im Schutz seiner Umwelt, seiner Gesundheit und seines Lebens.«[7].

Absurd wäre auch die Vorstellung, es gehe um andersartige wissenschaftliche Grundprinzipien. Es gibt keine ›alternativen‹ Elemente, Moleküle, Energieformen und Wechselwirkungen. Eine solide Ausbildung an den Phänomenen der Natur ist die beste Grundlage für die Gewinnung eines lebensgerechteren Umganges mit diesen Stoffen. Aber wo Fachkenntnis und Expertenwissen sich versteigen zu einem - letztlich irrationalen - Eroberungs- und Führungsanspruch, welcher die ›ungebildeten Masse‹ mit einer von dieser nie geforderten ›schönen neuen Welt‹ beglücken will, wird aus solider Naturerkenntnis ein unkontrollierter Machtrausch.[8]

Beste Grundlage: eine gute Ausbildung

Vorurteil 3: *»Die praktische Umsetzung der Sanften Chemie bedeutet den völligen Verzicht auf den modernen Lebensstandard«.*

Auch hier ist das genaue Gegenteil richtig. Es kann zwar nicht darum gehen, alle Exzesse der heutigen Konsumgesellschaft statt mit den Methoden der Harten Chemie nun ungeschmälert mit denen der Sanften Chemie zu befriedigen. Es wird Einschränkungen quantitativer Art geben, die sich einfach nach der Begrenztheit der nachhaltig und sozialverträglich realisierbaren Produktionskapazität unseres Globusses bemessen. Aber selbst da, wo der Wandel auch Verzicht bedeutet, wird er zu einem Gewinn an Lebensqualität führen. Immer mehr Menschen wird heute bewußt, daß die Kehrseite des Konsumrausches sich in Form von vergifteten Umweltmedien, vermehrten Überlastungssignalen der Seele und des Körpers, zunehmenden chronischen Krankheiten wie Allergien und anderen Autoimmunkrankheiten unerbittlich bemerkbar macht. Im vorliegenden Buch soll an praktischen Beispielen aufgezeigt werden, daß wir auch und gerade in einer Welt, in der unsere stofflichen und z.T. energetischen echten Bedürfnisse mit den Methoden einer Sanften Chemie befriedigt werden, nicht auf Schönheit, Pflege, Baumaterialien, Bekleidung, Farbe, Reinlichkeit, Informationsaustausch und alle anderen Dingen eines hochentwickelten kultivierten Lebens verzichten müssen.

Wandel zu mehr Lebensqualität

Der Begriff ›Sanfte Chemie‹

Was heißt und bedeutet ›Chemie‹?

Chemie ist die Kunde von den Eigenschaften und den Umwandlungsprozessen der Stoffe.[9] Seit den ältesten nachweisbaren Anfängen des Menschen gehören chemische Prozesse zu dessen wichtigsten Tätigkeiten: vom Garen der Nahrungsmittel bis zur gezielten Veränderung der in der Natur vorgefundenen Farbpigmente finden wir hinterlassene Belege einer solchen chemischen Praxis bereits vor über 30.000 Jahren. Heute zeigt sich mehr denn je zuvor, in welchem Ausmaß das Schicksal der Kultur und Zivilisation des Menschen davon abhängt, welches Verhältnis wir zu den Stoffen und seinen Umwandlungen gewinnen. Chemische Erzeugnisse bestimmen in einem so unübersehbaren Ausmaß unseren Alltag, daß uns diese Tatsache in aller Regel kaum noch bewußt ist.

Nur wenige Stoffe in unserer Umgebung sind in ihrer natürlicherweise vorliegenden Form gebrauchsfertig: Quellwasser zum Trinken (sofern nicht durch industrielle Prozesse verunreinigt und aufbereitungspflichtig), die meisten Früchte, Natursteine als Baumaterialien zum Beispiel bedürfen keiner chemischen und kaum einer physikalischen Aufbereitung. In aller Regel jedoch und vor allem aufgrund der heute gegebenen Ansprüche an die Eigenschaften vieler Gebrauchsmaterialien findet eine mehr oder weniger tiefgreifende Zurichtung der uns umgebenden Stoffe statt. Je stärker diese Zurichtung im Sinne einer chemischen Veränderung der Ausgangsmaterialien vorgenommen wurde, umso ›moderner‹ erscheint uns das Endprodukt. Und so sind wir heute mehr denn je von Materialien umgeben - Kleidung, Baustoffe, Haushaltsgeräte, Fahrzeuge, Werkzeuge, Unterhaltungsmedien usw., - denen ihr stofflicher Ursprung nicht mehr recht anzusehen ist.

Moderne Produkte: stark ›zugerichtet‹

Es konnte nicht ausbleiben, daß gerade die Chemie der Stolz des fortschrittsbewußten und -gläubigen Menschen werden würde. In der Umwandlung der Stoffe, in der Erschaffung völlig neuer Materialien ohne jedes natürliche Vorbild sah er seinen vermeintlichen Auftrag, sich die Erde untertan zu machen, noch am trefflichsten realisiert. In ihr fühlte er sich seinem faustischen Streben nach Gottähnlichkeit am nächsten. Mehr noch: mit dem Übertreffen der Natur verband er auch den Stolz, selbst die Götter - oder die Evolution, je nach Glaubenshaltung - in ihrer Kreativität, Gestaltungskraft und Schöpfungsmacht hinter sich gelassen zu haben. Nun allerdings gehört es mit zu den Anlässen und Voraussetzungen für dieses Buch, daß immer mehr Menschen vor dieser eigenen Gottähnlichkeit, die sich so prägnant in der modernen Chemie verwirklicht zu haben schien, bange zu werden beginnt. Anders ausgedrückt: Es wird Zeit, daß wir chemischen Zauberlehrlinge das Wort finden, welches den rasenden Zauberbesen einer die Lebensqualität der Menschheit massiv beeinträchtigenden Technologie zum Stillstand bringt und wieder in einen friedlichen Haushaltsgegenstand verwandelt.

Gottgleichheit im Übertreffen der Natur

Was heißt und bedeutet ›sanft‹?

›Sanfte Chemie‹ ist ein plakativer Begriff, der in der öffentlichen Auseinandersetzung um die Zukunft unseres Umgangs mit den Stoffen durchaus auch provozieren soll. Diesen Charakter gewinnt der Begriff aus seiner offenkundigen Ambivalenz: während wir mit ›Chemie‹ gewöhnlich eine der Wissenschaften und Praktiken unserer hochtechnisierten Industriekultur verbinden, erscheint die Kombination mit dem Wort ›sanft‹ als ein Widerspruch in sich.

Tatsächlich schöpft der Begriff unter anderem aus der Tradition einer ›sanften Technologie‹, wie sie u.a. von E.F. Schumacher und Robert Jungk zu Beginn der 70er Jahre entworfen und programmatisch dargestellt worden war.[10] Eine sanfte Erforschung der Stoffe setzt weniger auf das reduktionistisch-mechanistische Wissenschaftskonzept, das sich seit dem 17. Jahrhundert scheinbar ohne Alternative durchgesetzt hat. Sie ergänzt und überwindet dieses vielmehr durch eine ›teilnehmende Beobachtung‹, bei welcher die Phänomenologie der Natursubstanzen selbst im Vordergrund steht. Auch eine neugestaltete Wissenschaft und Technik wird auf die reduktionistischen, formelhaften Abstraktionen, die wir uns fast reflexhaft angewöhnt haben, angesichts deren jahrhundertelanger geistiger Monopolstellung wohl so bald nicht völlig verzichten können. Aber allein die Bewußtwerdung, daß ein so gewonnenes naturwissenschaftliches Weltbild untrennbar verbunden ist mit dem Erkenntnis- und Forschungsideal eines Francis Bacon, der den Stoffen ihre Geheimnisse unter der Folter abzupressen trachtete, bringt schon einen Fortschritt - doch dazu mehr auf den Seiten 29 bis 33.

Wertschätzung der gebildeten Strukturen

Ein ›sanfter‹ Gebrauch der Stoffe fragt nicht zuerst nach den Möglichkeiten, diese Stoffe mit Hilfe aggressiver chemischer Operationen möglichst weitgehend zu verändern, sondern schätzt die in der Natur gebildeten, insbesondere organischen Strukturen um ihrer selbst willen, will sie in ihrer natürlichen Vielfalt, ohne Raubbau und Monostrukturen, für die stofflichen und energetischen Grundbedürfnisse unserer Kultur nutzen.

Es gibt dabei neben der umfangreichen Literatur über die Ansätze zu einer ›Sanften Technologie‹ gerade in jüngster Zeit neuere Anknüpfungspunkte für die Verwendung eines solchen Begriffes. Auf faszinierende Weise wird dies nicht zuletzt bei der aktuellen wissenschaftlichen Diskussion um die sogenannten chaotischen Systeme deutlich. Bei einer solchen Betrachtungsweise werden die ›soft sciences‹ nämlich ganz bewußt in Gegensatz zum vorherrschenden mechanistischen Weltbild im Gefolge der vorgeblich ›exakten Wissenschaften‹ gestellt, wie das folgende Zitat belegt:

»Die Existenz chaotischer Systeme hat unser mechanistisches Weltbild in Frage gestellt ... Die deutlichsten Grenzen der Erkenntnis sehe ich in dem zwangsläufigen Verzicht auf eindeutige und präzise Lösungen im Zusammenhang mit chaotischen Systemen. Daher kommen die ›exakten Wissenschaften‹ auch theoretisch den ›soft sciences‹ näher, wo es zu jeder Regel viele Ausnahmen gibt und jeder Effekt mehrere Ursachen haben kann. In einem gewissen Sinn ist diese Erkenntnis sehr positiv für unser Wissenschaftsverständnis: sie wirkt einer Dogmatisierung entgegen und erschwert ihren Mißbrauch in einer wissenschaftsgläubigen Gesellschaft. Es wird schwerer werden,

›wissenschaftlich erwiesene Tatsachen‹ als Begründung für politische Entscheidungen herzunehmen, die gegen den ›gesunden Menschenverstand‹ gehen.«[11]

In einer neueren Monographie zum Thema ›Chaos und Kreativität‹ ist ein ganzes Kapitel dem Thema ›Sanftes Handeln für eine harmonische Welt‹ gewidmet.[12] Selbst wenn man in Rechnung stellt, daß dieser publizistisch bereits recht inflationierte Themenkomplex auch zum Vehikel für allerhand modische und pseudoesoterische Trittbrettfahrer geworden ist, kann doch nicht übersehen werden, daß der Begriff ›sanft‹ von seiner ursprünglichen Bindung an eher sozialwissenschaftliche Thesen inzwischen auch in sehr aktuellen postmechanistischen Wissenschaftsdisziplinen eine wichtige Rolle spielt.

Die Entstehung des Begriffs ›Sanfte Chemie‹

Zweifellos ist der Begriff der ›Sanften Chemie‹ im engeren Sinne als Gegenbild zum Begriff der ›Harten Chemie‹ entstanden. ›Harte Chemie‹ bedeutete in der kritischen Diskussion der sozialen, ökologischen und ökonomischen Folgen der zunehmenden Chemisierung unserer Welt und unseres Alltags die derzeit praktizierte Art des Umgangs mit den natürlichen Ressourcen. Harte Chemie zeichnet sich aus durch ein Maximum an Eingriffen in die molekulare Integrität der vorgefundenen Stoffe, wobei unter hohem Energieaufwand in störfallreichen Anlagen und unter Hinterlassung erheblicher Mengen an Sondermüll meist sehr naturfremde Strukturen aufgebaut werden.[13]

Man sollte jedoch bei einer solchen kontrapunktischen Herleitung des Begriffs nie die historische Reihenfolge vergessen: Die Chemie war, soweit sie sich in der Umgebung der Lebewesen abspielte, in all den Jahrmillionen ›sanft‹ - erst die Eroberung der Stoffumwandlungen durch den modernen Menschen hat eine ›harte‹ Chemie hervorgebracht[14]. In der Menschheitsgeschichte ist letztere jedoch nur eine winzige Episode, die sich allenfalls über ein Tausendstel des Gesamtzeitraumes menschlicher Existenz erstreckt. In der Geschichte des Lebens insgesamt ist die Zeitdauer der Harten Chemie sogar von kaum wahrnehmbarer Geringfügigkeit. Es geht daher nicht um die Schaffung von etwas völlig Neuem, sondern um eine Wiedergewinnung dessen, was sich als Stoffgebrauch in Jahrmillionen bewährt hat. Allerdings steht man vor der Schwierigkeit, daß die Harte Chemie trotz der Winzigkeit ihrer historischen Spannweite in dieser Kürze so allbeherrschend geworden ist, daß die Rede von dem eigentlich Selbstverständlichen heute schon den Charakter des Anstößigen erhalten hat.

Harte Chemie: nur eine Episode

Konkret entstanden ist der Begriff ›Sanfte Chemie‹ bei der Suche nach einem möglichst plakativen Titel für einen Vortrag des Autors über die Risiken von Alltagschemikalien, der in Stuttgart am 13.10 1983 gehalten werden sollte. In einem Gespräch mit den befreundeten Chemiker-Kollegen Barbara Köszegy und Hanswerner Mackwitz entwickelte sich die Formulierung: ›Weg vom vergifteten Alltag - Plädoyer für eine Sanfte Chemie‹[15]. In der Folge wurde der Begriff dann vom Verfasser und von anderen häufig bei Vorträgen und Publikationen benutzt und entwickelte sich dadurch zu einer Art von terminus technicus für eine bestimmte Form der Chemiekritik und von Entwürfen für eine neue Form zukunftsgerichteten Umgangs mit den Stoffen.

Zeitlich zusammen fiel diese erwähnte erstmalige Verwendung[16] des Begriffes mit dem Beginn der Tätigkeit der ›Grünen‹ im Deutschen Bundestag. Da die Grünen damals die erste und in der vorgestellten Konsequenz einzige parlamentarische Kraft waren, die sich ernsthaft um eine völlige Neuorientierung der Chemiepolitik bemühte, entstand aus diesem Kreis im Zusammenhang mit der Formulierung des ›Entgiftungsprogramms‹ der Grünen im Jahr 1985 unter Leitung des damaligen Mitarbeiters der grünen Bundestagsfraktion Arnim von Gleich eine ›Arbeitsgruppe Sanfte Chemie‹, die in den Folgejahren regelmäßig zu Tagungen und Gesprächskreisen zusammentraf. Dieser Arbeitskreis bestand im Kern aus etwa 10 Wissenschaftlern unterschiedlichster Fachrichtungen. Während die regulären Sitzungen des Arbeitskreises im Interesse einer möglichst kontinuierlichen Fortentwicklung des Diskussionsstandes in der Regel allenfalls gelegentlich um interessierte Nichtmitglieder erweitert wurde, fand im Jahr 1991 auf Initiative des Arbeitskreismitglieds Hanswerner Mackwitz erstmalig ein größerer Kongreß zum Thema ›Sanfte Chemie‹ in Salzburg statt.

Neue Konzepte: ›AG Sanfte Chemie‹

In der Arbeitsgruppe wurde das Konzept der Sanften Chemie im Verlauf der 80er Jahre mit Hilfe intensiver Diskussionen und Referate weiter ausgearbeitet; einige der regelmäßigen Mitglieder der Arbeitsgruppe haben Einzelaspekte dieser Diskussion oder auch Versuche einer Zusammenschau in Manuskriptform dargestellt. Die Eingebundenheit aller Arbeitsgruppenmitglieder in andere Tätigkeiten hat bislang den Plan zu einer gemeinsamen Veröffentlichung dieser Manuskripte noch nicht Wirklichkeit werden lassen. Eine ganze Reihe von Beiträgen von AG-Mitgliedern im Umkreis des Themas ›Sanfte Chemie‹ ist jedoch in anderen Zusammenhängen veröffentlicht worden.[17]

Die Problematik des Begriffs ›Sanfte Chemie‹

Der Begriff ›Sanfte Chemie‹ wird von den genannten Urhebern und ersten Verwendern nicht ohne kritische Distanz gesehen. Wie bereits ausgeführt, entstand er als plakative Formel im Zusammenhang mit einem Vortragstitel, durchaus im Bewußtsein, daß er Anlaß zu Fehldeutungen und Mißverständnissen geben könne. Er hat sich jedoch im Verlauf der Diskussion über ein ganzes Jahrzehnt so etabliert, daß es zwischenzeitlich sinnvoll erscheint, an ihm trotz seiner immanenten Problematik festzuhalten, zumal jeder andere Begriff entweder ebenfalls mißdeutbar oder für eine öffentliche Auseinandersetzung zu wenig prägnant wäre. Der Begriff teilt dieses Schicksal der Fehldeutbarkeit und Mißverständlichkeit im Übrigen mit vielen anderen Begriffen unseres täglichen und auch wissenschaftlichen Lebens, vom Begriff ›Biotechnologie‹ oder ›organische Chemie‹ bis hin zu Begriffen wie ›bedienungsfreundlich‹.[18]

Der Biochemiker, Pädagoge und Buchautor Mins Minssen, Mitglied des erwähnten Arbeitskreises und ausgewiesener Freund naturnaher Stoffe und Verfahren, hat in einem auch ansonsten sehr lesenswerten Manuskript eine

Für wen ist Sanfte Chemie sanft?

besonders einleuchtende Kritik und aufschlußreiche Relativierung des Begriffs von der Sanften Chemie formuliert, indem er auf den zwangsläufig unterschiedlichen Standpunkt von Objekt und Subjekt bei der Praktizierung Sanfter Chemie hinwies[19]. In einer Replik auf den selbstgefällig-herablassenden ›Sanfte Chemie‹-Beitrag eines BASF-Chemikers schreibt Minssen:

»Nichts wäre fataler, als ein ebenso selbstgefälliger Brustton der ›sanften Chemiker‹ mit dem Anspruch, man habe sie nun, die praktische Philosophie der Allianz mit der endlich vom Jammer befreiten Natur.«

Und nach einer bildreichen Schilderung des unansehnlichen Zustandes der Rückstände einer Destillation etherischer Pflanzenöle fährt Minssen fort:

»Was wir da gerade hatten, ist - technisch gesehen - ein Beispiel für Sanfte Chemie. Sanft ist sie nicht für den behandelten Gegenstand, die Pflanze, aus der man, wenn sie am frischesten blüht, das natürliche Parfum gewinnt - in anderen Fällen mag es eine Farbsubstanz sein -, sondern für den Menschen, der sich mit den ausgekochten Resten nicht das Grundwasser verdirbt, das er noch trinken will, oder die Luft vergiftet, die er zum Atmen braucht. ... Die Sanfte Chemie im Sinne der Pflanzen findet sich am reinsten im Märchen oder auf den Friedhöfen. ... Auch in den Verfahren der Sanften Chemie steckt das Umspringen mit, das Kleinmachen und Auslaugen von etwas. ... Ein industrielles Naturverständnis, das die Natur anders sehen kann als lediglich als miserabel arbeitende chemische Fabrik und damit nicht in der Feiertagspredigt bleibt, sondern Skrupelhaftigkeit in Produktionsverfahren zur Geltung kommen läßt, ist schon etwas Neues.«

Sanfte Chemie als ›Chemie voller Skrupel‹

Der gesellschaftliche Wandel hat es überdies mit sich gebracht, daß zu Beginn der 90er Jahre, anders als noch ein Jahrzehnt zuvor, ›Sanftes‹ scheinbar nicht mehr dem herrschenden Zeitgeist entspricht - einem Zeitgeist, der sich anschickt, Sanftheit mit Ungenauigkeit, Beliebigkeit oder Schwäche zu verwechseln. Der Begriff erscheint daher heute mehr denn je als eine Provokation. Dabei geht es lediglich darum, über eine Chemie nachzudenken, in welcher an die Stelle der üblich gewordenen gewaltsamen Prozesse und Reaktionsweisen zum Auf- und Umbau von Stoffen andere Prinzipien treten. Insofern orientiert sich der Begriff ›Sanfte Chemie‹ an den Produktionsmethoden der Biosphäre, die seit Jahrmillionen ungeheure Mengen verschiedenartigster Stoffe erzeugt, ohne daß es zu den Folgen gekommen wäre, die wir mit einem Jahrhundert Harter Chemie vor Augen haben[20]. Damit sei klargestellt, daß es um eine Sanftheit im Umgang mit den Stoffen geht, welcher es nicht an Präzision, Nachvollziehbarkeit, Durchsetzungsfähigkeit und Leistungsvermögen fehlen muß. Anders ausgedrückt: Der Begriff der ›Sanften Chemie‹ bezieht seine Notwendigkeit aus dem kontrastierenden Hintergrund einer real existierenden Harten Chemie.

Der Ge- und Mißbrauch des Begriffs für andere Inhalte

›Sanfte Chemie‹ ist keine schützbare Vokabel. Zumindest in der ersten Phase seines Gebrauchs lag es nahe, daß sie auch für andere Inhalte als die hier dargestellten verwendet werden würde. So war es eine Zeitlang üblich, in Veröffentlichungen eine Form der Chemiepolitik als ›Sanfte Chemie‹

zu bezeichnen, bei welcher es nicht um einen radikalen Wechsel der herrschenden chemiepolitischen Paradigmata ging, sondern um eine an den schlimmsten Auswüchsen beschnittene konventionelle Chemie. Inzwischen haben solche, durchaus berechtigten und begrüßenswerten, Ansätze glücklicherweise zu einer eigenen Terminologie gefunden, etwa dann, wenn in den neueren chemiepolitischen Programmen von Greenpeace von einer ›clean production‹ die Rede ist.[21]

Gentechnologie: *keine* Sanfte Chemie!

In einem anderen Ansatz soll der Begriff ›Sanfte Chemie‹ offenkundig als Vehikel dienen, Produkte chemischer Gentechnologie in einem der Bevölkerung besonders freundlich erscheinenden Gewande erscheinen zu lassen[22]. Tatsächlich treffen einige der Kriterien, die für die Sanfte Chemie entwickelt wurden, vordergründig betrachtet durchaus auf biotechnologische Produktionsverfahren mit Hilfe gentechnologisch manipulierter Mikroorganismen zu, etwa das Kriterium, daß die stoffliche Umwandlung möglichst ›schonend‹, d.h. ohne hohen Aufwand an Druck, Temperatur, aggressiven und energiereichen Vorläuferchemikalien, vonstatten gehen sollte.

Gerade dieses Beispiel macht jedoch deutlich, daß es sich beim Konzept der Sanften Chemie eben nicht um isolierte Einzelüberlegungen zu Reaktionsparametern, gewünschten oder unerwünschten Stoffgruppen etc. handelt, sondern um ein Konzept auf ganzheitlicher Grundlage. Dies einbezogen, liegen nämlich alle Versuche zu einer vorgeblich schonenden Produktionsweise mit Hilfe gentechnisch veränderter Organismen schon deshalb außerhalb des Bereiches einer Sanften Chemie, weil es zu den Vorbedingungen solcher Produktion gehört, in die genetische Integrität lebendiger Spezies massiv und irreversibel manipulativ einzugreifen und damit das äußerst unsanfte Prinzip des ›Teile und Herrsche‹ zur unabdingbaren Grundlage zu machen. (s. dazu Näheres auf den Seiten 89/90).

Die Kernthesen einer Sanften Chemie

Analyse der gesamten Produktbiographien

These 1: Die Erkenntnis der Notwendigkeit einer Sanften Chemie ergibt sich aus der kritischen Untersuchung der real existierenden Chemie in ihrer Theorie, Forschung, Produktentwicklung und technologischen Praxis im Hinblick auf deren pädagogische, philosophische, ästhetische, toxikologische, ökologische, ökonomische und soziale Grundlagen und lokale wie globale Auswirkungen. Dabei werden die verwendeten Verfahrenstechniken, Umwandlungsprozesse, Energie- und Stoffströme (prozessualer Aspekt) mindestens gleichrangig bewertet wie die eingesetzten und resultierenden Substanzen (stofflicher Aspekt). Sanfte Chemie entsteht folglich nicht allein aus einer angestrebten Alternative zu den real existierenden Chemikalien und Produkten mit deren toxikologischen und ökotoxikologischen Zahlenwerten (MAK, ADI, LD50, LC50, WGK[23] etc.), sondern noch mehr aus einer ganzheitlichen Sichtweise der gesamten Biographie, den Prozeßketten und Produktlinien der betreffenden Produkte. Dieser prozessuale Aspekt setzt bei den primären Rohstoffen an, betrachtet alle Zwischenschritte der Produktion, das Produkt selbst - und zwar vor, während und nach dem Gebrauch - sowie die Schritte bis zur Entstehung der letzten Zersetzungsprodukte und deren Verbleib in der Umwelt.[24]

Bewährt: Stoffbildungsprozesse der Natur

These 2: Sanfte Chemie ist die Chemie auf der Grundlage der Stoffbildungsprozesse der Natur. Sie nutzt die Syntheseprinzipien, die sich im Verlauf der Evolution als langfristig bewährt entwickelt und durchgesetzt haben. Sie geht von der Überzeugung aus, daß die Herausbildung dieser Prinzipien - vor allem der Photosynthese - im evolutionären Wettbewerb die beste Garantie dafür darstellt, daß auf dieser Grundlage auch auf lange Sicht der stoffliche Bedarf der Menschheit und ihrer pflanzlichen und tierischen Mitwelt ohne Beeinträchtigungen von Umwelt und Gesundheit gedeckt werden kann[25].

Nutzung von Vielfalt und Komplexität

These 3: Sanfte Chemie geht von der Überzeugung aus, daß die enorme, noch nicht einmal voll übersehene Vielfalt der aus Naturprozessen entstandenen Stoffe sowie die beeindruckende stoffliche Komplexizität vieler dieser Naturstoffe bei intensiver Anwendungsforschung vielleicht nicht alle, aber doch alle wesentlichen stofflichen und auch viele energetische Grundbedürfnisse des menschlichen Lebens ohne einschneidende Einschränkungen an Lebensqualität zu befriedigen vermag. Eine solche Anwendungsforschung ist leider mit dem Aufkommen der organisch-chemischen Synthese Mitte des vergangenen Jahrhunderts weitgehend abgebrochen worden und sollte durch den neuen Impuls für eine Sanfte Chemie einen Neuanstoß erfahren.

Gewalt gegen Stoffe wirkt auf uns zurück

These 4: Die Grundkonzeption einer Sanften Chemie orientiert sich an der These, daß die gewaltsamen Einwirkungen, die bei den Produktionsstrategien der Harten Chemie den gewählten Ausgangsstoffen zwangsweise auferlegt werden, nicht ohne Wirkung in den Stoffen selbst bleiben. Je gewaltsamer diese Erzwingung bestimmter Reaktionsabläufe erfolgt, um so größer ist das Risiko, daß die so erzeugten Stoffe die ihnen auferlegte Gewalt weiter in sich tragen und - im Sinne einer reziproken Wirkungsbeziehung - auf die Lebenswelt über kurz oder lang gewaltsam zurückwirken. Viele negative Phänomene im Zusammenhang mit der zunehmenden Chemisierung unserer Welt können mit einer solchen Arbeitshypothese eher verstanden und neu bewertet werden. Damit wird deutlich, daß das Konzept der ›Gewaltsamkeit‹ und ihres Zurückwirkens im Sinn eines heuristischen Prinzips nicht als eine metaphysische, in den Stoffen nicht verifizierbare Qualität zu verstehen ist. Die damit verbundenen Überlegungen, die eine Zurückhaltung und Behutsamkeit im menschlichen Handeln nicht nur gegenüber der Mitmenschheit, der Tier- und der Pflanzenwelt fordert, sondern auch gegenüber der unbelebten Welt der chemischen Stoffe, gehört dennoch zu den Ideen, die von den in heutiger naturwissenschaftlicher Denkweise geprägten Fachleuten am schwierigsten nachzuvollziehen sein werden. Und doch ist die Begründung der Sanften Chemie ohne eine neu zu gewinnende Ethik auch gegenüber dem Umgang mit der unbelebten Welt unvollständig.

Eingriff in Naturstrukturen vermeiden

These 5: Im Hinblick auf die eingespielte und erprobte Perfektion, mit welcher der Aufbau komplexer Strukturen in der Natur vor sich geht, will sich die

Praxis der Sanften Chemie nach Möglichkeit jedes tiefwirkenden Eingriffs in die so gebildeten stofflichen Strukturen enthalten; sie geht von der Überzeugung aus, daß ein solcher Eingriff in die molekulare Integrität je nach Art und Umfang allein aufgrund des Energieaufwandes, möglicher Nebenreaktionen, vermehrter Abfallbildung usw. die durch die ursprüngliche Natursynthese gegebenen ökologischen Vorteile zu einem erheblichen Teil wieder aufheben wird. Ziel der Sanften Chemie sollte daher allenfalls eine vorsichtige Abwandlung der gegebenen Molekülstrukturen mit einem Minimum an Anlagen- und Energieaufwand sein. Die Vielfalt und Reichhaltigkeit der Substanzen aus den natürlichen Produktionsprozessen legt statt einer starken Abwandlung vielmehr die Suche nach anderen natürlichen, für den Einsatzzweck besser passenden Naturstoffen nahe.

Optimale Quelle: Sonnenenergie

These 6: Das Konzept der Sanften Chemie orientiert sich an den Naturprozessen auch deshalb, weil diese als wesentliche Energiequelle eine Quelle außerhalb des eigenen globalen Systems nutzt: Sonnenenergie. Im Vergleich zu den chemischen Prozessen in den Industrieretorten kommt damit die zur Stukturbildung notwendige Energie nicht aus Quellen, die durch die Erzeugung der Energie und die damit unweigerlich verbundene enorme Vermehrung von Entropie (struktureller Unordnung) wieder selbst in erheblicher Weise zur Umweltbeeinträchtigung und Klimaveränderung beitragen.

Pflanzen-Chemie ohne Störfälle

These 7: Die Idee einer Sanften Chemie wird getragen von der jedem bekannten und einleuchtenden Tatsache, daß es im Zusammenhang mit dem Stoffaufbau durch Naturprozesse keinesfalls zu den Störfällen kommen kann, die in den großen Chemiebetrieben beinahe zum üblen Alltag geworden sind. Der extremste Störfall im Pflanzenreich ist der vollständige Ernteausfall. Dieser hat wohl ökonomische Auswirkungen, versperrt jedoch in keinem Fall die Möglichkeiten, im nachfolgenden Anbauzyklus ohne Beeinträchtigung wieder Stoffproduktion vorzunehmen. Der extremste Störfall im Bereich der chemischen Synthese besteht hingegen in der großflächigen Verseuchung nicht nur des Produktionsbetriebs selbst, sondern auch seiner näheren und weiteren Nachbarschaft. Neuere Untersuchungen zeigen, daß allein durch das mögliche Entweichen eines unvermeidlichen Schlüsselreagens für einen der bedeutendsten Massenkunststoffe (Phosgen für die Herstellung von Polyurethanen) schwere Vergiftungen und Zehntausende von Todesfällen noch im Abstand von 50 bis 100 km vom eigentlichen Fabrikstandort durchaus realistisch sind. Die schweren Störfälle in Bhopal, Seveso, Schweizerhalle und Frankfurt sind die traurigen Beweise, daß es sich dabei nicht bloß um theoretische Möglichkeiten handelt. Es kommt hinzu, daß bei der Betrachtung dieser massiven Störfälle die täglichen ›normalen‹ Emissionen aus solchen Anlagen noch nicht berücksichtigt sind.

Sondermüll kann vermieden werden

These 8: Auch unter dem Gesichtspunkt der Abfallbildung sind die Naturprozesse, wie sie die Sanfte Chemie nutzen und einsetzen will, den Syntheseprozessen der chemischen Industrie in qualitativer (Art der Abfälle) und quantitativer Hinsicht (Menge der Abfälle) so haushoch überlegen, daß ein direkter Vergleich fast unfair erscheint. Während die Abfallprodukte der pflanzlichen Produktion in Gestalt von Sauerstoff und kompostierbaren Pflanzenteilen direkt zur Aufrechterhaltung des stofflichen Kreislaufes beitragen, sind die Abfälle der chemischen Industrie in der Regel mehr oder weniger problematischer Sondermüll.

Sanfte Chemie schließt Stoffkreisläufe

These 9: Die Überlegungen zu einer Sanften Chemie stützen sich nicht zuletzt auf die schlichte Tatsache, daß in einer endlichen Welt die gängigen Produktionsverfahren ohne wirklichen stofflichen Kreisschluß keine Zukunft haben werden: in bald absehbarer Zukunft werden die bislang genutzten fossilen Ressourcen als Quellen aufgezehrt sein, während andererseits auch die zur Verfügung stehenden Deponierungsmöglichkeiten für die unvermeidlichen Abfall- und Reststoffe chemischer Produktion als stoffliche Senken ausgeschöpft sein werden.

Alle genannten Gesichtspunkte und zahlreiche weitere werden in späteren Kapiteln (vor allem im Kapitel über die Naturwissenschaftlichen Grundlagen einer Sanften Chemie auf den Seiten 112 bis 153) aufgegriffen sowie ausführlich dargestellt und begründet.

Die Geschichte und Gegenwart der Harten Chemie

Über die Notwendigkeit eines geschichtlichen Bewußtseins in den Wissenschaften

Die Unfähigkeit des Wissenschaftlers zur Selbstreflexion

Im Bewußtsein vieler Chemiker nimmt der heutige Zustand ihrer Wissenschaft den beherrschenden Raum ein. Der rein informationelle Umfang, den heute selbst kleinräumig abgegrenzte Spezialbezirke der Chemie wie jeder anderen naturwissenschaftlichen Disziplin angenommen haben, läßt eine solche erschöpfende Ausfüllung des Bewußtseinsinhaltes auf den ersten Blick auch nahezu unvermeidbar erscheinen. Dies bewirkt einerseits im positiven Sinne die Konzentration der gedanklichen Kräfte auf die heute erreichten Möglichkeiten und Techniken, ist aber gleichzeitig auch eine erhebliche Gefahr: es bildet sich eine nicht mehr hinterfragte gedankliche und seelische Gebundenheit an den Status quo heraus, die von diesem gegenwartsbezogenen Standpunkt aus nicht überwunden werden kann.

Tragische Zweiteilung des Bewußtseins

Wenn nun aber das gesamte, zumindest ›dienstliche‹ Bewußtsein eines Naturwissenschaftlers oder Technikers vom gegenwärtigen Stand seines Faches eingenommen wird, fehlt ein externer Bezugspunkt, von dem aus diese geistige-seelische Verfassung unabhängig und kritisch hinterfragt werden könnte. Das ›private‹ Bewußtsein bietet häufig keinen Ersatz für den so fehlenden archimedischen Hebelpunkt, da es von ganz andersartigen Inhalten religiöser, familiärer, kultureller Art erfüllt ist - Inhalten, die in keinem Bezug zu den ›dienstlichen‹ Aspekten stehen und daher keinen geeigneten Ansatzpunkt für eine wirkliche Selbstreflexion darstellen.

Die Entwicklungsgeschichte der Wissenschaften ist voll von tragischen Beispielen, daß die beschriebene Zweiteilung des Bewußtseins in einen alltäglichen, mit der Umsetzung wissenschaftlich-technischer Ziele befaßten Zweig einerseits und in einen ›sonntäglichen‹, ›feierabendlichen‹ Zweig andererseits zu Handlungsweisen führten, welche die betreffende Person nur deshalb nicht in tiefe moralische Konflikte zu stürzen vermag, weil der private Teil des Bewußtseins durch verschiedene Mechanismen (völlig unterschiedliche Bezugspersonen gegenüber dem ›dienstlichen‹ Bereich, als notwendig empfundenes ›Abschalten‹, Verdrängung) sorgfältig abgeschottet ist und ein Hinüberwirken der privaten ethischen Ansprüche in die Alltagsarbeit als Wissenschaftler mit Sorgfalt vermeidet.

Wissenschaftgeschichte als Selbsterkenntnismittel für Naturwissenschaftler

Vor dem Hintergrund der Gefahren, die ein weitgehend gegenwartsgebundenes Bewußtsein des Naturwissenschaftlers für seine Fähigkeit zur verantwortlichen Abschätzung der Folgen seines Forschens und Produzierens mit sich bringt, gewinnt die Wissenschaftsgeschichte eine neue Bedeutung weit über das Archivieren des jeweiligen Zustandes einer Wissenschaft in einer definierten Epoche hinaus. Die Beschäftigung mit der Wissenschaftsgeschichte kann daher für heutige Naturwissenschaftler ein sehr wichtiges Mittel sein, die eigene Stellung sowohl im Kanon der Wissenschaften als auch im Strom der wissenschaftlich-technischen Entwicklung genauer kennenzulernen, besser zu verstehen und in ihren weitreichenden Konsequenzen eher vorauszusehen.

Das große Interesse, das gerade die Geschichte der Chemie unter Chemikern, vor allem aber unter Studenten und Doktoranden der Chemie heute auf sich zieht, vermag der Autor aufgrund eines von ihm seit 1980 wahrgenommenen Lehrauftrages zur Geschichte der Chemie an der TU Braunschweig aus eigenem Erleben zu beurteilen. Offensichtlich bietet die Wissenschaftgeschichte eine sehr wesentliche, bald als unverzichtbar empfundene Orientierungshilfe, die im Studiengang anderweitig nicht geboten wird. Die wichtigen Aufschlüsse, die jemand durch die Beschäftigung mit Chemiegeschichte hinsichtlich der Dynamik der Wissenschaftsentwicklung in der Vergangenheit gewinnt, verschafften ihm nicht etwa allein eine rückwärtsgewandte Erhellung seines eigenen Standpunktes, sondern machten ihm die eigene Gegenwart als ein momentanes, zeitgebundenes und vor allem ebenfalls dynamischen Einwirkungen unterworfenes Durchgangsstadium in die Zukunft hinein bewußter.

Chemiegeschichte als Orientierungshilfe

Die Abschätzung der Folgen eigenen Handelns, aber auch schon eigenen Denkens und Konzipierens als Naturwissenschaftler wird ihm um so dringlicher notwendig erscheinen, je eher er durch seine Beschäftigung mit Wissenschaftsgeschichte Sicherheit über die heute zu erkennenden Folgen des vergangenen Handelns früher lebender Wissenschaftler und Techniker erhält. Die Gefangenheit im lähmenden Status quo wird so auf- und abgelöst durch ein lebendigeres Verständnis des Wissenschafts- und Technikprozesses - bis hin zu einer neuen, kritischeren Einschätzung des Fortschrittsbegriffes.

Harte Chemie: Ergebnis einer Entwicklung

In diesem Sinne ist auch die folgende Darstellung der Geschichte der Harten Chemie zu verstehen. Es geht nicht um eine Aufzählung von Fakten, womöglich mit dem steten Unterton des ›wie herrlich weit haben wir es doch gebracht‹, sondern um ein besseres Verständnis der Gegenwart aus den entscheidenden Entwicklungsimpulsen und Wendepunkten der Chemie der Vergangenheit. Es geht dabei schon gar nicht um ein bloßes Aufzählen der Fehler und Fehlentwicklungen der Vergangenheit. Es ist im Gegenteil der Versuch, den heutigen Zustand der Entwicklung aus ihren Ursprüngen, Motivationen und Schlüsselereignissen heraus plausibel, nachvollziehbar und verständlich zu machen.

Chemie: so alt wie die Menschheit

Die Geschichte der Chemie reicht weit zurück - so weit, wie wir direkte oder indirekte Zeugnisse bewußter menschlicher Tätigkeit besitzen. Mit dem ersten nachweisbaren Auftreten des Menschen sind Zeugnisse gezielter Stoffumwandlungen untrennbar verbunden. Solche Umwandlungen, seien sie zum Zweck der Nahrungsgewinnung, der Herstellung von Gebrauchsgegenständen oder zu kultischen, künstlerischen oder Schmuckzwecken vorgenommen worden, gehören seit jeher als wesentliche Tätigkeiten zum Menschen. Wie weit in vorgeschichtlicher Zeit über diese einfache chemische Praxis hinaus auch ein Nachsinnen über das ›Wie‹ und ›Warum‹ der stofflichen

Eigenschaften und Umwandlungsprozesse vorhanden war, entzieht sich naturgemäß unserer Kenntnis.

Mit dem Aufkommen der frühen Hochkulturen und ihren schriftlichen Zeugnissen gelangen dann erstmals Kenntnisse über die ältere Naturphilosophie zu uns und zeigen, daß die Erlebnisse beim Verwandeln von Stoffen durch chemische Prozesse vor allem dem kultischen, religiösen und magischen Bereich zuzuordnen sind. Erst in den fragmentarischen Denkzeugnissen der vorsokratischen Naturphilosophen finden wir Versuche einer Beschreibung der Naturphänomene ohne Beteiligung von geistigen Wesenheiten, Dämonen oder göttlichen Einwirkungen. Allerdings sollte man sich davor hüten, hier vorschnell einen Übergang von der irrationalen zur rationalen Seite der Naturbetrachtung zu postulieren - zu komplex ist das Phänomen der Rationalität und ihres vermeintlichen Gegenteils, wie wir heute, vor den Trümmern der Ergebnisse vermeintlich hochrationalen Denkens und Handels stehend, nur zu gut wissen. Im Bereich der Abschätzung der Folgen von Kernenergienutzung stehen wir heute im Wortsinn vor dem strahlenden Müll solcher ins Irrationale spielenden Fehleinschätzungen. Solche neugewonnene Einschätzung vermeintlicher Rationalität auf dem Felde der Hochtechnologie korrespondiert auf merkwürdige Weise mit einer neuen Sicht auf so manches scheinbar irrationale Tabu in sogenannten ›zurückgebliebenen‹ Kulturinseln der Welt: manches Tabu eines Indianerstammes im Amazonasgebiet hat sich heute als wirksamer für die Erhaltung der natürlichen Lebensgrundlagen erwiesen als die ›exakten‹ Ergebnisse so mancher Umwelt- und Systemforschung.

Das Irrationale an der ›Rationalität‹

Es ist hier nicht der Raum für eine ausgebreitete Geschichte der Chemie und der Naturwissenschaften, es muß für weitere Details auf die z.T. leider - insonderheit im deutschen Sprachraum - ausgesprochen unbefriedigende Literatur zu diesem Thema verwiesen werden.[1]

Die Entstehung der Harten Naturwissenschaften am Beginn der Neuzeit

Scheideweg vor dem 30jährigen Krieg: die Debatte um eine neue Naturforschung

In den vergangenen Jahren ist von verschiedenen Wissenschaftshistorikern und -theoretikern auf eine entscheidende Wendezeit für die Entwicklung des modernen naturwissenschaftlichen Selbstbewußtseins und vor allem für deren Forschungsprinzipien zu Beginn des 17. Jahrhunderts hingewiesen worden[2] - zum Teil aus ganz unterschiedlichen Ansätzen heraus, jedoch stets gipfelnd in der Erkenntnis, daß vor knapp 400 Jahren die wesentliche Auseinandersetzung um das moderne Leit- und Weltbild der Naturwissenschaften stattfand und zu einem schließlich eindeutigen und die Gegenwart elementar prägenden Ergebnis fand.

Die Ausgangssituation dieser Auseinandersetzung ist komplex und aus heutiger Sicht schwer durchschaubar. Wesentliche Elemente sind allerdings unzweifelhaft: die zunehmenden Folgen der Entdeckungsreisen, die Konkretisierung der kopernikanischen Wende durch Galilei und Kepler, die Umwälzung der Medizin und Pharmazie durch Paracelsus und seine Schüler, die Nachwirkungen der Reformation und die beginnende Gegenreformation, die Unsicherheit der Menschen angesichts des radikal veränderten Weltbildes im Gefolge dieser Ereignisse und ihre Bereitschaft, eher denn je zuvor das Heraufziehen großer Umwälzungen im Geistigen und im Materiellen als unmittelbar bevorstehend anzunehmen. Beunruhigende Himmelserscheinungen wurden geradezu als Ankündigungen solcher bang befürchteter oder messianisch herbeigesehnter großer Umbrüche gedeutet.

Alchemie und Chemie bei Paracelsus

In der chemischen Wissenschaft und Praxis hatten sich vor allem im Gefolge des Wirkens von Paracelsus wichtige Veränderungen ergeben. An vielen Stellen seiner hinterlassenen Schriften hatte der Arzt, Chemiker und Theologe es als die Aufgabe des Alchemisten bezeichnet, das in der Natur unvollendet Geschaffene zur Vollendung zu bringen: So wie die Natur das Korn wachsen läßt, aber der Mensch muß es mähen, dreschen, mahlen und zu Brot backen, so muß der Alchemist die in der Natur vorkommenden mineralischen, pflanzlichen und tierischen Rohstoffe ›zur Reife bringen‹.[3] Diese chemische Förderung und Unterstützung der Naturprozesse sollte unter anderem dadurch erreicht werden, daß der Alchemist das Reine in den Ergebnissen dieser Naturprozesse vom Unreinen trennt, um anschließend, nach einem Veredlungschritt, wieder zu einer Vereinigung zu schreiten (›solve et coagula‹).

Paracelsus weckte in den Menschen der Renaissance keimhaft das Bewußtsein dafür, daß die Welt, von der ursprünglichen Schöpfungshandlung Gottes an bis zu den Verdauungsvorgängen im menschlichen Leib, ein ewiges Gefolge von chemischen Prozessen und Verwandlungen durchzieht. Aber diese Sichtweise war bei Paracelsus noch vollständig spirituell getragen, ihm erschien die Tätigkeit des Chemikers bestimmt von übersinnlichen Prinzipien. Die Erforschung der Natur sollte ihm zufolge in ehrfürchtigem Staunen vor den Wundern der göttlichen Schöpfung erfolgen. Grundprinzip seiner chemischen Philosophie wie seiner erfolgreichen ärztlichen Kunst waren die ›Erfahrenheit‹ und das ›Lesen im Buch der Natur‹. Die genaue Beobachtung der Phänomene - von den unterschiedlichen Ausformungen der Pflanzen in verschiedenen Gegenden bis zu feinen Unterschieden im Atem- oder Uringeruch bei einem Kranken - war ihm der Schlüssel zum alchemistischen Auftrag zur Wandlung der Erde.

Das ›Lesen im Buch der Natur‹

Die Schüler und Nachfolger des Paracelsus setzten dieses Programm in den folgenden Jahrzehnten um. Es erschien eine Fülle von Schriften chemisch-alchemistisch-pansophischen Inhalts, die das gesamte Spektrum von der spekulativen Naturphilosophie Jacob Böhmes über eine gleichrangige Darstellung von Laborarbeit und Meditation bei Heinrich Khunrath bis hin zur Entwicklung neuer chemischer Prozesse und Präparate bei Basilius Valentinus erbrachte. Es war die Zeit der großen gesellschafts- und wissenschaftsutopischen Schriften, vom ›Sonnenstaat‹ des Campanella über die ›Christianopolis‹ des Johann Valentin Andreae bis zur ›Neu-Atlantis‹ des

Francis Bacon. Es war die Zeit der Schriften über eine harmonikale Ordnung der ganzen Welt, der Entsprechungen von Makrokosmos und Mikrokosmos als Großer und Kleiner Welt, an deren Wege nicht nur spekulative Brosamen liegenblieben, sondern eben auch großartige Entdeckungen wie die des Blutkreislaufs durch William Harvey - Folge einer gedanklichen Synthese aus naturphilosophischer Analogiespekulation (zwischen der Bewegung der Planeten um die Erde und der Bewegung des Blutes um das Herz) einerseits und genauer Beobachtung der anatomischen Phänomene andererseits; oder die harmonikale Weltsicht des Johannes Kepler, der es verstand, zahlenmystische und geometrische Spekulationen über den Abstand der Planetenbahnen mit exakten Berechnungen zum Gebäude des Planetensystems zu vereinigen. Sphärenharmonie, astrologische Prognosen und Himmelsmechanik waren bei diesen Persönlichkeiten keine Gegensätze, sondern ambivalente, sich wechselseitig befruchtende Aspekte eines Ganzen.

Fruchtbare Philosophie der Entsprechungen

Vor Beginn des 30jährigen Kriegs kulminierten die Fragen nach dem weiteren Weg der Naturforschung, der naturwissenschaftlichen Ausbildung und ihrer Stellung zur Religion in einer Flut von Programm-, Streit- und Flugschriften, an denen sich viele Mediziner und Naturforscher der damaligen Zeit beteiligten und die auch bei Fürsten wie Moritz von Hessen-Kassel oder Kaiser Rudolf II. in Prag auf großes Interesse stießen. Es ging um nicht weniger als eine ›Reformation der ganzen weiten Welt‹ mit Hilfe einer spirituell durchdrungenen Naturkunde nach paracelsischer Art, wie sie in den Programmschriften des verborgen bleibenden Rosenkreuzerordens zum Ausdruck kam[4]. Diese reformpädagogische und auf eine Vereinigung von Wissen und Glauben zu einer Pansophie gerichtete Bewegung, die wohl alle gebildeten Stände Europas in ihren Bann zog, kam durch den Ausbruch des 30jährigen Kriegs jäh zum Erliegen, ihre Propagandisten wurden in alle Winde zerstreut, verzagten, wiederriefen oder machten kirchliche Karriere. Ein Ansatz zu einer neuen Art von Naturwissenschaft war im Keime steckengeblieben, andere Ansätze eroberten das Feld und setzten sich schließlich als Wissenschaftsentwurf der Moderne durch.

Spirituell durchdrungene Naturkunde

Der Inquisitor setzt sich durch: Francis Bacon als geistiger Wegbereiter

Einer dieser Entwürfe eines neuen Systems der Wissenschaften und neuer Grundsätze zur Erforschung der Natur, der - im Gegensatz zu den pansophisch-paracelsistischen Ansätzen - schließlich als wissenschaftstheoretischer Mainstream Geltung erlangte, war das Programm des Francis Bacon (1561-1626), hauptsächlich niedergelegt in den beiden Schriften ›Neues Organon der Wissenschaften‹ (Erstausgabe 1620) und ›Nova Atlantis‹ (Erstdruck 1643). Bacon, seit 1604 Anwalt der englischen Krone, ab 1618 Baron Verulam und Lordgroßkanzler von England, war nicht nur einer der Vordenker, Wegbereiter und Propagandisten des Materialismus und der mechanistisch- experimentellen Wissenschaften, sondern zugleich auch als Generalstaatsanwalt des englischen Königs James I. direkt an Hexenverfolgungen beteiligt.

Aus dem gedanklichen Umfeld der Inquisition mit ihren ›peinlichen Befragungen‹ (Folterungen) verdächtiger, vor allem weiblicher Subjekte (als solche betrachtete man vor allem diejenigen Frauen, die mit ihren Kenntnissen der Wirkungen von Naturstoffen und -verfahren sowie ihrem Wissen um Verhütungsmethoden das intellektuelle Monopol der akademischen Ärztezunft wie die patriarchalische Macht über die Empfängnis in Frage stellten) stammt in verblüffend unverblümter Analogie auch das Baconsche Forschungskonzept, demzufolge man der Natur ihre Geheimnisse auf ähnliche Weise zu entreißen habe wie den vermeintlichen Hexen die ihrigen durch das peinliche Verhör:

»Wie Proteus keine verschiedenen Gestalten annahm, wenn man ihn nicht in Fesseln festhielt, eben so zeigt sich die durch mechanische Hilfsmittel gereizte und gefangene Natur offenbarer, als wenn sie sich frey überlassen bleibt.«[5]

Natur auf der Folter des Inquisitors

Das Laboratorium wird auf diese Weise zur inquisitorischen Folterkammer, zum Gerichtssaal, in dem derjenige die Verfahrensregeln vorgibt, der die Macht hat. Die Gefangenschaft der lebendigen Natur im Kerker der analytischen Reduktion auf das Detail macht nach der Auffassung Bacons erst experimentelle Forschung möglich. In diesem Forschungskonzept liegen die Wurzeln der neuzeitlichen Methoden zur Gewinnung von wissenschaftlichen Fakten: was geforscht wird und ›Wissenschaft‹ heißt, bestimmt der inquisitorische Experimentator durch die Setzung seiner möglichst engbandigen Randbedingungen.

In besonders prägnanter Weise hat die amerikanische Philosophin und Wissenschaftshistorikerin Carolyn Merchant auf diesen bedeutsamen Zusammenhang sowie auf die lückenlose Tradierung dieses vor Bacon undenkbaren Forschungsansatzes innerhalb der aufstrebenden Wissenschaftsgemeinde aufmerksam gemacht:

»Die Experimentatoren der Accademia del Cimento in Florenz und der Royal Society of London (der ersten bedeutenden wissenschaftlichen Gesellschaften, die das Vorbild der Akademien bis in die heutige Zeit lieferten), die Mäuse und Pflanzen in das künstliche Vakuum des Barometers sperrten, quälten die Natur in echt Baconscher Manier und zwangen sie mit Gewalt aus ihrem natürlichen Zustand heraus.«[6]

Quälen der Natur in Baconscher Manier

In diesem Zusammenhang ist bemerkenswert, daß gerade der ›Revolutionär‹ und Heros der neuzeitlichen Chemie, Antoine Lavoisier, es für ganz selbstverständlich erachtete, die besondere Qualität der vom Sauerstoff befreiten Luftanteile dadurch nachzuweisen, daß er zunächst Glasgefäße chemisch entsprechend präparierte, um anschließend in die verbliebene nahezu reine Stickstoffatmosphäre eingesperrte Tiere im Dienste des Erkenntnisfortschritts qualvoll verenden zu lassen.[7]

Schmerzhafte Erkenntnis der Wurzeln

Es ist gewiß eine unbequeme und schmerzhafte Aufgabe für den heutigen Naturwissenschaftler, die geistigen Wurzeln seines eigenen Tuns in dieser Vorgehensweise wiederzuerkennen und sich der Tatsache bewußt zu werden, daß hier - im krassen Gegensatz zu seinem Selbstgefühl - nicht ein reifes, souveränes Verhältnis zur Natur vorliegt, sondern eher das eines verklemmten grausamen Kindes. Diese Herangehensweise an das wissenschaftliche Experiment hat unser Verhältnis zur Natur in tiefliegenden, weitgehend unbewußt bleibenden Schichten unseres Selbst geprägt. Die Befreiung aus diesen unbewußten und unreflektierten Abhängigkeiten erfordert schwere Erkenntnisarbeit.

Nicht nur das Forschungskonzept im Allgemeinen, sondern auch das Bild des Naturforschers von sich selbst ist archetypisch in den Schriften Bacons veranlagt. In ›Neu-Atlantis‹ beschreibt Bacon eine Gesellschaft, in welcher die ›Väter des Hauses Salomo‹ als allmächtige und sich als irrtumsfrei betrachtende Forscher-Kaste alle staatlichen Entscheidungen diktatorisch fällen. Es ist erschreckend, die Utopie des Bacon in Vergleich zu den - allenfalls sprachlich gewandelten - staatstragenden Experten der Jetztzeit zu stellen. Ihr Urteil gilt unbedingt, da sie allein über die Naturgeheimnisse gebieten. Sie besitzen nicht nur das Monopol auf Gewinnung von Wissen über die Natur, sondern sie entscheiden auch allein darüber, wem sie in welchem Umfang die Gnade einer Weitergabe solchen Wissens gewähren:

Die allmächtige Forscher-Kaste

»Wir treten auch in Beratungen darüber ein, welche der von uns entdeckten Erfindungen und Naturerkenntnisse wir veröffentlichen wollen und welche nicht: und wir schwören alle einen Eid der Geheimhaltung, um das zu verbergen, von dem wir denken, daß es geheim zu halten ist; wiewohl wir manches dem Staat enthüllen, enthüllen wir ihm anderes keineswegs«[8]

Diese priesterliche Grundhaltung der neuzeitlichen Forscher-Prototypen spiegelt sich bis hin in Kleidung und Gebaren der Wissenschaftler:

»Bacons Wissenschaftler gleicht nicht nur in seinem Aussehen, sondern auch in seinem Gebaren einem Priester, der die Macht besitzt, alles Elend des Menschen durch Wissenschaft zu beseitigen«.[9]

Das Ideal des Forschers: der Priester

Bacon selbst beschreibt eine Prozession der Weisen durch Neu-Atlantis mit den bezeichnenden Worten:

»Sein des Oberpriester-Wissenschaftlers Gesichtsausdruck schien zu zeigen, daß er die Menschen bemitleide ... auf dem ganzen Weg hob er die unbedeckte Hand. ... In einer so guten Ordnung, wie sie das Volk damals auf den Straßen bewahrte, dürfte kaum jemals ein Heer aufgestellt gewesen sein. Sogar an den Fenstern standen die Zuschauer nicht wirr durcheinander, sondern jedem schien sein Platz zugewiesen zu sein«

Selbst als geistiger Wegbereiter der Gentechnologie hat Bacon gewirkt:

»Auf künstlichem Wege machen wir manche Tiere größer und schlanker, als sie es ihrer Natur nach sind, während wir andere in Zwergformen umwandeln und ihnen eine von der früheren verschiedene Gestalt geben. Wieder andere machen wir fruchtbarer und zeugungsfähiger, als es ihrer Natur entspricht, andere dagegen unfruchtbar und zeugungsunfähig. Auch in bezug auf Farbe, Körperform und Aktivität können wir sie auf verschiedene Weise verändern«.[10]

Natur als passives Objekt

Auch das Bild des Erkenntnisobjektes selbst, nämlich der Natur, ist bei Bacon geprägt durch die mechanistische Vorstellung der Welt als einer gigantischen Maschine - ein Weltbild, wie es von Descartes ausgebaut und später von La Mettrie dezidiert auf den Menschen selbst als einem Wesen mit reinen Maschinen-Eigenschaften zugespitzt wurde[11]. Diese mechanistische

Denkweise zerlegt die Natur in passive, träge Teilchen. Eine Entsprechung findet diese Trägheit und Außengesteuertheit in dem passiven, leicht manipulierbaren Charakter der Einwohner von Neu-Atlantis. Ein im Kern faschistoides Staatsbild der Menschenbeglückung wird bei Bacon auf die Materie übertragen und umgekehrt.

Erkenntnisse mechanisch programmiert

Das Bild der Erkenntnismethode ist ebenso mechanistisch geprägt: In der Scientokratie von Neu-Atlantis gibt es eine lineare Hierarchie, die von den Anfängern und Schülern bis herauf in die weihevollen Höhen der Wissenschaftler selbst eskaliert. Beobachtung, Experiment und Verallgemeinerung laufen mechanisch ab, wie programmiert.

Selbst die Bildung künstlicher Umwelten ist im Baconschen Technik-Ideal schon angelegt. Die Wissenschaftshistorikerin Merchant weist auf diese Tatsache mit den Worten hin:

»In Nova Atlantis sind die geistigen Ursprünge jener ›geplanten Umwelten‹ zu finden, die in unserer Zeit durch die technokratische Bewegung und ihr Faible für absolut künstliche, von Menschen für Menschen geschaffene Umwelten entstanden (moderne Wohnsiedlungen). Nur zu oft sind diese Umwelten im mechanischen Problemlösungsstil geschaffen worden, ohne Rücksicht auf das Ganze des Ökosystems ... Das mechanistische Denken ... vernachlässigt die Auswirkungen synthetischer Produkte auf die Umwelt ebenso wie die Auswirkungen künstlicher Umwelten auf den Menschen. Es scheint, als sei die Schaffung künstlicher Produkte eines der Ergebnisse Baconschen Strebens nach Herrschaft und Gewalt über die Natur«.[12]

Herrschaft und Gewalt über die Natur

In dieser Analyse ist zugleich das Grundprinzip der neuzeitlichen Chemie beschrieben.

Der unbegrenzte Herrschaftsanspruch des Wissenschaftler-Priesters kann kaum deutlicher als in den Worten Bacons selbst wiedergegeben werden:

»Der Zweck unserer Gründung ist ... die Vergrößerung der Grenzen des menschlichen Reiches, so daß alle möglichen Dinge bewirkt werden können.«[13]

Der sich hier ausdrückende Machbarkeitswahn und die mit ihm verbundenen Allmachtsphantasien haben sich ungeschmälert in die Gegenwart der Wissenschaft und Technik herübergerettet und gerade im Bereich der modernen Chemie ihre weitesten Handlungsfelder gefunden. Und ein solcher Wahn findet immer wieder neue Betätigungsfelder. Wird dieser Wahn durch eine wachsamer und kritischer werdende Öffentlichkeit einmal in einem Bereich dann doch obsolet, so findet die Wissenschaft ein neues Feld, auf dem wieder - in gleichen Worten und Begriffen - von den unbegrenzten Möglichkeiten, den sagenhaften Vorteilen für die Menschen, der absoluten Risikolosigkeit geschwärmt wird - wir erleben es gerade wieder bei den Propagandisten der Gentechnologie, die so reden, als hätte es nie Ernüchterungen über irgendeine der ›High-Tech‹-Entwicklung der vergangenen Jahrzehnte gegeben.

Machbarkeitswahn: unendliche Geschichte

Der Biochemiker Erwin Chargaff ist einer der wenigen steten Mahner, der klare Worte für den Technologie-Fatalismus der Gegenwart findet, welcher seine Abkunft von den Visionen des Bacon nicht verleugnen kann:

»Die Welt scheint sich der Maxime unterworfen zu haben, welche lautet: Was getan werden kann, muß getan werden. ... Ein teuflischer Fatalismus gegenüber der Technologie hat jede moralische oder legale Hemmung aufgehoben ... Da die Naturwissenschaften zu dauernden Grenzüberschreitungen ermutigt werden, hat sich ihrer eine Art von Freibeutergeist bemächtigt, und der Raubbau an den Naturgeheimnissen ist eine Großindustrie geworden.«[14]

Goethe entlarvt Bacons Erkenntnismethode

Das Durchschauen der geistigen Vorbedingungen und der materiellen Folgen einer solchen Denkweise ist allerdings kein Privileg von Wissenschaftskritikern der Jetztzeit. Wie vertraut bespielsweise schon Johann Wolfgang Goethe mit dem Baconschen Forschungskonzept nach dem Vorbild der inquisitorischen Folter war, wird belegt in dem folgenden Zitat:

»Es ist dieses das sogenannte experimentum crucis, wobei der Forscher die Natur auf die Folter spannte, um sie zu dem Bekenntnis dessen zu nötigen, was er schon vorher bei sich festgesetzt hatte. Allein die Natur gleicht einer standhaften und edelmütigen Person, welche selbst unter allen Qualen bei der Wahrheit verharrt. Steht es anders im Protokoll, so hat der Inquisitor falsch gehört, der Schreiber falsch niedergeschrieben ...«[15]

Selbst die Alternative zu der kastenhaft elitären Elfenbeintürmerei der Forschung im Sinne Bacons hat der klarblickende Dichter formuliert:

»Die Phänomene ... müssen ein für allemal aus der düsteren empirisch mechanisch - dogmatischen Marterkammer vor die Jury des gemeinen Menschenverstandes gebracht werden.«[16]

Auf das reduktionistische Forschungsprinzip der Folterung der Natur hatte Goethe die prägnanteste Antwort in seinem Faust, wobei aus dem Kontext deutlich ist, daß es ihm dabei wesentlich um die Chemie ging:

»Wer will was Lebendig's erkennen und beschreiben,
Sucht erst den Geist herauszutreiben,
Dann hat er die Teile in seiner Hand,
Fehlt, leider! nur das geistige Band«.[17]

Harte Chemie wird zum ideologischen, ökonomischen und politischen Machtfaktor

Naturverständnis als Illusion: Sprache und Symbolik der modernen Chemie

Das von Bacon formulierte und von anderen Denkern des 17. Jahrhunderts (z.B. dem Philosophen und Physiker Descartes [18]) auf ihre Weise ergänzte Wissenschaftsprogramm wurde ein durchschlagender Erfolg. Zu messen war dieser Erfolg vor allem an der sich bald einstellenden wirtschaftlichen Nutzbarkeit der mit den Methoden der reduktionistisch-experimentellen Wissenschaft gewonnenen Erkenntnisse. Allerdings hatte die neue Forschungsstrategie im Verlauf des 17. und 18. Jahrhunderts immer noch mit gegenläufigen Tendenzen zu kämpfen, die - zumeist im Gefolge der Anhänger des Paracelsus und deren ganzheitlich-kosmischer Sichtweise der Stoffeswelt - an einer Synthese zwischen der Arbeit im Laboratorium und der am meditativen Erkenntnisstreben (ora et labora) festzuhalten suchten. Die Sehnsucht nach einer solchen einheitlichen Weltsicht goß sich in die damals vorhandenen Ideengefäße und war demzufolge häufig mit der Gedankenwelt der Alchemie eng verbunden. Deren Begrifflichkeit spiegelt das Bemühen um eine spirituell durchdrungene Sicht der Stoffe wieder, wenn sie beispielsweise Decknamen oder symbolische Darstellungen für die bei alchemistischen Operationen verwendeten Substanzen aus dem Bereich der Mythologie entlieh.[19]

Alchemie versagt als alternative Chemie

Gegen die sich machtvoll entwickelnde experimentelle Chemie nach Baconschem Vorbild war diese alchemistische Tradition der Stofferforschung allein schon deshalb ohne Chance, weil sie in Abkehr von ihren naturphilosophischen und kulturpädagogischen Wurzeln mehr und mehr zum Tummelplatz obskurer Betrugsalchemisten und Geheimbündler wurde, welche vor allem an den stets in Geldnot steckenden Fürstenhöfen ihr Unwesen trieben und nicht selten in öffentlichen Skandalen oder gar am Galgen endeten.[20] Sie trugen wesentlich dazu bei, daß die von ihnen sprachlich okkupierte Geistesströmung der pansophischen Alchemie zum allgemeinen Gespött und zum bevorzugten Ziel aufklärerischen Widerstands wurde.[21]

Neue Chemie siegt durch neue Sprache

Den scheinbar endgültigen Sieg errang die moderne, nutzenorientierte und reduktionistische Chemie dann durch die ›chemische Revolution‹ des bereits erwähnten Lavoisier und der mit ihm verbundenen Chemiker und Physiker. Diese Revolution berief sich in ihren programmatischen Aussagen immer wieder auf den Hauptvertreter des französischen Materialismus, Condillac. Sie errang ihren Sieg weniger mit der Ablösung der 100 Jahre lang vorherrschenden Phlogiston-Theorie durch die Sauerstofftheorie der Verbrennungs- und Atmungsvorgänge als vielmehr mit der Entwicklung einer neuen Sprache und Symbolik der Chemie. Die letzten Reste von mythologischen, metaphysischen oder auch nur sinnlichen Assoziationen beim Umgang mit den Stoffen wurden auf diese Weise aus der Chemie verbannt. Aus ›crocus martis‹ wurde Eisenoxid, aus ›Spießglanzbutter‹ Antimonchlorid.[22]

An die Stelle von Stoffbezeichnungen mit einem Anklang an die kulturelle, geographische oder phänomenologische Wurzel einer Substanz trat ihre genormte, an den atomaren Konstituenten orientierte, ›rationelle‹ Bezeichnungsweise, wie sie sich bis heute erhalten hat. Ergänzt und wesentlich gestützt wurden diese neuen Namen für die Stoffe durch eine von Berzelius eingeführte neuartige Formelschreibweise unter Verzicht auf die alte Symbolik. Diese Formeln wurden einfach und nüchtern von den ersten, ggf. einem weiteren Buchstaben des Elementnamens abgeleitet: S für Schwefel, Pb für Blei (Plumbum), C für Kohlenstoff, O für Sauerstoff (Oxygenium), H für Wasserstoff (Hydrogenium). Mit der so gewonnenen Formel für das Kohlensäuregas, CO_2, war die atomistische Grundstruktur der Materie in jeder Beschreibung eines chemischen Vorgangs nun unmittelbar gegenwärtig. Chemische Prozesse, die in der echten alchemistischen Tradition der Chemie immer noch mit entsprechenden seelischen Vorgängen verbunden gewesen waren, wurden nun zu abstrakt beschreibbaren und damit auch emotionslos beherrschbaren, rein mechanisch herbeizuführenden Trennungen und Vereinigungen von Atomen oder Atomgruppen. Die Substanz reduzierte sich auf die Formel, die Chemie distanzierte sich endgültig von ihren naturphilosophischen Wurzeln.

Die Auswirkungen dieser Revolution in der Sprache und Schreibweise der Chemie auf das Bewußtsein der Chemiker und später auch der breiteren Öffentlichkeit kann nicht genug als einschneidend vorgestellt werden. Erst mit dieser Reduktion der Stoffe auf ihre atomistisch und molekular assoziierten Buchstabenkombinationen war die Vorstellung von der beliebigen und grenzenlosen Manipulierbarkeit der materiellen Substanz nicht nur denkbar geworden, sondern geradezu zum Programm erhoben. Die Sprache und Symbolik der Chemie vermittelte ihren Vertretern die Illusion von unbeschränkter Macht über die Materie. Deren Manipulation konnte nun stets in formalisierten Reaktionsgleichungen niedergeschrieben werden, die sich lediglich an einfachen Grundregeln (Erhaltung der Anzahl der Atome auf jeder Seite der Gleichung, Einhaltung der grundsätzlich möglichen Wertigkeiten dieser Atome etc.) zu orientieren hatten. Im Sinne der Kantschen Prämisse (daß an einer Naturwissenschaft nur so viel echte Wissenschaftlichkeit sei, als Mathematik in ihr stecke) war nun scheinbar die Chemie in den Rang einer exakten Wissenschaft ohne jeden unkalkulierbaren Anteil aufgestiegen. Wer in der Lage ist, auf ein Stück Papier die Reaktionsgleichung

Lebendige Stoffe reduziert auf tote Formeln

Benzol +Chlor -> Hexachlorcyclohexan

hinzuschreiben, hat sich gedanklich über die real existierende Komplexität und Unübersichtlichkeit des Ablauf hinaufgeschwungen, lebt ganz in der Illusion von Beherrschbarkeit und Verständnis des Prozesses. Was wirklich abläuft, die zahllosen Nebenreaktionen, die ökologische und gesundheitliche Relevanz des Prozesses, die Herkunft der Reaktanden, der Verbleib der Reaktionsprodukte - all dies bleibt hinter der nüchternen, mathematisch exakten Formel verborgen. Es muß die Frage gestellt werden, wie sich das Bewußtsein eines Schülers und später eines Chemiestudenten entwickelt, der über Jahre an der Tafel, in den Lehrbüchern, auf dem Papier seiner Klausuren in den geistigen Kokon eines solchen faszinierenden und geniale Einfachheit und Durchschaubarkeit vorgaukelnden Lügengespinstes eingesponnen wird. Da nützt es dann auch wenig, wenn der organisch-präparative Chemiker täglich in Gestalt des zäh-klebrigen Schlammes, der neben den wohlkristallisierten Zielprodukten als ›Nicht-Ausbeute‹ z.T. in lästigen Mengen hinterbleibt, mit der Tatsache konfrontiert wird, daß die reale Welt nicht der klinischen Reinheit der Formelchemie gehorcht.

Die Vorgaukelung der Beherrschbarkeit

Die Geschichte der Menschheit ist untrennbar verbunden mit der Geschichte des Gebrauchs und der Zurichtung von Stoffen. Jahrtausendelang benutzten die Menschen die Stoffe aus der Natur im wesentlichen so, daß allenfalls eine mechanische Auf- und Zubereitung stattfand; chemische Veränderungen betrafen hauptsächlich anorganische Rohstoffe (Erze, Farberden) und blieben, gemessen am gesamten Materialverbrauch, die seltene Ausnahme. Wo organische Stoffe chemisch verändert wurden, blieb der Eingriff in die molekularen Strukturen eher oberflächlich (Kochen, Backen) oder

Die Durchbrechung des Naturpatents auf Stofferzeugung

folgte den natürlichen biologischen Abbauprozessen (Fermentation, Vergärung)[23].

Mit der chemischen Revolution an der Wende vom 18. zum 19. Jahrhundert veränderte sich die Situation radikal. Die Einsicht in die chemische Zusammensetzung der Stoffe sowie die Beschreibung dieser Zusammensetzung in quantitativer Hinsicht, schließlich die Verbindung dieser Analyseergebnisse mit mechanistisch-atomistischen Vorstellungen führte bald dazu, daß der Versuch unternommen wurde, die in der Natur aufgefundenen organischen (d.h. aus Lebensprozessen stammenden) Substanzen auch künstlich aus ihren atomaren Konstituenten aufzubauen.

Chemie macht Lebenskraft überflüssig

Anfangs waren allerdings sogar die führenden Vertreter der chemischen Revolution unsicher, ob die ersten Erfolge bei der Durchbrechung des Jahrmillionen bestehenden Patentes der Natur auf die Erzeugung ›organischer‹ Substanz tatsächlich schon die volle Emanzipation des Menschen von der notwendigen Mitwirkung eines Lebensprinzipes darstellte. So hatte Friedrich Wöhler zwar 1824 aus den beiden einfachen anorganischen Verbindungen Zyanwasserstoffsäure und Ammoniak die organische Verbindung Harnstoff hergestellt, die man nur als Produkt des Stoffwechsels lebender Organismen gekannt hatte. Aber er wollte anfangs selbst nicht ausschließen, daß - auf dem Umweg über die damals übliche Bildung der anorganischen Ausgangsstoffe aus organischen Stoffen durch chemische Zersetzung - in diesen doch noch ein ›vitalistischer‹ Nachklang des ursprünglichen organischen Bildungsprinzips anwesend sei, der allein die Bildung der neuen organischen Substanz Harnstoff ermöglicht habe. Wöhler schrieb dazu an den Chemiker-Kollegen Berzelius:

»Ein Naturphilosoph würde sagen, daß sowohl aus der tierischen Kohle, als auch aus den daraus gebildeten Zyanverbindungen, das Organische noch nicht verschwunden, und daher immer noch ein organischer Körper daraus wieder hervorzubringen ist«[24]

Diese zurückhaltende Sichtweise macht deutlich, daß selbst die führenden Chemiker der damaligen Zeit anfangs noch davor zurückschauderten, den entscheidenden Durchbruch dieser prozessualen Emanzipation vom Lebensprozeß zu wagen. Aber dieser Zustand des Zögerns konnte nicht lange Bestand haben. Zu sehr wirkten der stürmisch wachsende Erkenntnisfortschritt und die zunehmende Mechanisierung der Vorstellungen vom Ablauf und den Ursachen chemischer Prozesse auch im Bereich des Organischen auf das emanzipatorische Selbstbewußtsein der Chemiker zurück. Zu deutlich zeichneten sich zudem die enormen wirtschaftlichen Möglichkeiten ab, die sich aus der Synthese organischer Substanzen aus anorganischen Ausgangsstoffen ergeben würden.

Bereits im Jahr 1837 war der Damm gebrochen, und Wöhler und Liebig schrieben in der Einleitung zu ihrer Abhandlung ›Über die Natur der Harnsäure‹:

»Die Philosophie der Chemie wird aus dieser Arbeit den Schluß ziehen, daß die Erzeugung aller organischen Materien, in so weit sie nicht mehr dem

Organismus angehören, in unseren Laboratorien nicht allein wahrscheinlich, sondern als gewiß betrachtet werden muß. Zucker, Salicin, Morphin werden künstlich hervorgebracht werden. Wir kennen freilich die Wege nicht, auf denen dieses Endresultat zu erreichen ist, weil uns die Vorderglieder unbekannt sind, aus denen diese Materien sich entwickeln, allein wir werden sie kennenlernen«[25].

Blieben selbst diese programmatischen Äußerungen der beiden führenden Repräsentanten der Chemie in Deutschland zunächst noch ohne großes Echo, so wurden sie zusammen mit der rückwirkenden Hervorhebung des ›Wöhlerschen Durchbruchs‹ von 1824 von der aufblühenden organisch-synthetischen Chemie der 2. Hälfte des 19. Jahrhunderts umso mehr zu einem paradigmatischen Wendepunkt stilisiert und geschickt in das frühe Marketing der Syntheseprodukte eingebaut.[26]

Künstliche Surrogate als Programm

Damit war das Programm der Chemie für die folgenden Jahrzehnte in vollkommener Klarheit definiert. Die damals in der Gemeinschaft der Chemiker noch verbreitete Vorstellung, organische Substanz könne nur dann aus einfacheren Bausteinen aufgebaut werden, wenn eine okkulte ›Lebenskraft‹ in einem lebendigen Organismus wirksam wäre, schien nun endgültig obsolet. Das monopolistische Patent der Natur auf die Erzeugung solcher komplexen Moleküle auf der Basis von miteinander verbundenen Kohlenstoffatomen war durchbrochen. Man kann die psychologische Wirkung dieser Tatsache auf das Weltbild der Chemiker kaum hoch genug einschätzen.

Mit diesem gedanklichen Durchbruch im Hintergrund und den immer klareren Vorstellungen von der Zusammensetzung der organischen Stoffe begann, zunächst noch unsystematisch und ohne festes Syntheseziel, ein Run auf die künstliche Herstellung von Kohlenstoff-Verbindungen. Anfangs entsprach diese organisch-synthetische Chemie hauptsächlich einem akademisch-wissenschaftlichen Interesse, waren doch die synthetisierten Stoffe wie Harnstoff oder Essigsäure aus den natürlichen Prozessen viel leichter und mit geringerem Aufwand zugänglich. Eine wirtschaftliche Bedeutung solcher Synthesemöglichkeiten war zunächst nicht absehbar.

Dies änderte sich schlagartig, als kurz nach der Jahrhundertmitte durch solche organischen Synthesen aus dem damals als Abfallstoff der Koksherstellung reichlich vorhandenen Steinkohlenteer Produkte entstanden, für die es einen wirklichen Markt gab: Farbstoffe. Die chemische Analyse von Naturfarbstoffen wie Indigo, aber auch von anderen, wirtschaftlich bedeutenden Pflanzenstoffen wie Chinin hatte nahegelegt, daß ein künstlicher Aufbau aus den chemischen Bestandteilen von Steinkohlenteer - vor allem den Abkömmlingen des Benzols - möglich sein sollte. Der erste so hergestellte Farbstoff war das Mauvein (›Malvenfarbe‹), das 1856 von dem englischen Chemiker und Liebig-Schüler Perkin erstmal erhalten wurde.

Der Durchbruch: synthetische Farben

In den folgenden Jahren setzte ein wahrer Run auf neue synthetische Farbstoffe ein, die hauptsächlich aus Anilin hergestellt wurden, welches aus den Bestandteilen des Steinkohlenteers leicht, wenn auch unter drastischen chemischen Bedingungen (Nitrierung mit konzentrierter Salpetersäure und anschließende Reduktion mit Eisenspänen) herstellbar war. Zahlreiche Patente wurden auf die Herstellung leuchtender, neuartiger Farbstoffe wie Fuchsin erteilt, die ersten Firmen gegründet, die - zunächst in sehr primitiven Anlagen mit einfachsten, vorhandenen Standardtechnologien - eine Fülle neuer Farbstoffe herstellen konnten.

Dies war die Geburtsstunde der internationalen chemischen Industrie. Die meisten heute marktbeherrschenden Chemiegiganten, vor allem in Deutschland, sind in jenen Jahren als Fabriken zur Herstellung von Anilinfarben gegründet worden: Hoechst, Agfa, BASF, Bayer etc. Manche der Namen lassen heute noch den Ursprung im Bereich der Anilinfarben erkennen: Agfa heißt: Actiengesellschaft für Anilinfarben; BASF heißt: Badische Anilin- und Sodafabrik. Traditionell werden trotz des in den Folgejahrzehnten gigantisch ausgeweiteten Produktionsprogramms in alle Sparten chemischer Synthese hinein die Aktien der großen Chemiefabriken auch heute noch kurz als ›Farbentitel‹ bezeichnet.

Die Geburt der Chemischen Industrie als Prototyp harter Wissenschaft und Technik

Mit der Entdeckung der synthetischen Anilinfarben kam für die Chemie der Durchbruch. Endlich war ein Betätigungsfeld gefunden, auf dem die neuen chemischen Erkenntnisse und Methoden aus der Liebigschen Schule in Produkte umgesetzt werden konnten, für welche es einen gigantischen Markt gab. Die neuen Farbstoffe hatten sensationellen Erfolg. Geschickt wurden sie als Modefarben für die Kleidung der Damen lanciert. Die Mischung aus substantieller und farblicher Neuartigkeit mit der Perspektive unbegrenzter Machbarkeit und Wandelbarkeit dieses Prinzips war genial, und der Erfolg konnte nicht ausbleiben.

Auch die wirtschaftlichen Voraussetzungen waren ideal: als Ausgangsstoff diente der in riesigen Mengen als Abfall der Koksherstellung anfallende Steinkohlenteer, dessen Halden sich zu einem ernsten ökologischen und ästhetischen Problem ausgewachsen hatten und der fast keine Rohstoffkosten verursachte, sondern dessen Beseitigung über das Produkt beinahe noch als eingesparte Entsorgungskosten hätte kalkuliert werden können. Zudem waren die Anlagen zur Herstellung der Farbstoffe billige Standardapparaturen: Reaktionskessel, über offenem Feuer beheizt; mit der Hand, später mit Dampfkraft betriebene Rührvorrichtungen; einfache Filterpressen. Der Schutz der Arbeiter vor den giftigen Dämpfen und Stoffen spielte keine Rolle, die Lage der ersten Fabriken an den großen Strömen legte die billigste Entsorgung der Reststoffe - direkte Einleitung in den Fluß - nahe und wurde unbekümmert praktiziert.

Mega-Gewinne der chemischen Industrie

Mit einem Miniumum an Kostenaufwand, einem anfangs geradezu monopolartigen Produkt und einem äußerst begierig aufnahmebereiten Markt waren alle Voraussetzungen für das Wirtschaftswunder der aufblühenden chemischen Industrie geschaffen.

Hinzu kam die Führung der Unternehmen durch extrem engagierte, rücksichtslos durchsetzungswillige und -fähige Führungspersönlichkeiten wie Heinrich von Brunck, Carl Duisberg, Carl Bosch und andere. Versehen mit der enormen Machtfülle, die ihnen die riesigen Gewinne aus Herstellung und

Verkauf der Anilinfarben an die Hand gegeben hatte, eroberten sie in wenigen Jahrzehnten die Spitze der deutschen Industrie. Auch heute noch, nachdem die Herkunft dieser Macht kritischer gesehen wird, kann man feststellen, daß gegen die Interessen der deutschen chemischen Großindustrie in Wirtschaft und Politik nichts läuft. Der Zustand zum Zeitpunkt der Abfassung dieses Buches könnte nicht charakteristischer sein: der gegenwärtige deutsche Bundespräsident ist ehemaliger Manager und Teilhaber an einer der größeren deutschen Chemiefabriken, der gegenwärtige Bundeskanzler begann seine berufliche Karriere als Justitiar im größten Chemiekonzern seines heimatlichen Bundeslandes.

Wohl niemand, der den beispiellosen Aufstieg der Chemieindustrie zu einer wirtschaftlichen und politischen Großmacht im Detail studiert, kann sich der morbiden Faszination entziehen, die von dieser Entwicklung ausgeht. Es scheint, als ob alle abstrusen Illusionen alchemistischer Betrüger in Erfüllung gegangen wären: Buchstäblich aus Dreck (den stinkenden, lästigen Steinkohlenteerhalden der Hochofenkoksherstellung) wurde Gold gemacht - oder Stoffe, die mit Gold aufgewogen wurden, da eine durch geschickte Propaganda angeregte Konsumentenwelt nach den glänzenden farbigen Produkten lechzte. Eine ungeheure Euphorie machte sich breit, alles Erstrebenswerte schien plötzlich machbar mit den Methoden der Chemie, der Sieg über Hunger, Krankheit und Armut schien nahe und wurde von nicht wenigen der Handelnden ständig als unmittelbar bevorstehend verkündet.

Faszination Chemie: Gold als Abfall

In diesem Rausch blieb kein Raum für Rücksichten und Nachdenklichkeiten. Innerhalb weniger Jahre lag eine ganze Branche, in der Naturfarbstoffe angebaut und verarbeitet worden waren, am Boden. Kein Blick fiel auf die stinkende, giftige Brühe, die sich aus den Abwasserkanälen der Farbenfabriken in die Flüsse ergoß. Kein Gedanke wurde daran verschwendet, daß ein Großteil der verwendeten Chemikalien hochgiftig war und die ungeschützt mit ihnen hantierenden Arbeiter häufig dem Krebstod geweiht waren. Der Blick war auf anderes gerichtet: auf den Erhalt und Ausbau der wirtschaftlichen Macht. Zu weitgehende Konkurrenz wurde mit Preiskämpfen ausgeschaltet, wer übrigblieb, bildete mit den anderen gefräßigen Marktteilnehmern ein strenges Kartell.

Primäre Ziele: Profit und Macht

Die Grenzen zwischen den staatlichen Institutionen, der chemischen Forschung und den Wirtschaftsunternehmen verwischten sich immer mehr, wie es bereits Liebig mit seinen Firmenbeteiligungen in der Zeit seiner Professur in München vorgemacht hatte. Chemieindustrie war Imperialismus in Reinkultur, und noch Jahrzehnte nach dieser unvergleichlichen Zeit des Aufschwungs bebten den populärwissenschaftlichen Autoren, die über Chemie schrieben, die Worte in Ehrfurcht und Erstaunen: ›Chemie erobert die Welt!‹ hieß einer der einschlägigen Titel, und es war eine zutreffende Beschreibung. Der Feldzug dieser Eroberung der Natur und der Verbraucher hatte militärischen Charakter, die Agierenden den Gestus und die Rücksichtslosigkeit skrupelloser Generäle.

Die rasch wachsende Disziplin der Organischen Chemie verschaffte der chemischen Industrie innerhalb weniger Jahrzehnte eine unabsehbare Flut neuer synthetischer Stoffe, die sich gewinnbringend verkaufen ließen: von den Farben, mit denen alles begann, über die synthetischen Medikamente bis hin zu den Kunststoffen. Wie in kindlichem selbstvergessenem Spiel wirbelten Chemiker der Sparte, die sich ›organische Chemie‹ nur noch nannte, die Bauklötze der Elemente Kohlenstoff, Wasserstoff, Sauerstoff, Stickstoff durcheinander und fügten sie mit den neuentdeckten Synthesemethoden zu immer neuen Konstrukten zusammen. Wieder ist es Erwin Chargaff, der auf die Kehrseite dieser permutativen Möglichkeiten der Organischen Chemie, deren Namensbezug auf die Welt des Organisch-Lebendigen geradezu eine Perversion ihres Inhaltes geworden war, in treffenden Worten hinweist:

Die Bauklotzspiele der ›Organiker‹

»Die organische Chemie ... hat mit den unzähligen, synthetisch herstellbaren Substanzen aus Kohlenstoff, Wasserstoff, Sauerstoff, Stickstoff, Phosphor, Schwefel usw. eines der imposantesten Gedankengebäude der Wissenschaft errichtet; ein Gebäude, in dessen meilenlangen Korridoren viele Esel Rollschuh laufen können, ohne den Verkehr zu behindern. Sie hat allerdings auch, in ihrer industriellen Anwendung, mehr Schaden für die Umwelt und das Leben der Menschen gestiftet als die von ihr hergestellten Medikamente beheben können.«[27]

Harte Chemie auf dem Weg zur imperialen Macht

Mit der Eroberung der Schlüsseltechnologien zur Herstellung von Medikamenten, Farbstoffen, Kunstharzen, Kunststoffen, waschwirksamen Substanzen, Kunstfasern usw. aus den scheinbar beliebig und extrem billig verfügbaren Rohstoffen Steinkohlenteer und später Erdöl stiegen die Chemieunternehmen um die Wende zum 20. Jahrhundert zu einer geradezu sagenhaften wirtschaftlichen und schließlich auch politischen Macht auf. Geschickte, skrupellose Konzernlenker entwickelten bald Strategien, um den letzten hemmenden Faktor, den gnadenlosen Wettbewerb zwischen den einzelnen Chemiegiganten, auch noch auszuschließen. Es kam schrittweise zur Bildung des bemerkenswertesten Industriekonglomerats, das die Welt je gesehen hatte: zur ›Interessengemeinschaft der Farbenindustrie‹ (IG Farben), in der schließlich alle maßgebenden Produzenten der chemischen Industrie zu einem monopolistischen Superkonzern vereinigt waren. Bis zum Ende des Zweiten Weltkriegs beherrschte dieser Moloch, gemeinsam mit den Giganten der Schwerindustrie a la Krupp, die deutsche Wirtschaft unangefochten.

Ein fast vergessenes Kapitel: Chemie im Nationalsozialismus

Es konnte nicht ausbleiben, daß es bei einer solchen Machtfülle zu engen Verquickungen zwischen der Industriemacht und den politisch Herrschenden kam. Diese Verbindungen stützten sich vor allem auf zwei Komplexe: Kriegstechnologie und Rohstoffautarkie für das Deutsche Reich. An der Entwicklung von neuen Kriegstechnologien war die chemische Industrie vor allem mit der Erforschung chemischer Kampfstoffe und mit der Möglichkeit beteiligt, Salpeter und Nitroverbindungen durch die Hochdrucksynthese von Ammoniak aus Luftstickstoff unabhängig von überseeischen natürlichen Ressourcen zugänglich zu machen. Die Umgehung und Ausschaltung der traditionellen überseeischen Lieferquellen bei Schlüsselrohstoffen wie Treibstoff und Gummi durch die Entwicklung neuer Verfahren und Produkte war das zweite Standbein dieser immer engeren Verknüpfungen zwischen chemischer Industrie und Staatsmacht.

Während des Ersten Weltkrieges waren auf diesen Feldern der Chemie-Nobelpreisträger Fritz Haber und der Chemiker Carl Duisberg - letzterer als Präsident der IG Farben AG einer der mächtigsten Wirtschaftsführer überhaupt - die Schlüsselpersönlichkeiten. Zum einen gelang es ihnen in einer gigantischen, erst durch die fabelhaften Gewinne aus der Produktion synthetischer Farben ermöglichten forscherischen und technologischen Kraftanstrengung, ein Verfahren zur direkten Bindung des reaktionsträgen Luftstickstoffs an Wasserstoff mittels Hochdrucksynthese zu entwickeln. Auf diese Weise waren die kriegswichtigen Materialien Salpeter (zur Herstellung von Schwarzpulver) und Salpetersäure (zur Nitrierung von Kohlenwasserstoffen bei der Herstellung von Nitroglycerin und ähnlichen Sprengstoffen) direkt aus den beliebig und national verfügbaren Grundstoffen Luft, Kohle und Wasser zugänglich. Der enorme Energieaufwand, den die Hochdrucksynthese erforderte, spielte angesichts der kriegsentscheidenden Bedeutung der so gewonnenen Rohstoffe keine Rolle. Historiker gehen davon aus, daß der Erste Weltkrieg aufgrund dieser Durchbrechung der alliierten Kontinentalsperre für die chilenischen Salpeterquellen um Jahre verlängert wurde, da Deutschland ohne eigene Nitratquellen bereits im Jahre 1915 hätte kapitulieren müssen.

Ammoniaksynthese im 1. Weltkrieg

»Die chemische Industrie war die Basis der deutschen Kriegsmaschinerie. Ohne die Entdeckungen in Duisbergs Fabriken und der Gewinnung von Stickstoff aus der Luft wäre der Kaiser gezwungen gewesen, 1915 um Frieden zu bitten.«[28]

Es ist müßig, darüber zu spekulieren, welche Wendung die Weltgeschichte in einem solchen Fall genommen hätte, bei dem eine frühere Beendigung des Krieges weniger einschneidende Kapitulationsauflagen für Deutschland und vielleicht den Wegfall der Propagandawaffe ›Diktat von Versailles‹ bedeutet hätte.

Kampfgas als strip-off der Farbenchemie

Auch in Hinblick auf die neuartige Kriegswaffenart ›chemische Kampfstoffe‹ spielten Fritz Haber und Carl Duisberg eine entscheidende Rolle. Die vermeintlich harmlose Industrie zur Herstellung synthetischer Farben stellte auf ideale Weise die stofflichen und technologischen Voraussetzungen zur Verfügung:

»Die meisten Giftgase des Ersten Weltkriegs konnten in Mengen produziert werden, indem die Methoden und Maschinen benutzt wurden, die normalerweise der Farbherstellung dienten.«[29]

Haber war es, der nicht nur den Einsatz der aus der Produktion von synthetischen Farben verfügbaren Giftgase Chlor und Phosgen als Massenvernichtungsmittel vorschlug (sie sogar als ›die technisch höhere Form‹ des Tötens verherrlichte[30]), sondern er initiierte und leitete den Einsatz dieser Kampfstoffe an der Westfront bei Ypern persönlich. Tausende von alliierten Soldaten kamen in den ersten Angriffen mit dieser völlig unbekannten und lautlos wirkenden Waffe ums Leben, Zehntausende wurden durch schwere Verätzungen der Schleimhäute, der Haut und der Augen verletzt und entstellt. Es dauerte natürlich nicht lange, bis die Gegenseite sowohl Schutzmaßnahmen (Gasmasken) als auch eigene Kampfgase entwickelt und eingesetzt hatte. Insgesamt wurden mindestens 1,3 Millionen Menschen durch Gas vergiftet, 91.000 von ihnen starben. Rücksichtslosigkeit der Agierenden und Aggressivität der verwendeten Substanzen kommen in ihrer untrennbaren, modellhaft wirkenden Verquickung wohl kaum deutlicher zum Ausdruck als in der Geschichte der chemischen Kriegsführung.

Chargaff hat die Zusammenhänge zwischen der inneren und der äußeren Aggressivität in den Naturwissenschaften beispielhaft herausgearbeitet:

Virulenz der Aggressivwissenschaften

»Unsere Zeit ... ist ... einigen Naturwissenschaften hörig geworden, nämlich denjenigen, die einen Angriff auf die Natur, einen Raubzug gegen die Natur möglich machen. Ist es ein Zufall, daß der Aufstieg dieser Wissenschaften mit dem des Kapitalismus mehr oder weniger zusammenfällt? Als Kolonialismus und Imperialismus begannen, begann auch die aggressive Naturforschung ... Daß das Tempo und die Virulenz der Aggressivwissenschaften sich in den letzten 50 Jahren derart gesteigert haben, muß mit dem sich in Riesenkriegen, Blutbädern, Ausrottungen und Verbrechen ausdrückenden allgemeinen Verfall zusammenhängen. In diesem Sinne wäre die Blüte der Naturforschung eine Art von Schimmel auf dem Leichnam einer Zeit.«[31]

Auch hier bringt es wenig, darüber nachzusinnen, welche Entwicklung die weitere Geschichte Europas genommen hätte, wenn nicht der Gefreite Adolf Hitler an der Westfront gerade durch eine Kampfgasverletzungen unauslöschliche, brennende Haßgefühle gegen die Alliierten entwickelt hätte. Es gehört zu den tragischen Ironien der Weltgeschichte, daß gerade Fritz Haber, von dem diese entscheidenden Kriegstechnologien ausgegangen waren, in der Zeit der nationalsozialistischen Herrschaft aufgrund seiner jüdischen Herkunft, ungeachtet seiner ›Verdienste‹ um das Vaterland, aus Hochschulamt und -würden davongejagt wurde. Seine Frau, Clara Haber, hatte im übrigen in der Nacht der Abreise ihres Mannes an die Ostfront, wo er einen neuen Kampfgaseinsatz leiten wollte, aus Verzweiflung über diese grausame Waffe und die Beteiligung ihres Mannes an der Massenvernichtung gegnerischer Soldaten Selbstmord begangen[32].

Kampfgas: Schlüsselprodukt der Chemie

Die im ersten Weltkrieg eingesetzten grausamen chemischen Massenvernichtungswaffen wurden danach keineswegs geächtet und die auf ihnen beruhenden Produktlinien wurden nicht etwa verlassen, sondern Kampfgase wie Phosgen stellen auch heute noch entscheidende Schlüsselchemikalien für vermeintlich harmlose chemische Alltagsprodukte wie Polyurethan dar (Produktionsvolumen Phosgen: 1,5 Millionen Tonnen pro Jahr![33]).

Die Verquickung von Chemieindustrie und politischem Machtapparat setzte sich in der Weimarer Republik lückenlos fort: mehrfach stiegen Vorstandsmitglieder der IG Farben in den Ministerrang auf. Einen Höhepunkt erreichte diese Entwicklung dann jedoch in der Zeit der nationalsozialistischen Gewaltherrschaft. Nahezu alle leitenden Manager der IG Farben wurden Mitglieder der NSDAP, z.T. sogar der SS. Daß einige der anderen Wirtschaftsführer im Bereich der Chemie dem ungehobelten Ex-Gefreiten und Postkartenmaler skeptisch oder sogar mit Abscheu gegenüberstanden, änderte nichts an der Tatsache, daß sich eine gut funktionierende Symbiose zwischen imperial-chemischer und imperial-politischer Macht herausbildete. Die Chemie wurde zur zentralen Wissenschaft und Technologie der menschenverachtenden Nazi-Schergen.

Chemie als zentrale Nazi-Technik

Diese Verquickungen machten auch vor den Toren der Nazi-Konzentrations- und Vernichtungslager nicht halt. Die geschundenen Gefangenen waren für die chemische Industrie so hochwillkommene, billige Arbeitskräfte, daß es nahelag (wie beispielsweise in Ausschwitz geschehen), Chemiefabriken unmittelbar neben Konzentrationslagern zu bauen, um so dieses günstige Potential an rechtlosem ›Menschenmaterial‹ noch kosteneffektiver ausnützen zu können. Daß die dabei praktizierte Menschenverachtung derjenigen der herrschenden politischen Klasse in nichts nachstand, wird deutlich, wenn man hinterlassene Dokumente aus dieser Zeit liest. Da hieß es in einer Anweisung der Leitung der IG Farben-Fabrik bei Ausschwitz hinsichtlich der als Zwangsarbeiter eingesetzten Häftlinge:

»Alle diese Menschen müssen so ernährt, untergebracht und behandelt werden, daß sie bei denkbar sparsamstem Einsatz die größtmögliche Leistung hervorbringen.«[34]

Es war im Licht dieser Tatsachen auch kein Zufall, daß selbst die Giftgase, die in den als Duschen getarnten Tötungsräumen der Vernichtungslager eingesetzt wurden, von der DEGESCH, einer zum IG Farben-Konzern gehörenden Chemiefabrik, geliefert wurden.

Bis vor relativ kurzer Zeit bedurfte es im deutschsprachigen Raum übrigens ausgedehnten Quellenstudiums, um die hier dargelegten historischen Abläufe in der Geschichte der deutschen chemischen Industrie im 20. Jahrhundert zur Kenntnis nehmen zu können, da die einschlägige Sekundärliteratur sich über Jahrzehnte praktisch nur mit der Verherrlichung der ›positiven‹ Fortschritte sowie mit der Heroisierung der beteiligten Wirtschaftsführer und Wissenschaftler befaßt hatte. Erst das Interesse vor allem der jüngeren Chemiker und Chemiestudenten an der zeitgenössischen Geschichte ihres Faches machte es möglich, daß - zunächst in Gestalt von Übersetzungen aus dem angelsächsischen Sprachraum - auch die Kehrseite des Machtzuwachses der chemischen Industrie zwischen den Weltkriegen schonungsloser beleuchtet und publiziert werden konnte[35]. Selbst eine aus der Feder eines pensionierten Chemie-Managers stammende aktuelle Darstellung zur Geschichte der chemischen Industrie[36] ist spürbar vom Bemühen geprägt, diese dunklen Kapitel zumindest nicht vollständig auszuklammern - was angesichts der Tatsache, daß gerade in den elektronischen Medien einer Aufarbeitung dieser historischen Zusammenhänge breiterer Raum gegeben wurde[37], wohl inzwischen auch jede Glaubwürdigkeit verloren hätte.

Lange verschleierte Chemie-Geschichte

Chemie nach dem 2. Weltkrieg: Fortsetzung mit anderen Mitteln

Gelegentlich wird darauf verwiesen, die Erforschung und der Einsatz von Giftgasen und anderen chemischen Kampfstoffen habe nach dem 2. Weltkrieg keine Fortsetzung erfahren, die Chemieindustrie habe sich infolgedessen von diesem verheerenden geistigen und materiellen Erbe distanziert und losgelöst. Das Gegenteil davon ist richtig. Viel zu produktiv erschienen die zu diesem Zweck entwickelten Verfahren und Reaktionsmethoden, viel zu lukrativ die so hergestellten Produkte. Aber es bedurfte angesichts des üblen Leumunds und der historischen Verantwortlichkeiten schon getarnter Wege, um das für den Krieg Gelernte nun im Frieden einsetzen zu können. Die dazu notwendige personelle Kontinuität war im übrigen gewährleistet: Sehr bald nach dem Krieg stiegen auch hochbelastete und als Kriegsverbrecher verurteilte I G-Farben-Manager wie Ambros, ter Meer und andere wieder in hohe und höchste Positionen in den großen Chemiekonzernen auf, die sich als Bruchstücke des ehemaligen I.G. Farben-Konglomerats neugegründet hatten und wieder unter ihren alten Namen (BASF, Bayer, Hoechst etc.) tätig waren.

Der eine und einfachste Umweg zur Nutzung der chemischen Kriegstechnologie im Frieden bestand darin, kriegführende Parteien in aller Welt mit dem Know How, den Reagenzien und den Anlagen zur Herstellung von chemischen Kampfstoffen zu beliefern. Spuren dieser Exportpraktiken wurden in den letzten Jahren in vielen Spannungsgebieten der Welt gefunden: von den nach Libyen gelieferten Giftgasfabriken bis zu den chemischen Kampfstoffen im Konflikt zwischen Iran und Irak, deren Grundchemikalien z.T. aus europäischen Chemiefabriken stammten.

Kampfstoffe werden Pflanzenschutzmittel

Der zweite, elegantere, gewinnträchtigere und viel harmloser erscheinende Weg bestand darin, die als Kampfstoffe verwendeten Chemikalien unter Beibehaltung der bekannten Grundstoffe, Synthesewege und Verfahrenstechniken in ihrem molekularen Aufbau geringfügig abzuwandeln und, indem man ihr nachgewiesenes biozides Potential ausnutzte, statt als chemische Kampfstoffe gegen Menschen nun als solche gegen ›Schädlinge‹ einzusetzen. Es ist nachgewiesen worden, daß zwischen der Kampfstoff-Forschung in den Chemielabors der Nazizeit und der ›Pflanzenschutz‹-Forschung nach dem 2. Weltkrieg eine lückelose personelle, institutionelle, substantielle und technologische Kontinuität besteht. Eine Person wie Gerhard Schrader, der vor und während des Krieges wesentliche Grundprinzipien phosphororganischer Kampfstoffe erforscht und entwickelt hatte, war nach dem Krieg in der Lage, bruchlos an diese Forschungen anzuknüpfen und phosphororganische Schädlingsbekämpfungsmittel anzubieten, die sich von den ursprünglichen Kampfstoffen strukturell so wenig unterschieden, daß sie auf ein und dieselbe Grundformel zurückzuführen waren (›Schradersche Acylformel‹).

Der Chemiker und Chemiedidaktiker Lutz Stäudel, aktives Mitglied der Arbeitsgruppe Sanfte Chemie, hat zusammen mit der ›AG Naturwissenschaften - sozial‹ in einer viel zu wenig bekannten Veröffentlichung diese Zusammenhänge sehr überzeugend dargelegt.[38]

Es ist aufgrund der untrennbaren Zusammenhänge zwischen Kampfstoff- und Pflanzenschutzforschung sicher auch kein Zufall, daß Bestandteile der im

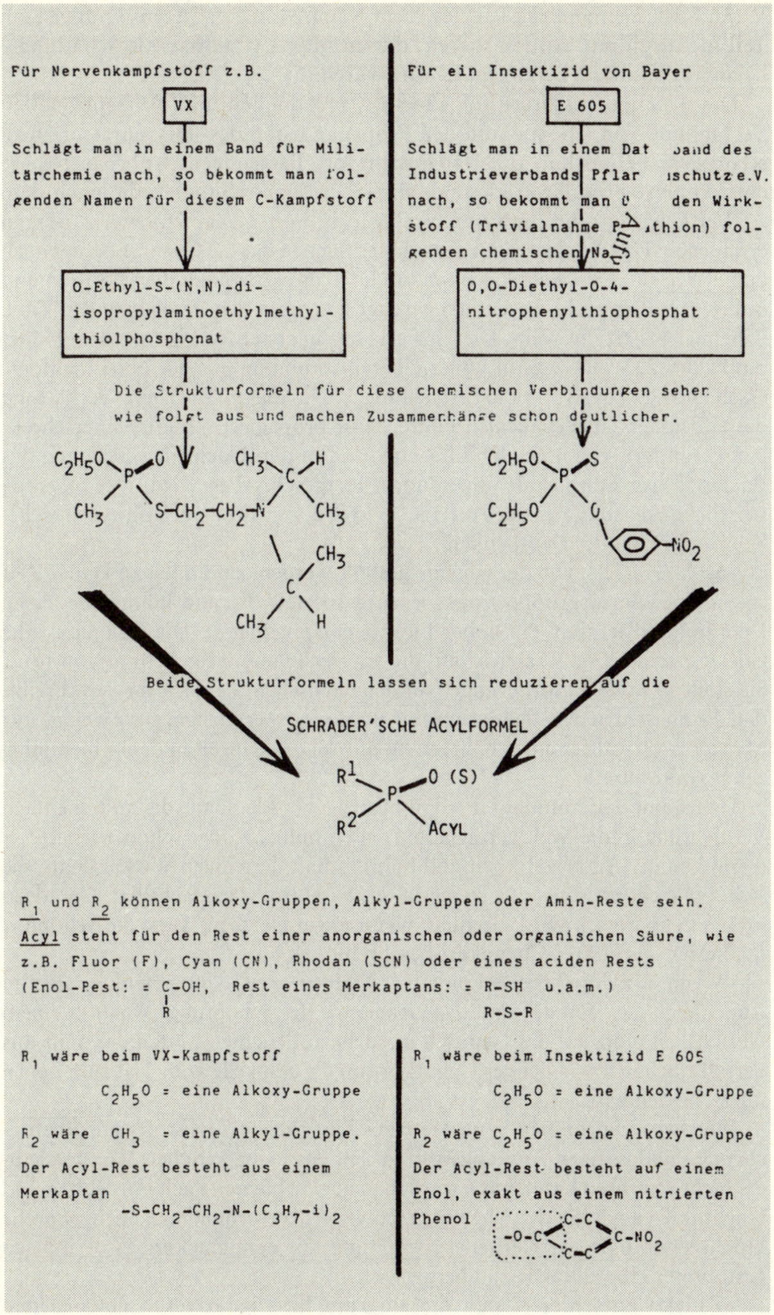

Abb.1: Rückführung der Formel von Giftgas und Pflanzenschutzmittel auf die gemeinsame Schradersche Acylformel

(Quelle: AG Naturwissenschaften sozial: Biozide. Marburg: Soznat [1988])

Verlauf des Vietnamkriegs eingesetzten Kampfstoffe wie Agent Orange zum Teil identisch mit Stoffen waren, die im Intensivlandbau als Schädlingsbekämpfungsmittel bereits im Einsatz waren.

Chemie erobert (immer noch) die Welt

Die unselige Tradition der ideellen, personellen und konzeptionellen Verbindung von Chemie und den Propagandisten des ›Herrenrassentums‹ setzte sich aber noch in anderer Hinsicht fort. Beklemmend ist beispielsweise eine Analyse populärer ›chemiepolitischer‹ Darstellungen, die nach dem 2. Weltkrieg in renommierten Verlagen in hohen, mehrfachen Auflagen erschienen. Das charakteristischste dieser Bücher, das die Generation der nach dem Krieg aktiven Chemiker offenkundig in ihrer ideologischen Position und in ihrem Selbstgefühl wesentlich geprägt hat, trägt den bezeichnenden Titel: ›Chemie erobert die Welt‹. Dieses Werk war in erster Auflage auf dem Höhepunkt des 2. Weltkriegs in voller Übereinstimmung mit der Nazi-Ideologie erschienen. Nicht so sehr die Feststellung, daß in diesem Buch eine Verklärung des Chemikers als der idealen Führernatur propagiert wird, ist so erschrekkend, sondern vielmehr die Tatsache, daß in den Nachkriegsauflagen des Buches dieser Führerkult unverändert fortgeschrieben wird. Der folgende wörtliche Auszug (aus der Auflage 1951!) belegt diese ›geistig-moralische‹ Kontinuität in aller Deutlichkeit[39] :

»So hohe Ziele, wie der Chemie gestellt werden, sind noch zu keiner Zeit irgendeiner Berufsgruppe zugewiesen worden ... Es sind königliche Ziele. Dem hohen Ziel muß ein hoher Einsatz entsprechen ... Die Chemie ist die zuletzt erschlossene Wissenschaft, die schwerste und die geheimnisvollste. ... Sie stellt so hohe Anforderungen an den Menschen, der sich ihr verschreibt, daß die meisten in der Chemie nur Bürokratenrang erreichen, ganz wenige nur Meisterrang, während der Führerrang nur sehr vereinzelt in demselben Jahrzehnt vorkommt.«

Der Chemiker als Herrenmensch

Da träumt und raunt auf den Trümmern einer Ideologie, die millionenfach Vernichtung in die Welt getragen hat, noch immer - oder schon wieder - jemand von der Auserwähltheit und Führerschaft derjenigen Wissenschaft, die sich am leichtfertigsten zur Dienerin des Faschismus gemacht hat. Geradezu mystisch-hymnisch wird Greiling, wenn er im gleichen Werk die Schöpferqualitäten des Führer-Chemikers beschreibt:

»Wenn aus Unsichtbarem plötzlich Materie wird, dann offenbart sich im Augenblick das Wunder und das Geheimnis der Schöpfung. Wenn in einem Glaskolben plötzlich das Gemisch in Farbe aufleuchtet, ... dann ergreift uns derselbe Schauer wie bei der Geburt, wenn die Schwelle vom Tod zum Leben überschritten wird.«

Wer bei der profanen Synthese eines künstlichen Farbstoffs aus übelriechenden und giftigen Ausgangsstoffen sich des halbgöttischen Wonneschauers nicht erwehren kann, hat natürlich keine Probleme - nach Hiroshima und Nagasaki! - auch die der Chemie geschwisterlich verbundene, nachgeborene Hochtechnologie der Kernenergienutzung mit dem Zuckerguß olympisch gestimmter Hochsprache zu übergießen:

»Zuletzt entschleiert sich diesem zum Intelligenzwesen gewordenen

Menschen das Geheimnis der Chemie. Es trifft ihn der Ruf, neben der Fackel des irdischen Feuers auch die Fackel des kosmischen Feuers zu ergreifen, nicht allein die Lichtwellen aussendenden Kettenreaktionen der Atomhülle zu beherrschen, sondern nun auch die Kettenreaktionen der Atomkerne zu erfassen, bei denen ein Teil der trägen Ruhmasse selbst sich in Licht verwandelt. Stoff wird Energie ... auf menschliches Geheiß. ... Der Wille dessen, der dies bewirken kann, greift in die Sternenräume hinein. Der Aufbau eines noch unbekannten kosmischen Reiches ist das letzte Ziel, das die Chemie dem Nachmenschen, dem Eroberer der Zukunft, gestellt hat.«

Allmachtsphantasie - noch immer aktuell

Den jüngeren Chemikern werden solche Vorstellungen gewiß nicht nur einigermaßen fremd sein, sondern wie eine groteske Karikatur erscheinen. Die hochtrabende Begrifflichkeit Greilings ist nicht mehr aktuell, heutige Hymniker der Chemie haben sich dem sprachlichen Zeitgeist besser angepaßt. Aber die Chemiker-Generation, die noch heute den chemischen Alltag prägt, ist in einem geistigen Klima ideologischer Allmachtsphantasien geprägt worden, wie sie in dem Buch ›Chemie erobert die Welt‹ zum Ausdruck kommen. Die heute tätigen Chemiker sollten sich anhand solcher Beispiele immer wieder vor Augen führen, daß sie keine wertfreie Wissenschaft und Technik betreiben - ebensowenig wie die in der Erforschung der Kernenergienutzung Tätigen. Sie sind vielmehr in ihrer Arbeit - auch an vorgeblich dem Menschen nützlichen Themen - unauflösbar stets auch in die Folgen der Tatsache verstrikt, daß die Grundprinzipien Harter Chemie aufgrund der ihnen immanenten Gewaltsamkeit zu allen Zeiten immer auch einen potentiellen Kriegs- und Waffencharakter haben - sei es in Gestalt des Kriegs gegen Natur und Gesundheit, sei es in in direkter Form als Mittel zur Führung bewaffneter Auseinandersetzungen zwischen Menschen. Greiling hat in dieser Hinsicht mit seiner Prognose ja tatsächlich recht behalten: Der Chemiker ist wirklich zum ›Eroberer der Zukunft‹ geworden. Aber das von ihm eroberte Terrain hat eben auch das Aussehen aller Schlachtfelder dieser Welt: Ausgelaugt, verwüstet, mit dem Blut und den Tränen der Eroberten gedüngt.

Mächtiger als je zuvor: Harte Chemie als Rauschdroge der Konsumgesellschaft

Nach dem 2. Weltkrieg kam es, wie erwähnt, zwar vordergründig zu einer Zerschlagung des IG Farben-Konzerns durch die alliierten Siegermächte, aber bereits nach kurzer Zeit waren die aus der Aufteilung hervorgegangenen Nachfolgeunternehmen mächtiger als je zuvor. Die Umsätze und Produktionsvolumina der größeren unter ihnen haben jeder für sich den Umfang des gesamten IG Farben-Konglomerats auf dessen Höhepunkt weit hinter sich gelassen. Der Grund für diesen enormen Wachstumsschub liegt darin, daß die Konsumbedürfnisse der Nachkriegsgesellschaft in immer weiterem Ausmaß durch Produkte aus dem Bereich der chemischen Industrie befriedigt wurden. Zahllose, für die Wirtschaftswunderepoche geradezu synonyme Markenprodukte wie Persil, Hostalen, Perlon, Indanthren, Nivea, Tesafilm, Pattex und viele weitere sind Produkte dieser Chemieindustrie, die es verstanden hat, den parallel verlaufenen Aufstieg der Werbung und PR zu einer ebenfalls machtvollen Branche zu nutzen, um ihre Produkte als wesentliche

Repräsentanten von Lebensqualität, Modernität und Fortschritt in den Köpfen wie im Unterbewußtsein von Millionen erfolgreich und unlöschbar zu verankern.

Es sei noch einmal betont: wenig ist damit getan, sich darüber den Kopf zu zerbrechen, was gewesen wäre, wenn statt Produkten der Harten Chemie der genannten Art bereits vor Jahrzehnten die durchaus vorhandenen Ansätze zu einer Sanften Chemie Platz gegriffen hätten. Es kann nicht bezweifelt werden, daß diese Produkte der Harten Chemie einen wesentlichen Beitrag zum Wohlstand und zur Bequemlichkeit breiter Bevölkerungsschichten geleistet haben. Es ist ebenso unbestreitbar, daß Produkte dieser Art das Ergebnis der Kreativität, des Fleißes und des Strebens nach Verbesserung der Lebensbedingungen Tausender in der Chemieindustrie Tätiger war. Es geht an dieser Stelle nur um die Frage, ob der unbedingte Absolutheitsanspruch, der in diesem Zusammenhang von sehr vielen dieser Forscher und Techniker der Chemie erhoben wird, noch irgendeine Berechtigung hat; ob der Glauben daran, daß keinerlei Alternativen zu dieser Entwicklung und den ihr zugrunde liegenden Methoden denkbar und realistisch gewesen wären, nicht als ein moderner Aberglauben erkannt und entlarvt werden muß.

Absolutheitsanspruch: moderner Aberglauben

Die in Chemikerkreisen weitverbreitete Auffassung, daß ohne die real existierende Chemie der breite erreichte Wohlstand schlicht unmöglich gewesen wäre, kann heute mehr denn je in Frage gestellt werden. Selbst die ersten, bescheidenen Ergebnisse von Forschung und Entwicklung im Bereich der Sanften Chemie, aber auch die in Ansätzen existierenden Versuche großer Konzerne wie Henkel und Daimler-Benz, auf der Basis sanft-chemisch erzeugter Produkte zu hochleistungsfähigen Gebrauchsartikeln zu gelangen[40], zeigen nur zu deutlich, daß ein sehr großer Teil des Erreichten und insbesondere das, was für eine moderne Industriegesellschaft als unverzichtbar angesehen wird, auch mit ganz anderen Methoden und auf der Grundlage anderer stofflicher und verfahrenstechnischer Prinzipien zu erreichen gewesen wäre.

Es ist daher hoch an der Zeit, daß die Repräsentanten der Harten Chemie zunächst von ihrem Absolutheitsanspruch Abstand nehmen, sich dann der Erkenntnis öffnen, daß die heutigen Methoden und Rohstoffgrundlagen dieser Harten Chemie nicht zukunftsfähig sind, um schließlich den Mut aufzubringen, eine möglichst rasche Konversion ihrer Unternehmen hin zu ganz neuen Grundlagen vorzunehmen.

Die schleichende Chemisierung: Gefahren für die Gesundheit von Millionen

Die Endlichkeit der fossilen Ressourcen sollte aber nicht der einzige Grund für die genannte Konversion sein. Aus dem Erkenntnisbereich der kritischen Toxikologie kommen eher noch zwingendere und dramatischere Anlässe, das Umdenken und Umschwenken zu beschleunigen. Die inzwischen längst nicht mehr zählbare Flut an Chemikalien, die sich - als Inhaltsstoffe und Abbauprodukte von chemischen Alltagsprodukten, aber auch als ungewollt und unerkannt in die Umwelt gelangte Nebenprodukte der chemischen Synthese - seit 125 Jahren über alle Lebewesen ergossen haben, wirkt längst wie ein dröhnendes, betäubendes, strukturloses Rauschen, hinter dem das harmonische

Konzert der natürlichen stofflichen Umgebung längst wie in einer grauenerregenden Kakophonie fast unhörbar geworden ist.

Mancher tröstet sich angesichts dieser Durchsetzung aller Umweltmedien mit Fremdstoffen an dem Argument, es handele sich zwar um eine riesige Anzahl, für sich genommen sei die jeweilige Konzentration des Fremdstoffes im betroffenen Umweltmedium jedoch äußerst gering. Schnell sind dann Rechenbeispiele zur Hand, die Menge eines bestimmten hochgiftigen Schadstoffes in der Atemluft gleiche der verschwindenden Menge eines Stückes Zucker, aufgelöst in einem ganzen See. Aber unabhängig von der Tatsache, daß es genügend Beispiele für die Wahrnehmungsfähigkeit und Beeinflußbarkeit von Organismen auch durch sehr geringe Konzentrationen eines Stoffes gibt (man denke an die Empfänglichkeit von Haifischen für minimale Blutspuren oder an die sichere Wahrnehmung nur weniger Botenstoffmoleküle durch bestimmte Schmetterlinge), geht es hier eben nicht um die Auflösung von etwas Zucker im Bodensee, sondern um die Kombinationen Zehntausender verschiedener körperfremder Stoffe in den Medien, die wir und unsere Mitorganismen einatmen, trinken oder mit unserer Nahrung zu uns nehmen.

Chemisierung aller Umweltmedien

Die Kontamination aller Umweltmedien mit Schadstoffspuren macht vor keiner Region der Erde mehr halt. Rückstände von Pestiziden, Transformatorölen und Schwermetallen finden sich selbst im ewigen Eis Grönlands. Damit kann sich kein Lebewesen mehr den Einwirkungen dieser vom Menschen leichtfertig bis grob fahrlässig in die Umwelt eingebrachten Substanzen entziehen. Wenige kritische Mahner haben bislang die ganzen dramatischen Konsequenzen dieser Tatsache in unmißverständliche Worte gefaßt. Zu diesen Wenigen gehören der Toxikologie-Professor Otmar Wassermann aus Kiel und dessen engagierte Mitarbeiter. Leider sind die kompetenten Feststellungen und Warnungen dieser Arbeitsgruppe gerade unter Chemikern noch immer viel zu wenig bekannt, so daß die wesentlichen Kernaussagen hier noch einmal im Wortlaut zitiert werden sollen[41]:

Warnrufe kritischer Toxikologen

»Die ubiquitäre Verwendung von Chemikalien in Wissenschaft und Technik, Industrie und Landwirtschaft, Gewerbe und Haushalt, ihre lokale, überregionale und globale Verbreitung in Form von Produkten, Verunreinigungen und Produktionsabfällen aus diesen Bereichen, die dabei ablaufenden chemischen Umwandlungen dieser Substanzen im Stoffwechsel lebender Organismen, im Wasser, im Boden oder in der Luft in vielfältige, nicht selten noch gefährlichere Folgeprodukte lassen bereits das breite Tätigkeitsfeld umwelttoxikologischer Forschung und ihre Bedeutung für die Gesellschaft und für die gesamte Biosphäre erahnen. Denn jede dieser vielen Millionen von chemischen Verbindungen[42] kann toxisch wirken auf die Lebewesen, die sich den durch Bevölkerungsexplosion, industrielle Expansion, Ressourcenausbeutung, Schadstoffeintrag (Umweltbelastung) etc. rapide enger werdenden Lebensraum der hauchdünnen Biosphäre auf dem Planeten Erde teilen. ...

Kenntnisse über dieses Schädigungspotential der zahllosen Einzelstoffe sind für die allermeisten Mikroorganismen, Pflanzen- und Tierarten und für den Menschen äußerst dürftig oder fehlen gänzlich. Völlig im dunkeln aber

Kombinationseffekte: Die unterschätzte Gefahr

liegt das erhebliche Risiko der Kombinationseffekte (Synergismen), deren Möglichkeiten bei der nicht abschätzbar großen Zahl chemischer Stoffe und ihrer Folgeprodukte und bei der großen Zahl der Arten und ihrer unterschiedlich empfindlichen Individuen beliebig zahlreich sein können. Nur unter den standardisierten, aber wirklichkeitsfremden Bedingungen eines Laboratoriums werden die Wirkungen einer einzelnen Chemikalie z.B. auf einen einzelnen Organismus, ein Versuchstier oder eine freiwillige Versuchsperson untersucht [...] Die Wirkungen der Einzelsubstanzen addieren sich jedoch nur in wenigen Ausnahmefällen. In der Regel potenzieren sie sich im mehrdimensionalen Netzwerk biologischer Zusammenhänge. Bereits die wenigen bisher bekannten Beispiele von Kombinationseffekten mahnen zu größter Vorsicht«

Diese Aussagen allein würden bereits völlig ausreichen, um die Notwendigkeit eines raschen und tiefgreifenden Umdenkens in der Chemie sowohl wissenschaftlich als auch ethisch zu begründen. Die Forscher des Umwelt- und Prognoseinstitutes in Heidelberg, denen wir ebenfalls aufrüttelnde Analysen unserer gegenwärtigen ökologischen Situation verdanken, haben die globale Chemisierung unserer Welt noch in einen anderen prägnanten Vergleich gebracht. Sie weisen auf die Tatsache hin, daß durch die ständig wirkenden Diffusions- und Konvektionsvorgänge sowie durch Stoffwechselprozesse eine anhaltende und intensive Durchmischung aller Substanzen der Biosphäre stattfindet, wodurch nicht nur die globalen Stoffkreisläufe in Gang gehalten werden, sondern auch eine ubiquitäre Verteilung langlebiger Schadstoffe über die gesamte belebte Welt erzielt wird. Sie machen die Konsequenz dieser Tatsache an einem pikanten Rechenexempel deutlich: In jedem von uns Menschen stecken im Mittel nicht weniger als 500 Milliarden Kohlenstoff-Atome, die schon einmal Bestandteil des Leibes eines anderen, längst verstorbenen Menschen waren. Ob es der Leib des Jesus war oder der des Herodes: 500 Milliarden Kohlenstoffatome aus dem Leib jedes der beiden stecken auch in jedem von uns jetzt lebenden Menschen. Insgesamt wiegen diese 500 Milliarden Kohlenstoffatome zwar nur ca. 10 Picogramm (1 Picogramm = 10^{-12} Gramm) - aber genau in dieser Größeneinheit wird heute die Belastung von Lebewesen mit den extrem giftigen, den Folgen der Chlorchemie entstammenden Dioxinen gemessen.[43]

Allgegenwart chemischer Schadstoffe

An welchem konkreten Ort die überall zu findenden Schadstoffe im Organismus des Menschen und anderer Lebewesen ihre schleichende, unheilvolle Wirkung entfalten und wie sehr hierbei bereits geringste Mengen auf quasi katalytischem Weg bereits irreversible Schädigungen bewirken können, ist ebenfalls durch wissenschaftliche Untersuchungen eindeutig belegt. Es ist nicht die Anwesenheit der Schadstoffe in den allgemeinen Körpersäften oder -deponien in dort zumeist ja extrem verdünnter Form, welche das Verhängnis auslöst. Es sind vielmehr die sensiblen Grenzschichten der Körperzellen, in welchen bereits kleinste Schadstoffmengen eine Art Hebelwirkung entfalten. Ein kurzer Auszug aus einer Veröffentlichung, in einer Fachzeitschrift sicher ganz unverdächtig ist, einseitig ökologisch ausgerichteten Meinungen das

Angriff auf zentrale Stoffwechselprozesse

Wort zu reden, mag dies belegen:

»Untersucht wurde mit besonderem Interesse die Rolle der Zellmembran bei der Wirkung organischer Schadstoffe. In dieser äußeren Hülle der Zelle, die hauptsächlich aus fettähnlichen Stoffen und Enzymen besteht, lagern sich die Schadstoffe bevorzugt ein. Das innere Milieu der Zelle, das unter normalen Bedingungen in engen Grenzen konstant gehalten wird, verändert sich, weil die geschädigte Membran nicht mehr in der Lage ist, inneres und äußeres Milieu effektiv voneinander zu trennen. Gleichzeitig werden die in der Membran gelegenen Enzyme in ihrer Funktion geschädigt, so daß viele Stoffwechselwege gestört werden. So wird zuerst die Vitalität der Zelle vermindert, bis bei höheren Schadstoffkonzentrationen der Zelltod eintritt«[44]

Membranschädigung durch Schadstoffe: Vitalität in Gefahr

Eine der zentralen Errungenschaften der biologischen Evolution, die Zellmembran, die erst differenzierte Lebensvorgänge, Spezialisierung und Komplexität auf dem Weg zu höheren Organismen ermöglicht hat, ist folglich von den organischen Schadstoffen aus den industriell-chemischen Quellen nachhaltig und existentiell bedroht. Das empfindliche Gleichgewicht der Stoffe in den entscheidenden Zellmembranen, die unabdingbare biologische Voraussetzungen für komplexe Sinnesleistungen, Nervenaktivitäten, kontrollierte Immunreaktionen, Erinnerungs- und Lernvermögen darstellen, wird durch organische Schadstoffe gestört. Es liegt die Vermutung unabweisbar nahe, daß die rätselhafte Zunahme von Krankheiten wie Allergien, Autoimmunkrankheiten etc. gerade durch diese Verletzung der sensiblen Membranprozesse hauptsächlich verursacht wird. Ein rascher Ausstieg aus Produktionsweisen, die den Eintrag solcher Schadstoffe in die Umwelt unweigerlich mit sich bringen, erscheint angesichts dieser Erkenntnisse einmal mehr dringend notwendig.

Die Ratlosigkeit der Manager: Chemieindustrie ohne Zukunftskonzept

Seit Jahrzehnten häufen sich Erkenntnisse der geschilderten Art über die Zusammenhänge zwischen Chemikalieneintrag in die Umwelt und zunehmenden subchronischen und chronischen Krankheiten. Man würde den entscheidenden Managern der Chemieindustrie zu Unrecht mangelhaftes Wahrnehmungsvermögen unterstellen, wenn man annehmen wollte, ihnen würden solche Erkenntnisse nicht zugänglich geworden sein. Immer dort, wo Skandale über die schleichende Vergiftung von Menschen durch industrielle Syntheseprodukte einer breiteren Öffentlichkeit bekannt werden, zeigt sich bei Analyse beschlagnahmter Firmenunterlagen, daß in den Vorstandsetagen oft jahrzehntelang Kenntnisse über die Schadwirkung der verkauften Produkte vorlagen, jedoch systematisch unterdrückt oder verschleiert wurden.

Holzschutzmittelskandale - ein Menetekel für die Chemieindustrie

Ein Beispiel dafür sind die noch laufenden Prozesse der Holzschutzmittelgeschädigten, in deren Verlauf ans Licht gekommen ist, daß eindeutige Erkenntnisse über die Wirkungen organischer Chemikalien wie Pentachlophenol und Lindan firmenintern über 20 Jahre und länger zirkulierten. Ungeachtet dieser Kenntnisse wurde über Jahrzehnten den Verbrauchern durch eine geschickte Werbung suggeriert, ohne die biozide Behandlung von Holz sei dieses - auch in Innenräumen - in kurzer Zeit der Zerstörung preisgegeben.

›Holzschutz ist Holzpflege‹, hieß es da, obwohl die holzbiologischen Erkenntnisse auch damals eindeutig belegten, daß ein biozider Holzschutz in Innenräumen weitgehend überflüssig ist. In heutigen Anzeigen werden verschämte Hinweise auf diese Tatsache plaziert - während man gleichzeitig die gewachsene Unsicherheit der Verbraucher gegenüber Holzschutzmitteln mit einem RAL-Gütezeichen zu überspielen sucht. Kaum ein Verbraucher ahnt, daß die so ›ausgezeichneten‹ Produkte große Mengen an hochgiftigen Chemikalien enthalten können - von Permethrin über Lindan bis hin zu Endosulfan. Und dennoch werben einschlägige Firmen für ihre Holzschutzmittel unter Abbildung des ›Gütezeichens‹ mit einem Slogan, der nach wie vor in der Tradition schlimmer Verharmlosung und Verbrauchertäuschung steht: ›Zeichen, die sicher machen‹. Wohlgemerkt: die gleichen Unternehmen benutzen solche Slogans, die gleichzeitig umfassende Informationen über die tatsächliche Bedenklichkeit der so beworbenen Wirkstoffe seit Jahrzehnten besitzen.[45]

›Gütezeichen‹ zur Chemieverharmlosung

Wirtschaftliche Interessen gaben in der Holzschutzmittelindustrie offensichtlich den Ausschlag, die warnenden Stimmen aus dem eigenen Hause oder seitens befreundeter Wissenschaftler zu ignorieren oder zu unterdrücken. Aber diese wirtschaftlichen Gesichtspunkte sind, wie meist bei ökologischen Fragen, von äußerster Kurzsichtigkeit geprägt. Auch hier sind die Holzschutzmittelprozesse ein prägnantes Beispiel und sollten eine ernste Warnung für alle in der Chemieindustrie Tätigen darstellen. Es zeigt sich nämlich heute, daß auch noch so hohe Gewinne aus dem jahrzehntelangen Verkauf eines Produktes in ihrer Summe geringer sein können als die zu erwartenden und plausiblen Schadensersatzforderungen der mit diesen Produkten chronisch Vergifteten. Die Existenz des Unternehmens selbst wird durch die Folgen solcher Erkenntnisunterdrückung aufs Spiel gesetzt. Dabei bleibt noch ganz unberücksichtigt, ob das jahrelange Leid der Betroffenen mit materiellem Schadenserssatz und Schmerzensgeld überhaupt aufzuwiegen sein kann.[46]

Störfälle ohne Ende: Experten und Behörden hilf- und perspektivlos

Ähnliche Beobachtungen konnten wieder gemacht werden bei der Serie von Störfällen, die im Jahr 1993 hauptsächlich bei dem Chemiemulti Hoechst in Frankfurt und an anderen Standorten auftraten. Auch hier ist für den sachkundigen, aber auch für den ganz unbedarften Beobachter verblüffend, wie wenig einschneidende Lehren und Konsequenzen durch die großen Chemieunfälle der 70er und 80er Jahre in den Vorstandsetagen gezogen worden waren. Es erscheint, daß eine lähmende Teilnahmslosigkeit und absoluter Mangel an zukunftssichernden Konzepten gerade in den entscheidenden Gremien dieser Unternehmen vorherrschen. Selbst die Fachzeitschriften der Wirtschaft beklagen inzwischen die Inkompetenz in der Leitung der großen Chemiefirmen. Die Titelstory des ›manager magazin‹ vom Juni 1993 beschäftigt sich mit dem Vorstandsvorsitzenden eines der großen Chemiekonzerne Deutschlands unter dem Slogan: ›Abstieg eines Weltkonzerns. Hoechst-Störfall Hilger‹. Bezeichnenderweise ist der Chemiker Hilger derzeit sogar Präsident des mächtigen Verbandes der Chemischen Industrie (VCI), ohne den nichts läuft in der deutschen Wirtschaft. Das Magazin analysiert im übrigen klarblickend[47]:

»Die berüchtigten Störfälle sind nur äußeres Symptom einer tiefen Krise: Strategiedefizit und Strukturmisere, Innovationsschwäche und Kulturschock lähmen den Chemiegiganten Hoechst«.

Chemie ›stinkt‹ von den Köpfen her

Die hier beschriebenen Negativpunkte sind jedoch allesamt auch Symptome eines chronischen, seit vielen Jahrzehnten kaum verminderten Defizits der chemischen Großindustrie: eines eklatanten Mangels an demokratischen Strukturen, passiver Kritikfähigkeit der Leitenden und Lebendigkeit der internen Diskussion über langfristige Konzepte und Strategien. Die großen Chemiebetriebe sind intern immer noch geprägt von Strukturen, welche sich am Vorbild des Militärischen ausrichten. Diese straffen, starren und überhierarchisierten Strukturen waren durch ›Industrie-Generäle‹ wie Carl Bosch vor einem Jahrhundert institutionalisiert und bis zum Ende des zweiten Weltkriegs von seinen Nachfolgern perfektioniert worden. In dieser Hinsicht erweist sich der vorgebliche ›Neubeginn‹ der Chemieindustrie nach dem Krieg nicht nur aufgrund der unseligen personellen und institutionellen, sondern auch der strukturellen und konzeptionellen Kontinuität als Illusion: statt eines nachhaltigen Bruchs mit den paramilitärischen Strukturen und Konzepten stellte sich auch in dieser Hinsicht lähmender Stillstand ein.

Bevölkerung mißtraut zunehmend ›Experten‹

Wenn es um die Einschätzung der Gefährlichkeit chemischer Produktionsanlagen und -prozesse für Mensch und Umwelt geht, wird häufig auf die zahllosen Fachleute verwiesen, welche die betreffende Anlage begutachtet und für risikolos erklärt haben. Allerdings breitet sich nicht nur in der allgemeinen Bevölkerung, die schon immer mißtrauisch gegen die Verlautbarungen der ›Experten‹ war, sondern auch unter Naturwissenschaftlern selbst Skepsis gegenüber den Fähigkeiten der Fachleute aus, die Risiken moderner High-Tech (oder High-Chem)-Prozesse umfassend zu beurteilen. Prägnant formuliert findet sich solche Skepsis wieder bei einem, der selbst in seinem Wissenschaftlerleben lange und exponiert genug ›Experte‹ war, um aus der Rückschau auf sein Leben zur Vorsicht gegenüber dem mit absolutem Wahrheitsanspruch auftretenden Experten zu raten[48]:

»Daß man aus demselben kundigen Munde zuerst das Lob der ›Pille‹ und einige Jahre später die Warnung vor ihrer karzinogenen Wirkung vernehmen konnte, ist nicht überraschend und bestätigt, was ich früher über die periodischen abrupten Veränderungen der sachverständigen Meinungen gesagt habe. Beunruhigender ... ist hingegen, daß sich in jedem Gerichtsverfahren auf beiden Seiten höchst qualifizierte Sachverständige finden lassen. Es würde mich jedoch zu weit führen, wenn ich hier auch den Nexus zwischen Honorar und wissenschaftlicher Überzeugung besprechen wollte.«

Die von Chargaff hier angedeutete finanzielle Abhängigkeit angeblich ›neutraler Gutachter‹ von den jeweiligen großindustriellen Auftraggebern ist besonders in den Holzschutzmittelskandalen offenkundig geworden.

Ein Gipfelpunkt der Verharmlosung von Störfällen in der Chemieindustrie scheint vorläufig damit erreicht worden zu sein, daß ein Werkssprecher der

Alte Tradition: Störfall-Verharmlosung

Firma Hoechst sich angesichts eines Störfalls am 18.4.93, bei welchem es zum Austritt eines gelben Azofarbstoffes in großem Umfang und Niedergang dieser Chemikalie in der ganzen Nachbarschaft kam, sich in einer öffentlichen Stellungnahme zu dem jahreszeitlich passenden, frühlingshaften Vergleich hinreißen ließ:

»Das ausgetretene Produkt ist vergleichbar mit Blütenstaub«.

Daß es mit dem Ansammeln von immer mehr Informationen über die beteiligten Stoffe und über die Randbedingungen der Verfahrensschritte nicht getan ist, wird deutlich, wenn man die Aufnahme- und Verarbeitungskapazität der ›Experten‹ in Relation setzt zu den rein quantitativen Dimensionen des Informationszuwachses:

»Rund 600.000 Laborberichte, Doktorarbeiten und Fachartikel müßte ein Chemiker pro Jahr lesen, um in seinem Fach à jour zu bleiben - nicht zu schaffen. Die Folge: Der Mann wird, gemessen am insgesamt verfügbaren Chemiewissen, immer dümmer.«[49]

Produktionsdruck muß beschnitten werden

Auch hier gilt die Erkenntnis der Wassermann-Gruppe, daß es wenig Sinn macht, im Buch der Chemie auf den ersten Seiten die ersten kurzen Worte in jahrelanger toxikologischer Arbeit zu entschlüsseln, wenn der Produktionsdruck der Chemiker am Ende des Buches täglich einige neue Seiten anfügt. Die Konsequenz aus dieser Tatsache kann auch kaum lauten, den gesamten wissenschaftlichen Nachwuchs der Welt nur noch in die Toxikologie zu leiten - selbst das würde nicht ausreichen - sondern ein Ausweg aus diesem furchtbaren und die Existenz des Lebens auf dem Globus bedrohenden Dilemma kann doch nur darin bestehen, möglichst rasch den Produktionsdruck der Chemiker so extrem zu beschneiden, daß er mit dem möglichen und zumutbaren Erkenntnisforschritt der Toxikologie und Ökotoxikologie wieder mindestens ins Gleichgewicht gebracht wird.

Anzunehmen, daß dies bereits durch mehr oder weniger einschneidende Verbesserungen der bestehenden Produktionsstrukturen und durch die weitere Entschärfung wichtiger Produktionsprozesse geleistet werden könnte, hieße die quantitative und qualitative Dimension der bestehenden Erkenntnislücke grob zu unterschätzen. Hier liegt auch die Krux der ansonsten aufgrund ihres ganzheitlichen Grundansatzes durchaus begrüßenswerten Produktlinienanalyse (s. dazu das folgende Kapitel): die Erfassung und Bewertung aller relevanten ökonomischen, ökologischen und gesellschaftlichen Daten auch nur für ein einziges Produkt der Harten Chemie hat sich als dermaßen aufwendig erwiesen, daß es völlig illusorisch erscheint, mit dem radikalen Einstieg in die Konversion der Chemieindustrie bis zum Vorliegen der wesentlichen vollständigen Arbeiten zur Produktlinienanalyse zu warten. Auch aus diese Erkenntnislücke kann nur der logische Schluß gezogen werden, daß wir mangels kurz- und mittelfristig zu erarbeitender Lösungen auf der Basis einer Fortsetzung der Harten Chemie besser daran tun, uns der Produktionsmethoden und -strukturen zu besinnen, welche über Jahrmillionen - ohne alle Toxikologie und ohne auch nur einen produktlinienanalysierenden Wissenschaftler - eine äußerst erfolgreiche Systematik der Erzeugung vielfältigster Stoffe ohne Umweltbelastung zur Verfügung gestellt hat. Vielleicht bedarf es nur der Überwindung des Hochmutes, um uns eingestehen zu lassen, daß wir auch mit noch so viel menschlicher Forschung und Entwicklung nicht den Hauch einer Chance haben, die Qualität (und Quantität) dieser Evolutionsergebnisse zu erreichen.

Voraussetzungen, Ziele und Standardmethoden der Harten Chemie

Vom Produkt zur Produktlinie: Grundfragen bei der Bewertung der Harten Chemie

Die aufkommende Kritik an der Überschwemmung unserer Welt mit naturfremden Chemikalien hat sich einleuchtenderweise zunächst an diesen selbst und deren unmittelbaren Wirkungen auf den Menschen und dessen Mitlebewesen entzündet. Für die gesamte frühe Umweltbewegung hat das Buch ›The Silent Spring‹ der amerikanischen Biologin Rachel Carson dabei eine kaum hoch genug einzuschätzende Auslöserfunktion gehabt.[50] Carson beschreibt in ihrem Buch die zunächst rätselhaft erscheinenden Phänomene, die vor allem nach dem zweiten Weltkrieg im Zusammenhang mit dem beginnenden massenhaften Einsatz von Pestiziden auf der Basis chlorierter Kohlenstoffverbindungen oder organischer Phosphorverbindungen auftraten: vorher unbekannte Krankheitssymptome bei Anwendern dieser Produkte - bis hin zu zahlreichen mysteriösen Todesfällen, schließlich die Ausrottung ganzer Tierarten (vor allem Vögel) und die massenhafte Ausbildung von Pestizidresistenzen bei den zu bekämpfenden ›Schädlingen‹.

Das Buch war Katalysator und in mancher Hinsicht Vorbild für zahlreiche Artikel und Bücher, die in den 70er und 80er Jahren jeweils ein chemisches Produkt oder eine Produktgruppe in den Mittelpunkt kritischer Analyse der Auswirkungen auf Umwelt und Gesundheit stellten.[51] Eine wichtige Rolle spielten bei dieser zunehmend kritischen Bewertung von einzelnen Chemieprodukten neben den bioziden Inhaltsstoffen von Holzschutzmitteln vor allem auch die Waschmittel - war es doch bei letzteren für jeden auch ohne analytische Spezialkenntnisse offenkundig, welche Wirkungen Waschmittelinhaltsstoffe wie Phosphate auf die Umwelt ausübten. Ein Blick auf die wachsenden Schaumberge auf den Flüssen genügte. Es war aber wiederum besonders die Waschmittelproblematik, an der sich in den zurückliegenden Jahren eine Fortentwicklung dieser Kritik an Stoffen herauskristallisierte. Wissenschaftler des Öko-Institutes Freiburg kamen beispielsweise zu der Einschätzung:

»Betrachtet man nun die Gesamtemissionen bei der Herstellung der Waschmittel, wird deutlich, daß Rohstoffbeschaffung und Produktion bei der Waschmittelbewertung keineswegs vernachlässigt werden dürfen, wie das bisher geschah. ... Ja, es stellt sich sogar überraschend die Frage, ob der Waschmitteleintrag in die Gewässer (gute Kläranlagen vorausgesetzt) als der mit Abstand wichtigste Umweltaspekt bei Waschmitteln gelten kann!«[52]

Mit anderen Worten: das Augenmerk verschiebt sich von der Analyse der

Umweltauswirkungen der Produkte zu einer Untersuchung der Relevanz aller Einzelschritte, die das Produkt im Verlauf seiner Genese bis hin zum letzten Verbleib aller Abbauprodukte nach dem Gebrauch durchläuft. Da jeder folgende Einzelschritt notwendigerweise das Durchlaufen des vorhergehenden Prozeßschrittes voraussetzt, ergibt sich eine Verkettung aller Einzelschritte zu einem Gesamtbild des Prozesses. Diese Gesamtdarstellung wird wegen der linearen Verknüpfungen in den einschlägigen graphischen Darstellungen auch ›Produktlinie‹ genannt.

Erkenntnismittel ›Produktlinien-Analyse‹

Wieder war es das Ökoinstitut in Freiburg, das 1991 eine ganze Jahrestagung in Hannover ausschließlich dem Thema ›Produktlinienanalyse‹ widmete. Anläßlich dieser Tagung leistete der Chemiker und Pädagoge Karl-Otto Henseling, dem wir auch ein wichtiges Buch zur Geschichte der modernen Chemie verdanken[53], einen eindrucksvollen Beitrag zur Versinnbildlichung der zunächst recht abstrakten und intransparenten Produktlinien-Problematik. Henseling demonstrierte am Beispiel eines vermeintlich recht unbedeutenden Alltagsproduktes (einer ›Tröte‹, wie sie zu Zigtausenden von Fußballfans in Ermangelung eigener stimmlicher Qualitäten verwendet werden), welche Unmengen an Neben-, Abfall- und Folgeprodukten durch die Herstellung eines solchen beliebigen Alltagsartikels in Gang gesetzt werden.

Inzwischen hat das Instrument der Produktlinienanalyse, ursprünglich hervorgegangen aus dem Bemühen um eine möglichst ganzheitliche und alle Einzelaspekte eines Chemieproduktes umfassende Sichtweise, gelegentlich schon wieder den Charakter einer verschleiernden Modevokabel erhalten, ähnlich wie der etwas früher propagierte Begriff von der ›Öko-Bilanz‹. Andererseits sind eine ganze Reihe von sinnvollen Projekten entstanden, um das Werkzeug der Produktlinienanalyse auf verschiedene besonders relevante Umweltchemikalien anzuwenden.

Bemühen um Ganzheitlichkeit - und Grenzen

Prägnantes Beispiel für ein solches Projekt ist die verdienstvolle Studie des Öko-Instituts Freiburg zur Produktlinienanalyse Waschmittel, maßgeblich erstellt von dem Chemiker Rainer Grieshammer. Allein die Vorstudie, in welcher die Methodik skizziert wird, weist einen Umfang von zwei dicken DIN A4-Bänden auf[54].

Bei allem Verdienst und dem Bemühen um Ganzheitlichkeit im Analyseansatz bei den Produktlinienanalysen besteht allerdings zunehmend auch Grund zu der Besorgnis, daß dieses Instrument, das immerhin einer größeren Zahl kritischer Wissenschaftler Lohn und Brot verschafft, da es an Aufträgen seitens der Industrie inzwischen nicht mehr mangelt, zu einer Art von Selbstvergessenheit der Produktlinienanalytiker und einem erneuten Einspinnen in den Kokon der Informationsnetze kommt, wodurch der Blick für die großen Linien und konkreten Zwänge der Chemiepolitik allmählich getrübt werden könnte. Wie erwähnt, können wir nämlich unendlich lange immer genauere Systemvergleiche zwischen Tensiden auf der Basis petrochemischer vs. nachwachsender Rohstoffe anstellen - bei auch nur ausreichender Genauigkeit unseres Tuns geht uns im Verlauf dieser schönen Studien der Rohstoff der einen Systemvariante, nämlich das Erdöl, einfach zu Ende, und der Vergleich hat sich mangels Systempartner erübrigt. Es wäre wesentlich zukunftsträchtiger, die eine langfristig tragbare Grundstruktur, nämlich die nachhaltige Stoffproduktion auf der Basis regenerativer Rohstoffe, mit ihren zahlreichen immanenten Klippen, Risiken und Abwegen zu untersuchen, um hier - während die notwendige Konversion bereits im Gange ist - ständig den besten der denkbaren Wege herauszuarbeiten und zu vermitteln.

Die stofflichen Ziele der Harten Chemie: Substanzen unter Zwang

Die Grundannahme der Harten Chemie besteht darin, daß die in der Natur vorkommenden Substanzen nach Art und Menge nicht geeignet sind, wesentliche materielle Bedürfnisse moderner Industriegesellschaften zu erfüllen. Als Folge dieser Annahme einer quantitativ und qualitativ unzureichenden Natur wird das Ziel formuliert, chemische Produkte in größtmöglicher Unabhängigkeit von den Naturprozessen zu erzeugen. Für solche Produkte auf der Basis von Produktionsverfahren, die von den Naturprozessen weitgehend unabhängig sind, gibt es zahllose Beispiele: das Leben der Menschen in den entwickelten Gesellschaften ist von der (mit Synthesefasertextilien ausgestatteten) Wiege bis zum (mit Kunstharzlacken behandeltem) Sarg vollkommen gefangen in derartigen Produkten; auch der Tageslauf eines modernen Menschen beginnt mit dem (auf Erdöltensiden basierenden) Duschgel und endet mit dem Hineinsinken in die Matratze aus Synthesekautschuk.

Viele Produkte - wenige Standardprozesse

Die unübersehbare Zahl dieser verschiedenen Alltagschemikalien könnte nahelegen, daß auch deren Herstellung auf einer ebenso großen Zahl unterschiedlicher Produktionswege basiert. Eine nähere Analyse der betreffenden Produktlinien erbringt jedoch das erstaunliche Ergebnis, daß viele dieser Produktlinien in großen Teilen über gleiche oder ähnliche Zwischenstationen verlaufen, so daß sich das riesige Produktionsprogramm der chemischen Industrie in Teilen reduziert auf eine überschaubare Anzahl von Standardprozessen mit Standardreagenzien, die dann jedoch in um so größerer Menge bewegt werden.

Bezeichnenderweise lernen Chemiestudenten heute - wenn überhaupt - nur in Ausnahmefällen etwas über den gesamten Lebenszyklus eines chemischen Produktes. Chemische Produktion ist so im Bewußtsein nicht nur dieser Studenten, sondern auch der meisten tätigen Chemiker zersplittert in eine Vielzahl von Einzelprozessen. So kommt die merkwürdige Tatsache zustande, daß keines der am Markt erhältlichen Standardlehrbücher der Chemie auch nur an einem Beispiel konkret und detailliert aufzeigt, wie aus dem jeweiligen primären Grundstoff (z.B. Erdöl) das jeweilige schließliche Endprodukt (z.B. ein Kunststoff) entsteht. Der schwedische Chemiker Sture Forsén hat diese Tatsache, mit der jeder Chemiestudent heute konfrontiert wird, in ein interessantes Bild gebracht[55]:

Chemie-Produktlinien: selten ganz überschaut

»Das Problem, dem sich ein Wissenschaftler gegenübersieht, ist mit dem eines Theaterbesuchers verglichen worden, der einer drastisch gekürzten Fassung eines klassischen Dramas - etwa ›Hamlet‹ - beiwohnt, in dem nur die Eröffnungsszene des ersten sowie die Schlußszene des letzten Akts gezeigt werden. Die Hauptfiguren werden eingeführt, dann fällt der Vorhang zum

Nur Bruchstücke des »chemischen Dramas« werden bewußt

Szenenwechsel, und wenn er sich wieder hebt, sehen wir auf der Bühne eine Vielzahl von ›Leichen‹ sowie einige Überlebende. Keine leichte Aufgabe für den Unerfahrenen herauszubekommen, was inzwischen geschehen ist.«

Bleibt anzumerken: auch die Leichen bekommt der Student meist nicht zu sehen, wenn ihm mit der abstrahierenden Formelschreibweise suggeriert wird, aus den Stoffen A und B seien im Verlauf des ›chemischen Dramas‹ die Stoffe C und D entstanden, während von den Tausenden entstandener Nebenprodukte allenfalls wenige vor sein Bewußtsein gestellt werden.

Konkretes Beispiel: Polyurethan-Produktlinie

Eine derartige Gesamtübersicht über einen vollständigen Prozeß ist jedoch für eine Beurteilung der Auswirkungen Harter Chemie ganz unerläßlich. Im folgenden soll daher ein charakteristisches, sowohl qualitativ als auch quantitativ enorm bedeutsames, weltweit hergestelltes Produkt mit vielfältigen Anwendungsmöglichkeiten in seiner gesamten Produktlinie beschrieben werden. Es handelt sich dabei um eine durchaus repräsentative Produktlinie, die keineswegs nach dem Gesichtspunkt besonderer Exotik oder untypischer Gefährlichkeit ausgewählt wurde: Polyurethan. Polyurethane sind Kunstharze bzw. Kunststoffe, die zu den am weitesten verbreiteten und quantitativ bedeutendsten organischen Chemieprodukten überhaupt gehören. So unterschiedliche Produkte wie Lacke, Klebstoffe, Schaumkunststoffe und Kunstfasern werden auf Polyurethanbasis hergestellt. Der weltweite Verbrauch dieser Chemikaliengruppe liegt bei fast 5 Millionen Tonnen pro Jahr.

Zur besseren Verdeutlichung der beschriebenen Produktlinie eines repräsentativen Polyurethan-Typs dient das Stoff-Flußdiagramm in Abb. 2. Bei der Betrachtung eines solchen Diagramms und seiner Beschreibung sollte man sich jedoch immer vor Augen halten, daß eine solche graphische Darstellung, so komplex sie auch erscheinen mag, immer nur eine grobe Abstraktion der wirklichen Vorgänge in einer Chemiefabrik wiedergeben kann. Die tatsächlichen Vorgänge sind noch wesentlich weniger überschaubar, noch komplexer und geben eher noch mehr Anlaß zu kritischer Bewertung als eine Graphik, die doch immer etwas von Klarheit und Folgerichtigkeit ausstrahlt, die den Realitäten - etwa der tatsächlichen Zahl, Menge und Qualität der Abfallprodukte - nicht annähernd gerecht werden kann.

Alles aus einem: Erdöl als primärer Rohstoff der Harten Chemie

Der Lebensweg eines Polyurethans beginnt fern vom Menschen - unter der Erde, in den Lagerstätten des fossilen Kohlenstoffträgers Erdöl.[56] Nach übereinstimmenden Schätzungen der internationalen Ölgesellschaften ist dieser entscheidende Schlüssel-Rohstoff der modernen chemischen Industrie, von dem sie inzwischen zu fast 100% abhängig ist[57], in wenigen Jahrzehnten unwiederbringlich erschöpft[58]. Angesichts der infolgedessen unausweichlichen Umstellung der stofflichen Grundlage unserer gesamten entwickelten Industrie ist es so unverständlich wie erschreckend, in welchem geringen Maß die forschenden Industrienationen Vorsorge für den Tag getroffen haben, an dem die Basistechnologie ›Petrochemie‹ mangels Rohstoff nicht mehr zur Verfügung steht[59].

Daß die Politik nicht in der Lage ist, das Problem auch nur zu erkennen,

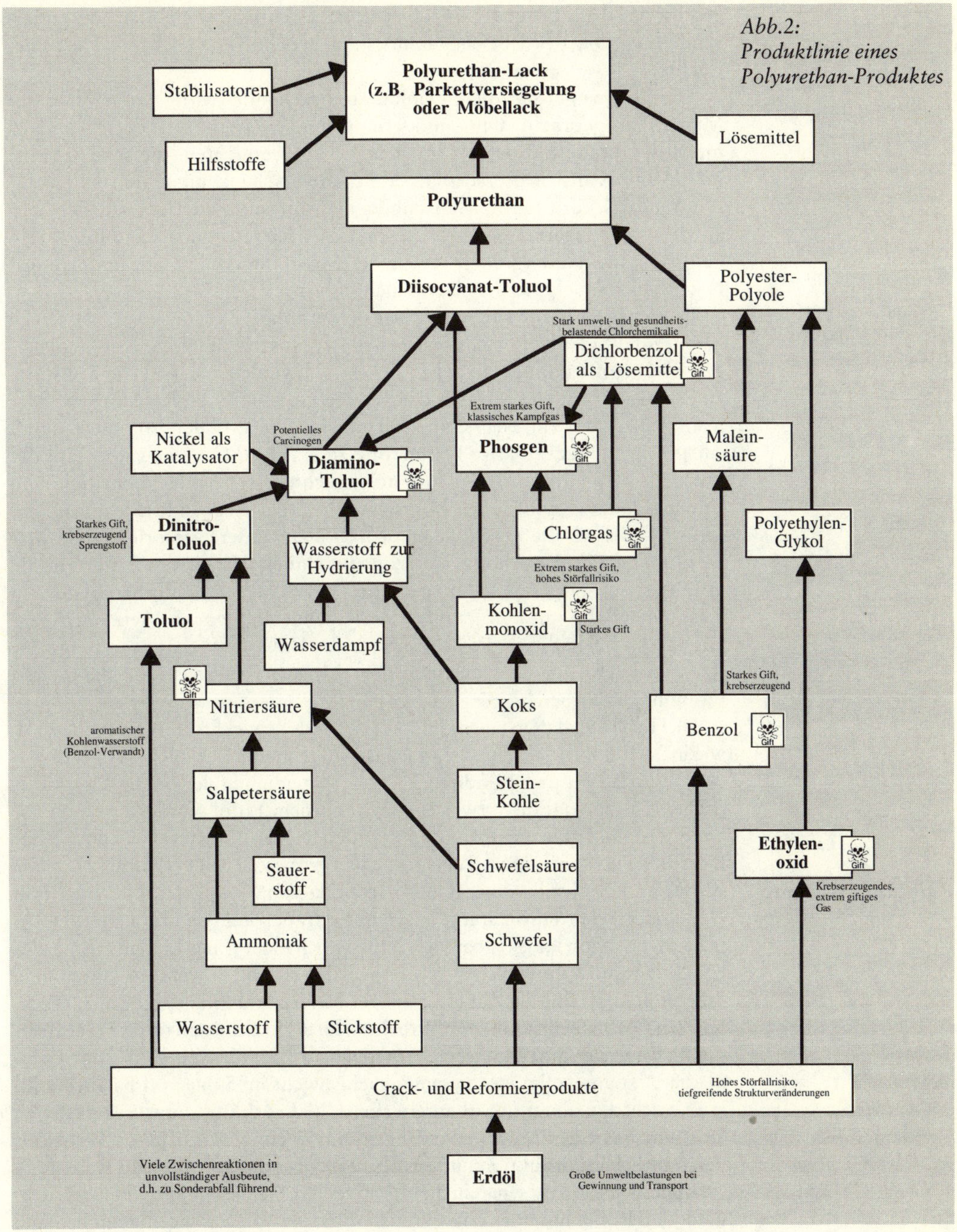

Abb.2: Produktlinie eines Polyurethan-Produktes

geschweige denn Lösungen anzubieten, wird deutlich, wenn man eine entlarvende Äußerung des deutschen Bundesministers für Umwelt, Klaus Töpfer betrachtet[60]:

»Ohne Zweifel hat die Chemie bahnbrechende Erfolge zum Wohl der Menschheit gebracht. Ohne moderne Chemie wäre unser Lebensstandard nicht zu halten, müßten wir auf Kunststoffe verzichten, die schwindende natürliche Rohstoffe ersetzen. Ohne chemische Dünge- und Pflanzenschutzmittel könnte die Menschheit nicht ernährt werden, würden sich anhaltende Hungerkatastrophen ausbreiten ... ich setze auch zukünftig auf ein nahtloses Ineinandergreifen staatlicher Maßnahmen und verantwortungsbewußten Handelns in der chemischen Industrie«

Minister stellt Fakten auf den Kopf

Es grenzt ans Groteske, wenn hier der zuständige Fachminister die Dinge geradezu auf den Kopf stellt und behauptet, ausgerechnet die erdölabhängigen Kunststoffe könnten in der Lage sein, schwindende natürliche Rohstoffe zu ersetzen. Tatsache ist doch das genaue Gegenteil: die Rohstoffbasis der Kunststoffe geht zur Neige, und wir müssen Wege finden, um diese durch entsprechende regenerative Naturstoffe zu ersetzen. Ganz nebenbei fällt der lobhudlerische Ton auf, der hier ausgerechnet seitens des dienstlich zum Umweltschutz verpflichteten Ministers gegenüber einer Industrie angeschlagen wird, der wir die wesentlichen Bedrohungen unserer natürlichen Umwelt ›verdanken‹. Und noch etwas verrät die Unbedarftheit des Zitierten: die militaristisch-imperialistisch gefärbte Bezeichnung ›bahnbrechend‹ im Zusammenhang mit den Erfolgen der Chemie sollte nach Vietnam, Agent Orange und Napalm in die Mottenkiste der Unworte verbannt werden - für ›Eroberungen‹ der Chemie nach dem Muster Greilings sind die Zeiten (hoffentlich) vorbei.

Die Tatsache, daß in einem Jahr auf der Erde so viel Erdöl verbraucht wird, wie in 3 Millionen Jahren entstanden ist, sollte im übrigen auch das Argument derjenigen ad absurdum führen, die zur Verteidigung der organisch-synthetischen Chemie darauf verweisen, auch mit dem Erdöl würde ja nur ein vor Urzeiten aus Pflanzenstoffen entstandener Naturstoff verwendet. Jeder Betrieb, jeder Staat wäre bei einem solchen grotesken Mißverhältnis zwischen Aktiva und Passiva in seiner Bilanz nach kürzester Zeit pleite. Wir sind dies in global-stofflicher Hinsicht mit unserem Vertrauen auf das Erdöl-Monopol ja tatsächlich schon längst, aber viele haben noch nicht gemerkt, daß unsere globale Bilanz auf kriminelle Art frisiert worden ist und in wenigen Jahren und Jahrzehnten die auf die Zukunft unserer Kinder und Enkel gezogenen Wechsel vom Globus selbst mit unerbittlicher Härte zur Einlösung präsentiert werden.[61] Wenn der amerikanische Vizepräsident für ›Wege zum Gleichgewicht‹ plädiert[62], dann sollte mit diesem Gleichgewicht im Sinne von Balance = Bilanz auch das genannte abenteuerliche Mißverhältnis unserer globalen Stoffwirtschaft mit Macht angegangen und in ein ausgeglichenes Verhältnis von stofflicher Produktion und stofflicher Konsumption gebracht werden.

Petrochemie: Katastrophale Stoff-Bilanz

Abgesehen von diesem rein quantitativen Problem ist unmittelbar einleuchtend, daß Rohöl in seinen charakteristischen physikalischen, chemischen und biologischen Eigenschaften weder als Farbe noch als Faser, Bindemittel, Medikament, Bodenbelag, Waschmittel oder für irgendein anderes chemisch-technisches Produkt auch nur entfernt zu gebrauchen ist. Allein schon daraus wird deutlich, wie einschneidend die chemischen Veränderungen vom Erdöl bis zum Gebrauchsprodukt sein müssen. Dies ist im übrigen bei vielen Naturstoffen ganz anders: Kreide, Pflanzenharz, Holzzellulose, Lavendelöl und tausende anderer Substanzen aus der Natur sind in chemisch völlig unveränderter Form bereits für viele Alltagszwecke einsetzbar - doch davon später (im Kapitel »Naturwissenschaftlichen Grundagen der Sanften Chemie« - Seite 112 bis 153) mehr.

Vom Erdöl zum Produkt: gravierende Wandlung

Rohöl wird nicht in Unschuld geboren - bei seiner gewaltsamen Extraktion aus der Matrix der Erde kommt es vielmehr in großem Umfang zu ungewollten, aber unvermeidlichen Leckagen. Die Ölverschmutzung der Strände in der Umgebung von Ölförderplattformen beweist es, aber auch auf dem Land sind Förderregionen nicht gerade Zonen ökologischer Unversehrtheit. Dies liegt an mehreren Tatsachen: Erdöl selbst ist ein Gemisch z.T. stark giftiger, umweltbelastender Kohlenwasserstoffe; ein Teil dieser Kohlenwasserstoffe ist leichtflüchtig und gelangt durch die unvermeidlichen Leckagen in die Umwelt. Außerdem ist die Erdölförderung heute angesichts zunehmender Erschöpfung der Lagerstätten und nach dem Gebot maximaler Ausbeute ein Geschäft, bei dem selbst schon eine Reihe von stark umweltbelastenden Chemikalien (Tenside, Polymere, darunter z.B. hydrolysiertes Polyacrylnitril) als Förderhilfsmittel[63] eingesetzt werden (Tertiärverfahren).

Rohölförderung: Vielfältige Umweltbelastung bereits an der ›Wiege‹

Erdöl kommt zwar in fast allen Gegenden der Erde vor, aber seine geologische Signatur ist doch nicht die der annähernden Gleichverteilung, sondern die der konzentrierten, inselartigen Lagerstätte (Erdölfelder)[64]. Aus dieser ungleichen Ausstattung unseres Globus mit dem derzeitigen Treibstoff der Industriegesellschaft resultieren mannigfache Probleme - von den großen Transportaufwendungen in energetischer und logistischer Hinsicht bis zur Erpreßbarkeit der Petro-Habenichtse (zu denen weite Teile gerade der entwickelten Industrieländer gehören) durch diejenigen, die aufgrund ihrer geologischen Vorzugsstellung mit dem Erdölhahn in der Hand Weltpolitik machen können. Die sogenannten Ölpreiskrisen der 70er und 80er Jahre sind nur ein Vorgeschmack dessen, was auf die Menschheit zukommt, wenn die strukturelle Knappheit dieses nicht erneuerbaren Rohstoffes nicht mehr durch die weitere Erschließung neuer oder die intensivere Ausbeutung bestehender Lagerstätten überspielt werden kann.

Erdöl: ein Rohstoff macht erpreßbar

Erdöl kommt häufig nicht als reine Melange der begehrten fossilen Kohlenwasserstoffen an die Erdoberfläche, sondern - gerade bei der zunehmenden Sekundär- und Tertiärförderung - als eine Mischung dieser begehrten Kohlenstoffträger mit den Förderhilfsmitteln und Wasser. Hier liegt eine Mischung vor, die noch dazu infolge der tensidartigen Hilfsmittel und der einwirkenden großen mechanischen Kräfte stark schäumt: eine so nicht transportfähige Kombination. Daher kommt zunächst wieder Chemie zum Einsatz.

Chemikalien zur Erdölförderung

Als Entschäumer werden eingesetzt: Ethylhexanol, Polyglykole, Trialkylmelamine, Silicone und andere naturfremde Produkte der Harten Chemie. Nach der so erfolgten chemischen Unterdrückung des Schaumes muß noch das Problem gelöst werden, daß die eingesetzten Emulgatoren das mitgeförderte Wasser zusammen mit dem Erdöl selbst zu einer zähen Emulsion verbunden haben. Folglich ist es Zeit für den nächsten Chemikalieneinsatz, mit dessen Hilfe die frische Rohölemulsion geknackt wird: beispielsweise Sulfonsäuren als Demulgatoren.

Rohöltransport: Billionen Liter Wasser verseucht

Im nun folgenden Lebensabschnitt des Rohöls geht es ebenfalls wenig umweltfreundlich zu: Allein beim Umfüllen, Beladen, Transport durch Pipelines oder mit Supertankern, beim Entladen, der Behälterreinigung und aus anderen, diffusen Quellen gelangt jährlich die gigantische Menge von 6 Milliarden Kilogramm Erdöl ins Meer. Dies ist zwar nur ein kleiner Bruchteil der erfolgreich zur Weiterverarbeitung transportierten Menge. Macht man sich jedoch klar, daß aufgrund der physikalischen, chemischen und biologischen Eigenschaften des stark giftigen Erdöls ein einziger Liter dieses modernen Industrie-Elixiers nicht weniger als 5 Millionen Liter Wasser von einem erquickenden Lebenselement in eine lebensfeindliche, ungenießbare Brühe verwandelt, so ergibt sich aus der einfachen Multiplikation des Leckstroms mit diesem Verseuchungsfaktor die unglaubliche Menge von $3x10^{16}$ Litern Wasser, die jährlich allein bei Gewinnung und Transport von Erdöl in ihrer Qualität geschädigt werden - wenig im Vergleich zu den globalen Wasservorräten, aber gigantisch viel, wenn man bedenkt, daß diese Zahl mit 16 Nullen dem gesamten Wasserbedarf der jetzt lebenden Menschheit in einem Zeitraum von 200 Jahren entspricht.

Aber es ist nicht einmal die Belastung durch das Erdöl allein: wenn nach Tankerunfällen kilometerbreite Ölteppiche auf dem ursprünglich tiefblauen Meer in allen Farben schillernde Kaleidoskope des Grauens bilden, wenn die elektronischen Medien diese Schreckensbilder in Farbe auf die Fernsehschirme in aller Welt projizieren - dann schreit die Volksseele, die um ihre Urlaubsstrände und um ihre Tauchreviere fürchtet, nach Abhilfe. Und es wird tatsächlich rasch Abhilfe geschaffen, gibt es doch heute wirksame Chemikalien, mit deren Hilfe, von Flugzeugen und Hubschraubern versprüht, der Ölteppich innerhalb von Stunden ›aufgelöst‹ (wie es dann immer heißt) werden kann. Daß in Wirklichkeit hier wieder eine Unmasse von biologisch hochwirksamen Chemikalien eingesetzt wird, daß in Wirklichkeit der Ölteppich nicht zur ›Auflösung‹, sondern allenfalls zu feinster Verteilung im Wasser und zum Absinken auf den Meeresgrund gebracht wird, wo er dann jahrelang unzersetzt abgelagert bleibt - daß zu diesem Zweck weltweit pro Jahr allein etwa 2 Millionen Kilogramm Chemikalien (hochpotente Detergentien aus den Retorten der Chemie - selbstverständlich aus Erdöl hergestellt) zusätzlich zu dem Öl in die Meere eingebracht werden - das alles interessiert die Fernsehkonsumenten wenig: erstens sagt es ihnen niemand, zweitens gilt auch hier das Prinzip des ›aus den Augen - aus dem Sinn‹.

Hauptsache: Ölpest ›aus den Augen‹

Da nützt es wenig zu wissen, daß Mikroorganismen im Wasser in der Lage sind, die aus dem Erdöl stammenden Schadstoffe ebenso wie die zur oberflächlichen Beseitigung der Ölteppiche eingesetzten Chemikalien abzubauen, daß ein erheblicher Teil an der Wasseroberfläche verdunstet (und dafür die Atmosphäre belastet) - es bliebe auch nach dem Abstreichen einiger Nullen von dieser Schadensziffer immer noch ein Preis, den sich die Lebewesen auf der Erde auf Dauer nicht leisten können. Und doch sinkt die so in existentieller Weise betroffene Menschheit, kurzzeitig aufgeschreckt durch die furchterregenden Fernsehbilder nach den regelmäßigen Katastrophen bei Tankerhavarien, wieder in die alte Lethargie zurück. Zu eingespielt sind die Machtstrukturen im Gefolge des Monopolrohstoffes, zu häufig geschieht derlei, als daß nicht die natürlichen Reflexe der Abstumpfung längst die meisten Menschen unempfänglich für die Konsequenzen gemacht hätten.

Cracken und Reformieren: Petrochemie als Ausgangsbasis der Harten Chemie

Schon viele Stationen und mannigfache Umweltbelastungen liegen hinter dem Stoff, aus dem einmal Polyurethan synthetisiert werden soll - und doch sind wir noch weit von der Endstation der Konsumsehnsucht entfernt. Die nun folgende Station des Rohstoffs Erdöl auf dem Weg zu den vielen bunten, praktischen, billigen Wegwerf- und Wegspülartikeln unserer Konsumgesellschaft ist die petrochemische Raffinerie, in der die fossilen Kohlenwasserstoffe durch physikalische und vor allem chemische Verfahren erst in eine molekulare Form gebracht werden, die sie geeignet machen sollen für das eigentliche Handwerk der Chemiker.

In der Frühzeit der Erdölverarbeitung waren es im wesentlichen die physikalischen Prozesse in Gestalt mehrfacher Destillation, durch welche das extrem komplizierte Vielstoffgemisch Rohöl, dessen Zusammensetzung noch dazu je nach Herkunft in sehr weiten Grenzen variiert, in einzelne, dem gewünschten Verwendungszweck angepaßte ›Fraktionen‹ aufgespalten wurde. Das Prinzip ist einfach: durch Einfüllen des Rohöls in Destillationsblasen und anschließendes Aufheizen beginnen die Bestandteile je nach ihrer chemischen Identität unterschiedlich rasch zu verdampfen. In einem nachgeschalteten Schritt werden die so in den gasförmigen Zustand überführten Kohlenwasserstoffe durch Kühlung wieder in den flüssigen Zustand zurückverwandelt und aufgefangen.

Energieaufwendige Rohöltrennung

Da bei einer einfachen Destillation Fraktionen sehr unterschiedlicher Art gemeinsam diesen Weg gehen würden, wiederholt man in den Raffinerien den Verdampfungs- und Kondensationsvorgang in ein und derselben Destillationsanlage mehrfach. Leicht identifizierbarer Ort für diesen Vorgang sind die sogenannten Fraktionierkolonnen, meist hohe Türme, die den Raffinerien auch heute noch ihre charakteristische Gestalt geben. Natürlich ist dieser Prozeß sehr energieaufwendig, da selbst bei möglichst weitgehender Rückgewinnung der Energie aus dem Kondensationsvorgang die Gesetze der Physik mit sich bringen, daß ein erheblicher Teil der zur Verdampfung eingesetzten Energie in Form von nicht oder kaum mehr nutzbarer Abwärme verloren geht. Aber Energie hat man in der Raffinerie ja mehr als genug: in

Gestalt von geeigneten Fraktionen des Erdöls selbst, die man zur Dampferzeugung so verbrennt, wie die verkauften Raffinerieprodukte ja selbst auch zum großen Teil zur Verbrennung (z.B. als Heizöl) bestimmt sind.

Produkte solcher klassischen physikalischen Raffination reichen von den als leichtflüchtigste Bestandteile entweichenden Raffinieriegasen (dem Erdgas ähnlich), die meist ›abgefackelt‹ werden (auch die Flammen auf diesen Abfackelrohren liefern ein charakteristisches optisches Erkennungsmerkmal einer Erdölraffinerie), über die leichtsiedenden Benzine bis zu den schwerflüchtigeren Dieselkraftstoffen, Kerosinen etc. Am Ende dieser absteigenden Treppe der Flüchtigkeit steht ein Stoff, der praktisch nicht mehr verdampf- und destillierbar ist und daher in den Destillationsblasen als zähflüssiger, schwarzer, klebriger Rückstand hinterbleibt: das Bitumen, mit dem - vermischt mit mineralischen und anderen organischen Zuschlagstoffen - nicht nur unsere Straßen geteert, sondern auch zahlreiche Alltagsprodukte wie Dachpappen, Dichtmassen und Anstrichstoffe gebunden werden.

Modernere Zeiten: Spalten statt Destillieren

Die Zeiten, in denen in der Erdöl-Raffinerie die Destillation als rein physikalischer Prozeß das Maßgebliche war, sind allerdings längst vorbei, auch wenn Destillationen heute noch eine große Rolle spielen. Um sich von den Zwängen zu befreien, welche durch die allenfalls durch Wahl der Rohölherkunft beeinflußbare Grundzusammensetzung des primären Rohstoffs gegeben sind, wurden in den vergangenen Jahrzehnten aus den Erdöl-Raffinerien mehr und mehr chemische Fabriken, in denen durch petrochemische Prozesse die mit dem Rohöl gelieferten, vorgegebenen Molekülstrukturen in großem Stil zielgerichtet abgewandelt werden. Die Petrochemiker sind mit diesen Prozessen dem Ideal, für die spätere Weiterverarbeitung ausschließlich die gewünschten verschiedenartig großen und unterschiedlich geformten ›Lego-Bausteine‹ zur Verfügung zu stellen, sehr nahe gekommen.

Eines ist allen diesen Crack- und Reformierprozessen (letztere heißen tatsächlich so, obwohl sie den stofflichen Idealvorstellungen eines durchschnittlichen Reformhauses sicher diametral entgegengesetzt sind) eigen: sie spielen sich bei hohen Temperaturen und zumeist unter Zuhilfenahme von chemisch aktiven Oberflächen (Katalysatoren auf der Basis von Schwermetallen und Keramik) ab. Allerdings muß dem Rohöl zum Schutz dieser hochspezialisierten und empfindlichen Katalysatoroberflächen zunächst durch katalytische Hydrierung mit Wasserstoff ein störender Bestandteil so weit als möglich entzogen werden: Schwefel, von dem Erdöl bis zu 5% enthalten kann. Leider kann man mit den riesigen Mengen an Schwefel und Schwefelverbindungen, die bei diesem Vorreinigungsschritt anfallen, nicht viel anfangen: der Verbrauch an Schwefel für andere chemische Prozesse kann die Mengen, die aus dem Zwang zu immer schwefelärmeren Raffinerieprodukten resultiert, nicht entfernt aufnehmen.

Aromaten: Zahlreich, aber unerwünscht

Auch eine weitere Inhaltsstoffgruppe des Erdöls ist zunehmend unerwünscht geworden: die Aromaten. Diese ringförmigen Kohlenwasserstoffe, die - im glatten Widerspruch zu ihrem vielversprechenden Namen, der noch aus der Frühzeit der Entdeckung dieser Verbindungen in Duftharzen herrührt

- ausgesprochen übel riechen und zudem einige der potentesten Krebserzeuger in ihren Reihen bergen, sind in ihren wichtigsten Anwendungsbereichen - als Lösemittel und Benzinbestandteile - aufgrund ihrer sehr negativen gesundheitlichen und ökologischen Eigenschaften zunehmend obsolet geworden und finden keine Abnehmer mehr. Wiederum werden physikalisch-chemische Prozesse (Extraktion mit einer besonderen Gruppe organischer Chemikalien, den sogenannten Stickstoff-Heterocyclen) eingesetzt, um dem vorher entschwefelten Rohöl die Aromatenanteile möglichst weitgehend zu entziehen.

Was übrigbleibt, sind kettenförmige, zweigförmige und ringförmige Kohlenwasserstoffe vielfältiger Art, die nun durch die genannten katalytischen Crack- und Reformierprozesse bei Temperaturen zwischen 500 und 1000 °C - oft unter Einsatz von Wasserstoffgas als zusätzlich einzubauende Molekülbestandteile oder umgekehrt unter Entzug von Wasserstoff aus dem Molekül - in Moleküle mit der gewünschten Anzahl von Kohlenstoffatomen, und diese möglichst in der gewünschten räumlichen Anordung, umgewandelt werden: Hydro-Desalkylierung, Dehydro-Cyclisation etc. heißen die hier angewendeten chemischen Verfahren.

Das Ziel:
einfache Bruchstücke

Wichtigstes allgemeines Ergebnis dieser zahlreichen chemischen Prozesse in einer petrochemischen Raffinerie ist die starke Abnahme der durchschnittlichen Kohlenstoffanzahl pro Molekül: Nur die so zerlegten Kohlenwasserstoffe sind als Bausteine für die anschließenden chemischen Synthesen klein genug, um die ganze Vielfalt von Folgeprodukten liefern zu können. Die technische Bezeichnung für den Hauptvorgang, das ›Cracken‹, macht fast lautmalerisch deutlich, daß im Ergebnis der Raffinerieprozesse die meisten Erdölinhaltsstoffe ›zerbrochen‹ und z.T. neu arrangiert worden sind. Die ursprünglich relativ hochgeordneten komplexen Moleküle im Rohöl sind also in einen Zustand niederer struktureller Ordnung oder geringerer Komplexität überführt worden.

Aus all dem Geschilderten wird vor allem eines deutlich: Fast keines der Produkte, die aus einer petrochemischen Raffinerie herauskommen, ist noch ein Naturstoff in dem wörtlichen Sinne, daß dieser Stoff in seiner molekularen Identität bereits im Rohöl vorhanden gewesen wäre. Diese Feststellung ist vor allem deshalb wichtig, weil viele der heutigen leichtfertigen Verwender von petrochemischen Lösemitteln ihren Kunden nur zu gern suggerieren möchten, bei ihren Lösemitteln handele es sich ja zwar leider nicht um regenerierbare Rohstoffe, aber doch immerhin um reine Naturprodukte. Die Wahrheit ist ernüchternder: Testbenzine, Aliphaten, Isoparaffine, Kristallöl, Wundbenzin und was es alles noch an wohlklingenden Namen für diese benzinartigen Lösemittel gibt, sind eindeutig Produkte der Petrochemie. Daher stammen im Ökobereich anzutreffende Formulierungen wie: ›Pure Natur‹, ›keinerlei Chemie‹ häufig nur aus der Unkenntnis der Werbenden über die tatsächliche Herkunft ihrer Inhaltsstoffe, wohl auch aus frommem Selbstbetrug oder gar aus der bewußten Absicht, durch Verbrauchertäuschung den schönen Umsatz im Öko-Markt - zu dem die nicht seltenen Produkte mit über 90% petrochemischen Inhaltsstoffen wohl kaum passen - nicht zu gefährden.

Bio-Schwindel mit
›Natur-Aliphaten‹

Doch verfolgen wir zunächst den Lebensweg unserer repräsentativen Alltagschemikalie Polyurethan weiter.

Reaktive Zwischenprodukte: der Zauberkasten der Harten Chemie

Im Lebensweg der Massenchemikalie Polyurethan sind wir nun an dem Punkt angelangt, an welchem die Petrochemie Kohlenwasserstoffe geeigneter Molekülstruktur zur weiteren Synthese zur Verfügung stellt. In unserem Beispiel sind das die Verbindungen Toluol, Benzol und Ethylen. Diese Kohlenwasserstoffe, die beiden ersten vom Typus Aromat, der letztere vom Typus Aliphat, sind relativ reaktionsträge Verbindungen, die nun eine entscheidende Veränderung erfahren, indem sie in besonders reaktionsfähige Verbindungen überführt werden. Zu diesen Verbindungen auf Basis von Erdöl gesellt sich im Falle des Polyurethans als weiterer fossiler Kohlenstoffträger das Kohlenmonoxid, ein giftiger Verwandter des bekannten Kohlendioxids, welcher aus Koks und Wasserdampf bei hohen Temperaturen hergestellt wird. Auch Kohlenmonoxid wäre für die weitere Synthese nicht reaktionsfähig genug.

Bei der Überführung der reaktionsträgeren Kohlenstoffverbindungen in die eigentlichen reaktiven Zwischenprodukte kommen im Fall des Polyurethans gleich vier verschiedene, sehr charakteristische Verfahren zum Einsatz, die jeweils zu extrem giftigen, hochaggressiven Chemikalien führen. In allen vier Fällen sind es starke Oxidationsmittel, mit deren Hilfe die ursprünglichen Ausgangs-Kohlenstoffverbindungen auf ein höheres energetisches Level angehoben und auf diese Weise quasi ›scharf‹ gemacht werden.

Je aggressiver, desto lieber

Im Falle des Toluols besteht dieser Vorgang in einer Umsetzung mit Nitriersäure, einer sehr aggressiven, stark oxidierend wirkenden Mischung aus konzentrierter Schwefelsäure und konzentrierter Salpetersäure. Die äußerste Gewaltsamkeit der Reaktionsbedingungen spiegelt sich in direkter Weise im Produkt wieder: aus Toluol und Nitriersäure entsteht als Hauptprodukt Dinitro-Toluol. Dieses Dinitrotoluol ist nicht nur eine extrem giftige, nachgewiesenermaßen krebserzeugende Substanz, sondern dazu noch ein hochbrisanter Sprengstoff - chemisch eng verwandt mit dem stets gleichzeitig entstehenden und noch brisanteren Trinitrotoluol (TNT), das als Hauptbestandteil von Dynamit und Bezugseinheit für die Messung der Sprengkraft z.B. von Bomben dient (oft angegeben in ›Tonnen TNT‹). Von der außerordentlich gefährlichen Chemikalie Dinitrotoluol werden jährlich auf der Welt Milliarden von Kilogramm hergestellt, davon allein hunderte von Millionen für die Herstellung der vermeintlich harmlosen Alltagschemikalie Polyurethan, mit welcher der nichtsahnende Heimwerker seine schönen neuen Holzfenster, garantiert frei von Tropenholz, in die Fensterlaibung einschäumt (allein für den privaten Hausbau werden jährlich 155.000 Tonnen Polyurethane verwendet[65]).

Sprengstoff-Verwandte als Zwischenträger

Die zweite Komponente zur Herstellung von Polyurethan, die in eine extrem reaktionsfähige Form überführt werden muß, ist Ethylen - ein farbloses, brennbares, aber ansonsten recht harmloses Gas. Erst durch die Oxidation des Ethylens mit Hilfe von Sauerstoff an Silberkatalysatoren entsteht daraus die hochreaktive Chemikalie Ethylenoxid - ein farbloses, süßlich riechendes Gas, das ähnlich wie Nitrotoluol nicht nur äußerst giftig, sondern nachgewiesenermaßen krebserzeugend ist. Allein in Deutschland wird von dieser ungewöhnlich gefährlichen Chemikalie, die noch dazu aufgrund ihres gasförmigen Zustandes einen chemischen Super-Gau geradezu herausfordert, in Mengen von fast einer halben Million Tonnen produziert.

Das Spiel mit dem chemischen Super-GAU

»Seine überragende Bedeutung liegt in der Reaktivität des Oxiran-Ringes, die es zu einer Schlüsselsubstanz für eine Vielzahl weiterer Zwischen- und Endprodukte macht«[66].

Die dritte Komponente, das Benzol, ähnelt dem bereits erwähnten Toluol stark; es gehört wie dieses zu den sogenannten aromatischen Kohlenwasserstoffen. Es ist selbst bereits ein starkes Gift und eindeutig als krebserzeugender Stoff identifiziert. Für die Weiterverarbeitung zu Chemieprodukten ist es jedoch, wie das Toluol, viel zu reaktionsträge. Hier wird ein anderes Verfahren der Umwandlung in eine reaktionsbegierige Chemikalie verwendet: Benzol wird, wie bereits Ethylen, mit Sauerstoff chemisch umgewandelt. Bei dieser Oxidation entsteht Maleinsäureanhydrid, eine stark reizende Chemikalie, die dann wiederum durch Wasseranlagerung in Maleinsäure verwandelt wird.

Die vierte Komponente, das Kohlenmonoxid, geht nun einen Sonderweg. Zur Oxidation wird nicht Sauerstoff verwendet (der würde daraus nur das harmlose Kohlendioxid produzieren), sondern eine der Schlüsselsubstanzen der gesamten organischen Chemie, die selbst zugleich ein sehr starkes, giftiges Gas darstellt: Chlor. Mit dem Namen dieses hochreaktiven Stoffes verbindet sich eine ganze Klasse verrufener Chemieprodukte: die sogenannten ›chlorierten Kohlenwasserstoffe‹.

Chlorgas ist so aggressiv, daß es (von selbst oder unter Zuhilfenahme von Licht) fast jede organische Verbindung angreift und in das entsprechende chlorierte Produkt überführt. Die chlorierten Produkte sind häufig wirksame Biozide - kein Wunder, daß zahlreiche der chlorierten Kohlenwasserstoffe eine Karriere als Pestizid, Konservierungsmittel oder Holzschutzmittelwirkstoff erlebten. - Im Falle des Kohlenmonoxids entsteht zusammen mit dem Chlorgas jedoch eine Substanz, die in ihrer Giftigkeit und Gefährlichkeit selbst viele schlimme Vertreter der ›normalen‹ Chlorchemie noch in den Schatten stellt: Phosgen, ein farbloses, äußerst giftiges Gas, das bereits in geringsten Spuren in der Atemluft - und zwar bevor sein fatalerweise heuartiger Geruch überhaupt wahrgenommen werden kann - als heimtückisches, tödliches Atemgift wirkt. Kein Wunder, daß diese Horrorchemikalie, die bereits früh zu den Schlüsselreagenzien der synthetischen Chemie gehörte und daher in großen Mengen ohnehin zur Verfügung stand, bereits im 1. Weltkrieg als Kampfgas entdeckt und ausgiebig verwendet wurde.

Phosgen - aus Kampfgas wird Kunststoff

Wer sich die Biographie des Massenproduktes Polyurethan auch nur bis zu dieser Stufe betrachtet hat und nicht nachdenklich geworden ist über diese - lediglich repräsentativen und keiner besonders negativen Auswahl folgenden - Methoden der Harten Chemie, wer womöglich die in diesen Verfahrensweisen liegende ›Härte‹ nicht als solche wahrnehmen und anerkennen will - für den wird das vorliegende Buch nur eine lästige Provokation darstellen. Gezählt werden muß auf die hoffentlich viel größere Zahl von Menschen, auch innerhalb der chemischen Industrie, die sich aufrütteln lassen durch eine solche bloße Aufzählung von Tatsachen und aus ihnen den Impuls erhalten, an der möglichst raschen Abschaffung von derartigen Produktionsverfahren mitzuarbeiten. Syntheseverfahren der zuletzt geschilderten Art sind auch nicht mehr ›konvertierbar‹ - wir können durch noch so viel technischen Aufwand die Herstellung von Dinitrotoluol, Maleinsäure, Ethylenoxid und Phosgen einfach nicht ökologisieren.

Syntheseverfahren ohne jede Zukunft

Wenn es denn einen unabweisbaren Bedarf für Stoffe mit den Eigenschaften von Polyurethan geben sollte, dann muß dieser Bedarf künftig auf ganz andere Weise befriedigt werden - eben auf der Grundlage einer Sanften Chemie. Wer will zuverlässig behaupten, daß es einer weiteren Forschung nicht gelingt, die gewünschten Eigenschaften z.B. von Polyurethan-Integralschäumen sehr weitgehend auch auf der Basis von Naturkautschuk und Naturkork zu erreichen? Und gibt es eine lohnendere Forschung, als die Menschheit von der ständigen, furchterregenden Bedrohung durch das Mega-Damoklesschwert solcher Stoffe wie Phosgen und Ethylenoxid zu befreien, die in ihren tödlichen Eigenschaften noch um vieles grauenerregender sind als das Methylisocyanat, das in Bhopal Hunderttausende Menschen verstümmelte und Tausende tötete? Wenn es noch einer Begründung für die rasche Notwendigkeit des massiven Einstiegs in die Sanfte Chemie bedurfte - die konkrete Analyse des Lebensweges von nur einem von zahllosen Chemieprodukten sollte wahrhaft Motive genug bieten.

Aber wir sind ja noch nicht am Ende. Die genannten vier reaktionsfähigen Chemikalien müssen noch weiter umgewandelt werden - in andere, ebenfalls sehr reaktionsfähige Stoffe: aus Dinitrotoluol wird an Nickelkatalysatoren und in Dichlorbenzol als Lösemittel durch Hydrierung Diaminotoluol, aus Ethylenoxid wird Polyethylenglykol; Diaminotoluol wird mit Phosgen zusammengeführt und bildet Diisocyanat; Maleinsäure und Polyethylenglykol werden ebenfalls zusammengeführt und bilden Polyester-Polyole. Auch auf dieser Reaktionsstufe haben wir es noch mit sehr reaktionsfähigen Verbindungen zu tun. Die einschlägigen Fachenzyklopädien schreiben dazu:

»Isocyanate kommen wegen ihrer großen Reaktionsfähigkeit nicht in der Natur vor«[67]

Erst nach diesen letzten Reaktionsschritten wird durch Synthese der zuvor gebildeten Diisocyanate und Polyester-Polyole zum ›krönenden Abschluß‹ das eigentliche Polyurethan gebildet. Wahrhaftig ein weiter Weg, der über die Verkettung und Verschränkung von Dutzenden Einzelreaktionen führt - Reaktionen, die jeweils in der Regel nicht vollständig ablaufen, sondern mehr oder weniger große Sonderabfälle produzieren; Reaktionen, die jeweils ein hohes Störfallrisiko mit sich bringen; Reaktionen, die zumeist unter hohem Aufwand an Energie ablaufen, zu deren Bereitstellung wiederum enorme Mengen fossiler Kohlenstoffträger verbrannt werden müssen, was den Treibhauseffekt beschleunigt.

Dutzende Reaktionen bis zum Ziel

Die bei nahezu jeder organischen Synthese anfallenden Nebenprodukte stellen für sich wieder ein enormes toxikologisches Risikopotential dar. Kritische Toxikologen warnen auch hier vor den längst nicht mehr kalkulier- oder gar beherrschbaren Folgen[68]:

»Die rasch wachsende Produktion chemischer Stoffe und ihre weltweite Verbreitung ist eine der Hauptursachen der Schadstoffbelastung der Biosphäre. Dabei spielen nicht nur die gewünschten Produkte selbst eine Rolle, sondern auch die in ihnen enthaltenen Verunreinigungen, sowie die bei ihrer Herstellung anfallenden Abfälle und die daraus auf Deponien und Verbrennungsanlagen gebildeten Zersetzungsprodukte. Diese Produktion läuft auf Höchsttouren: Etwa 8 Millionen definierte, größtenteils neue synthetische Chemikalien registrierte der Chemical Abstract Service bisher, 800 bis 1000 kommen weltweit täglich dazu,d.h. etwa 300.000 pro Jahr. Nicht gerechnet sind dabei die bei jeder Synthese anfallenden Nebenprodukte, Abfallstoffe, deren mögliche erhebliche toxikologische Bedeutung am Beispiel der ›Dioxine« in jüngster Zeit besonders deutlich geworden ist. Auch wenn nur ein kleiner Teil dieser vom Menschen neu synthetisierten, in der Natur nie dagewesenen Stoffe umweltrelevant ist oder wird, ist der verbleibende Ausstoß toxikologisch längst nicht mehr zu bewerten.«

Die zahllosen Risiken der Nebenprodukte

Bei dem Hoechst-Störfall am Rosenmontag 1993 wurde die Palette der Nebenprodukte, die bei der Synthese von o-Nitroanisol als Vorprodukt der Farbenherstellung aus o-Chlornitrobenzol einmal ›öffentlich‹. Eine Zusammenstellung des Niederschlages aus dem Störfall, der in der Umgebung des Griesheimer Werkes der Hoechst AG niederging, weist allein 17 verschiedene Bestandteile auf, darunter 7 verschiedene Chlorkohlenwasserstoffe, weiterhin Nitroaromaten und andere hochtoxische Substanzen[69]. 2,7% der Gesamtmasse des Niederschlags gelten in der Veröffentlichung als ›nicht identifiziert‹: hier findet sich nach aller Wahrscheinlichkeit ein Gemisch Hunderter von Einzelsubstanzen mit ungewissem Potential an Gesundheits- und Umweltschädlichkeit.

Chemierohstoffe aus der Schublade: Die Palette der Basischemikalien

Polyurethan ist eine aus organischen, reaktiven Zwischenprodukten hergestellte Basischemikalie. Wie erwähnt, wird Polyurethan in Hunderten verschiedener Produkte verarbeitet. Polyurethan stellt insofern eine Besonderheit dar, als es in manchen Fällen direkt ein vom Verbraucher verwendbares Produkt darstellt. Basischemikalien (z.B. Tenside, Kunstharze, Farbstoffe, Aromastoffe) sind nämlich normalerweise keine an den Endverbraucher oder Endverarbeiter abgegebenen Handelsprodukte, sondern sind deren - allerdings zentral bedeutsame - Vorprodukte. Jede dieser Basischemikalien landet irgendwann einmal in einem Fertigprodukt. Auf dem Weg dorthin werden diese Chemierohstoffe in der Regel nicht weiter chemisch verändert, sondern lediglich durch physikalische Prozesse (Auflösen, Dispergieren, Mischen etc.) zu den verkauf- und verwendbaren Endprodukten kombiniert. Daraus folgt, daß es diese Basischemikalien sind, welche - auf dem Weg über die Fertigprodukte - in unsere Umwelt gelangen.

Beispiele für solche organischen Basischemikalien sind: Kunstharze (für Lacke und Farben, aber auch für faserverstärkte Behälterwände [GfK-Tanks]), Farbstoffe (für Mal- und Bautenfarben, aber auch zur Einfärbung von Textilien und Kunststoffen), Lösemittel (für Lacke und Farben, aber auch für Reinigungsmittel und Abbeizer), Kunststoffe (für Haushaltswaren und Folien, aber auch für Kunstfasern), Biozide (als Insektizide, Fungizide, Herbizide in der Landwirtschaft, als Konservierungsmittel in der Lebensmittel- und Farbenindustrie), Duft- und Aromastoffe (als Bestandteile von Deodorants, Kosmetika, Waschmitteln, Weichspülern etc.).

Beim Gebrauch der Fertigprodukte oder spätestens bei ihrem Abbau werden die Basischemikalien wieder freigesetzt: Lösemittel verdampfen, Kunstharze blättern ab, Biozide gehen in die Raumluft und ins Körpergewebe über. Die allgegenwärtige Chemikalienbelastung stammt also hauptsächlich von den Basischemikalien. Ihre Anzahl ist gigantisch und inzwischen völlig unüberschaubar. Sie haben unsere natürlichen Umweltmedien Boden, Wasser, Luft in ihrer Qualität grundlegend verändert, nahezu immer verschlechtert. Sie sind die Hypothek, die wir mit unserem Streben nach Bequemlichkeit, Komfort, Unterhaltung und Genuß auf uns und die Nachwelt geladen haben.

Wohnungsluft giftiger als Straßenkreuzung

Sie sind die Ursache dafür, daß wir heute in der Luft unserer Wohnungen mehr unterschiedliche chemische Stoffe nachweisen als draußen an einer belebten Straßenkreuzung. Sie gilt es zu erfassen und zu bewerten, wenn wir etwas über unsere chemische Belastung im Alltag erfahren wollen.

Die chemische Industrie wird nicht müde, die Belastung von Umwelt und Lebewesen durch diese modernen chemischen Stoffe als überschaubar, risikoarm und überhaupt eigentlich vernachlässigbar darzustellen. Damit unabhängig befaßte Wissenschaftler sehen dies schon ganz anders. Sie betrachten im Gegenteil die gegebene Belastung nicht nur als viel zu hoch, sondern auch in ihrer weiteren Entwicklung beängstigend voranschreitend und auch nicht ansatzweise zu überschauen. Besonders der bereits zitierte kritische Toxikologe Otmar Wassermann, Professor an der Uni Kiel, hat zusammen mit seinen wissenschaftlichen Mitarbeitern skeptische, wenn nicht gar resignative Worte für das Ungleichgewicht zwischen enormem Produktionsdruck der

Produktion und Bewertung: enormes Ungleichgewicht

Chemiker einerseits und den Erkenntnismöglichkeiten der Giftkundler andererseits formuliert, die hier wegen ihrer Dramatik und grundlegenden Bedeutung in einem etwas längeren Zitat wiedergegeben werden sollen:

»Die Situation der Toxikologen [...] ist mit einer Person zu vergleichen, die mit dem Mikroskop ein dickes, in fremder Sprache mit unbekannter Schrift geschriebenes Buch lesen soll, Buchstaben für Buchstaben, im übertragenen Sinn: Chemikalie für Chemikalie. Die meisten ›Buchstaben‹ müssen erst sorgfältig studiert und mühsam erkannt werden, was bedeuten sie einzeln? Was, wenn einige zusammen eine Gruppe bilden? Welchen ›Sinn‹ hat dieses ›Wort‹? Die Toxikologie ist gerade intensiv damit beschäftigt, auf der ersten Seite des Buches der Chemikalien die Charakteristika von ein paar hundert Buchstaben, d.h. das toxische Potential einiger weniger Chemikalien möglichst umfassend zu begreifen. Sie fängt an, in der ersten Zeile dieses

Buches die ersten kleinen Silben, z.B. mit 2 Buchstaben, ganz entfernt in ihrem Sinn zu erahnen: Kombinationseffekte von zwei gleichzeitig auf lebende Organismen einwirkenden chemischen Stoffen. Wir sind noch unvorstellbar weit davon entfernt, Worte, Begriffe, Sätze, ja ganze Kapitel in diesem Buche zu verstehen, d.h. das äußerst komplexe Zusammenwirken, die Kombinationseffekte der vom Menschen in seine Biosphäre leichtfertig freigesetzten unzähligen Chemikalien zu erkennen. Die Tragik der Toxikologie ist nur, daß während des mühsamen Buchstabierens der erste Zeilen der Produktionsdruck der Chemiker den Text am Ende des dicken Buches täglich um 10 bis 20 Seiten vermehrt.«[70]

Das oben ausführlicher dargestellte Beispiel des Polyurethans sollte jedem klardenkenden Menschen gezeigt haben, wie dringend notwenig eine drastische Beschränkung des Produktionsdrucks der Chemiker ist.

Die tausendfache Kombination der Chemikalien: Fertigprodukte

Die enorme Arbeitsteiligkeit unserer Wirtschaft hat es mit sich gebracht, daß viele produzierende Unternehmen nur noch einen einzigen wesentlichen Schritt der Fertigung selbst vollziehen. So stellt kaum eine Lack- und Farbenfabrik ihre synthetischen Bindemittel, Lösemittel, Additive oder Farbpigmente noch selbst her, kaum ein Kosmetikproduzent synthetisiert seine Emulgatoren, Duft- und Wirkstoffe, kaum ein Hersteller von Wasch- und Reinigungsmitteln fertigt auf eigenen Anlagen seine synthetischen Tenside, Bleichmittel oder Enthärterstoffe, kein Textilproduzent gibt sich mit der Herstellung der Kunstfasern ab, kein Produzent von Bodenfliesen betreibt eine PVC-Produktion.

Die unübersehbare Palette der Gebrauchschemikalien nach dem Muster von Polyurethan, das im vorherigen Abschnitt repräsentativ für eine wichtige Fertigungsstufe steht - für die letzte wesentliche chemische Reaktion im Produktzyklus - wird in unserem modernen Wirtschaftsleben an vielen Stellen vor allem durch physikalische Prozesse weiterverarbeitet: durch Mischen und Rühren, durch Vermahlen und Verschweißen, durch Lösen und Emulgieren oder ganz andersartige Prozesse. Mit der eigentlichen ›Chemie‹ der Sache haben die letzten Produzenten der chemischen Gebrauchsgüter heute nur noch selten etwas zu tun, und wenn, dann allenfalls in einem riesigen Konzernverbund, in welchem der Betriebsteil zur Herstellung des Gebrauchsproduktes dem Betriebsteil zur chemischen Synthese seiner Inhaltsstoffe so fremd ist, als handele es sich um ein ganz außenstehendes Unternehmen.

In dieser Arbeitsteiligkeit liegen viele Chancen, vor allem kalkulatorische: ›lean production‹ ist der Schlüsselbegriff. Unternehmen lagern so viel wie möglich Vorläufer-Produktionsstufen in andere Unternehmen aus - um so lieber, je billiger der andere produziert und je mehr er einem auf diese Weise Unannehmlichkeiten in Gestalt von behördlichen Auflagen, Wachsamkeit von Umweltschützern, Risiken von Störfällen etc. vom Leibe hält.

Produktlinien: anonymer als je zuvor

Die Kehrseite dieser Medaille ist eine rapide fortschreitende Anonymisierung der Produktlinien. Wer die Probleme der chemischen Synthese nicht auf dem eigenen Gelände erlebt, wer nicht verantwortlich zeichnet für den anfallenden Sondermüll, hat kaum eine konkrete Vorstellung von dem, was außerhalb seiner Werkstore, z.B. hinter den Werkstoren der Vorlieferanten, wirklich abläuft. Störfälle, Sondermüll, Anlagenprobleme und Energieaufwendungen bei der Synthese interessieren ihn nicht, er kann sich ganz auf die vorteilhaften Umwelteigenschaften seiner Produkte, der an den Verbraucher und Verarbeiter abgegebenen Endprodukte, konzentrieren. Er kann fleißiges Öko-Marketing mit Polyurethan-Produkten betreiben, weil er von den Millionen Tonnen Phosgen im Betrieb seines Polyurethan-Produzenten nichts weiß und auch nichts wissen muß: in seinem Produkt ist ja kein Phosgen mehr enthalten.

Vorprodukte fallen nicht vom Himmel

Nur selten wird ein Produzent, von den Realitäten der Produktlinie durch die extreme Arbeitsteiligkeit wirksam abgeschottet, in unangenehmer Weise auf die Tatsache gestoßen, daß die Vorprodukte nicht vom Himmel fallen: wenn in seinem wundervoll milden Shampoo mit Kräuterextrakten beispielsweise Dioxan nachgewiesen wird und er sich von Fachleuten sagen lassen muß, daß das etwas mit den Synthesemethoden seines Tensidlieferanten zu tun hat. Nun gut - er verlangt von seinem Lieferanten Abhilfe, und er erhält sie. Der Vorlieferant wechselt das Syntheseverfahren, es entsteht kein Dioxan mehr, sondern andere Nebenprodukte, die noch nicht nachweisbar sind oder noch nicht im öffentlichen Interesse stehen - ihm ist es recht.

Zusammensetzung: häufig unbekannt

Es ist diese Arbeitsteiligkeit gerade bei chemisch-technischen Alltagsprodukten, die bewirkt, daß tatsächlich der ›End-Hersteller‹ eines Produktes, der dieses auf den allgemeinen Markt bringt, oft nichts Genaues über die Zusammensetzung seines Produktes weiß. Er erhält Vorprodukte, hervorragend fließfähig und lagerstabil, mit einem zertifizierten Wirkstoffgehalt und guten technischen Eigenschaften, die ihm auch noch vertraglich zugesichert werden - was will er mehr? Erst bei der Frage besorgter Konsumenten nach einer ›positiven Volldeklaration‹ seiner Produkte wird er gewahr, daß es nicht damit getan ist, in seine Rezepturen zu schauen: hinter fast jedem Rezepturbestandteil mit wohlklingendem Handelsnamen steckt in Wirklichkeit eine andere Rezeptur, die des Vorlieferanten - und die kennt er nicht, und der Vorlieferant beruft sich auf sein ›Betriebsgeheimnis‹.

Es ist deshalb äußerst schwierig, die ökologischen und gesundheitlichen Eigenschaften eines Gebrauchsproduktes zuverlässig abzuschätzen, weil es so schwierig ist, genaue Informationen über Produktzusammensetzungen zu erfahren. Besonders tragisch ist dieser Umstand für Allergiker oder andere empfindliche Personen, denen oft nur der ›Selbstversuch‹ bleibt, um zu erfahren, ob sie durch ein bestimmtes Produkt geschädigt werden. Was aber, wenn Reaktionen - wie im Beispiel der subchronischen Holzschutzmittelvergiftungen - erst nach Monaten und Jahren auftreten und ein direkter Zusammenhang mit der Verwendung eines bestimmten Produktes gar nicht mehr nachgewiesen werden kann?

Einige wenige Industriezweige haben diese Mauer des Schweigens inzwischen vorsichtig durchbrochen. An der Spitze einer Bewegung zur positiven Volldeklaration von chemisch-technischen Alltagsprodukten stand ausgerechnet eine sehr kleine Branche: die der Naturfarbenhersteller, von denen einige, zusammengeschlossen in einer hauptsächlich zu diesem Zweck gegründeten Arbeitsgemeinschaft (AGN), bereits im Jahr 1987 dazu übergingen, die Zusammensetzung ihrer Imprägnierungen, Lasuren, Wandfarben und Kleber auf die Etiketten und in die Merkblätter hineinzuschreiben - sogar unter Angabe der jeweiligen Menge des Bestandteils, unterteilt in verschiedene Konzentrationsklassen.

Deklaration: Sanfte Chemie als Vorreiter

Dieses Vorbild aufzugreifen ist von der deutschen Lackindustrie bis heute verweigert worden - man beruft sich auf Betriebsgeheimnisse. Weil dieses Argument erkennbar fadenscheinig ist, da die Richtrezepturen der wesentlichen Standardprodukte in Fachveröffentlichungen ohnehin aufgeschrieben sind, hat man ein zweites Argument nachgeschoben: der Verbraucher sei nicht in der Lage, mit einer solchen Deklaration etwas anzufangen. In Wirklichkeit scheut die deutsche Lackindustrie eine Deklaration aus ganz anderem Grund: jeder Verbraucher könnte dann sehen, daß die vermeintlich so umweltfreundliche, weil wasserverdünnbare Holzlasur noch Dutzende verschiedener Chemikalien wie Lösemittel, Entschäumer, Neutralisationsmittel, Verlaufsmittel, Emulgatoren, Polyurethanverdicker, Konservierungsstoffe, Korrosionsinhibitoren und andere hochwirksame Chemikalien enthält.

Die Kosmetikindustrie hat ein ähnliches Problem - bloß war bei ihr der Druck seitens der Verbraucher zur Offenlegung noch viel höher, so daß sich viele Kosmetikhersteller inzwischen zu einer Deklaration entschlossen haben - wenn auch, damit nicht zu deutlich wird, wieviel Chemie in den ganzen Bio-Serien enthalten ist (und in den anderen natürlich genauso), in einer amerikanischen Version (sog. CTFA-Deklaration), von der man noch am ehesten hofft, daß sie der Verbraucher nicht versteht und daher keine unangenehmen Fragen stellen wird.

Das offene Ende: Produkte der Harten Chemie nach Gebrauch

Zurück zum Polyurethan. Irgendwann hat jedes polyurethanhaltige Produkt das Ende seines Lebensweges erreicht. Ob es die Parkettversiegelung auf DD-Lack-Basis ist (ebenfalls ein Polyurethanprodukt), ob die Integralschaumverkleidung eines Autolenkrades - kein Produkt hält ewig. Es beginnt die Nach-Gebrauchs-Phase eines Produktes, die in früheren Zeiten des Konsumrausches und der glänzenden Wirtschaftswunderzahlen bevorzugt nach dem Motto: ›Aus den Augen, aus dem Sinn‹ behandelt wurde - ein Motto, das leider auch heute in den allermeisten Fällen noch nicht aus der Mode gekommen ist. Schließlich haben wir doch zahlreiche staatliche und private Dienstleistungsbetriebe - von der Müllabfuhr über das Schadstoffmobil bis hin zum Grünen Punkt - die uns alle Sorgen um den Verbleib unserer Produkte abnehmen.

Und doch gerät unsere Sorglosigkeit zunehmend ins Wanken: wir lernen, daß die vermehrten ›Wetterkapriolen‹ wohl doch etwas mit den von uns in die Welt gebrachten Stoffen zu tun haben, wir werden täglich über den Zustand der Ozonschicht informiert und können längst nicht mehr leugnen, daß es die ›Nach-Gebrauchs-Phase‹ der von uns jahrzehntelang benutzten

Treibgas-Sprayflaschen ist, die hier zur Wirkung kommt; wir lesen davon, daß im Nachbarort die Trinkwasserbrunnen schließen mußten, da aus einer ziemlich entfernten Sondermülldeponie giftiges Sickerwasser ins Grundwasser gelangt waren - und auch hier werden wir den Eindruck nicht los, daß es unsere Produkte waren, die auf der Deponie gelandet waren, nachdem wir uns ihrer entledigt hatten - vielleicht auch die Polyurethan-Ausschäumung des alten Fensters, das wir neulich herausgerissen haben, um uns mit einer größeren Fensterfront einen genußvolleren Blick auf die ökologisch intakte Welt unseres biologischen Vorgartens zu verschaffen.

Kein Stoff vergeht wirklich - die unumstößlichen Gesetze der Physik erzwingen die Erhaltung der Masse. Was sich ändern kann, ist die molekulare Zusammensetzung dieser immer erhalten bleibenden Masse - wenn wir Glück haben, werden unsere chemisch-technischen Alltagsprodukte nach einer überschaubaren Zeit in harmlose mineralische Bruchstücke zerlegt. Daß die Natur damit ihre Schwierigkeiten hat, erkennen wir an jedem an den Waldrand geworfenen Joghurtbecher aus Polystyrol, der - wenn sich nicht eine umweltbewegte Schulklasse erbarmt und den Wald aufräumt - auch im kommenden Jahr noch unseren natursehnsüchtigen Blick beleidigt. Viele Stoffe bleiben wesentlich länger unabgebaut in unserer Umgebung - einige jahrelang, einige jahrzehntelang, andere noch länger.

Persistenz als Kehrseite der Haltbarkeit

In der Persistenz der Stoffe rächt sich unsere unbedachte Sucht nach möglichst perfekter Haltbarkeit, nach möglichst hoher Reaktionsträgheit. Ein typisches Beispiel dafür sind die Fluorchlorkohlenwasserstoffe (FCKWs), bei denen die Experten der Chemie vor einigen Jahrzehnten gerade die aufgrund der enormen chemischen Reaktionsträgheit gegebene Unbrennbarkeit euphorisch hervorhoben. Lacke, die möglichst sogar aggressiven Chemikalien widerstehen, Kunststoffoberflächen mit perfekter Kratzbeständigkeit (wie die Resorcinharzbeschichtungen vieler Möbel), Lösemittel mit so geringem Reaktionsvermögen, daß sie nicht einmal von den Geruchsrezeptoren unserer Nase wahrgenommen werden (wie die hochgelobten synthetischen Isoparaffine, die ihre Reaktionsträgheit sogar im Namen tragen: ohne Neigung, ohne Affinität zu irgendetwas). All diese wunderbar reaktionsträgen und haltbaren Stoffe wachsen sich in einer endlichen Welt zum Problem aus. Sie stören die stoffliche Balance unseres Globus nicht nur auf der Seite der Produktion, sondern widersetzen sich auch hartnäckig ihrer Dekomposition.

Aber selbst da, wo durch eine chemisch herausgezüchtete relativ leichte biologische Abbaubarkeit bereits in kurzer Zeit nur noch Kohlendioxid und Wasser hinterbleiben, sind die Stoffe nicht ›aus dem Sinn‹: Das wären sie nur, wenn sie nach dem Gebrauch genau dahin zurückkehren würden, wo sie ihren Ausgang genommen hatten. Dies allerdings ist allen chemischen Produkten und ihren Rest- und Abbauprodukten, die aus Erdöl oder anderen fossilen Kohlenstoffträgern erzeugt worden waren, versagt: Nie hat man jemanden dabei beobachtet, daß er die Mineralstoffe, zu denen auch die haltbarsten Polyurethanprodukte eines Tages zerfallen, wieder in Erdöl zurückverwandelt hätte (abgesehen davon, daß dieses Ansinnen Unmengen von Energie kosten

Kreisschluß: bei Petrochemie unmöglich

würde, die wiederum durch Verbrennung von Erdöl oder Kohle zur Verfügung gestellt werden müßte).

Schon gar ist niemand dabei beobachtet worden, daß er ein solches zumindest theoretisch wieder zurückgebildetes Erdöl dann dahin gebracht hätte, wo es hingehört: in die Bohrlöcher der Erdöllagerstätten. Die Realität ist eine andere: die Abbauprodukte verbleiben in der Umwelt, kehren nicht an den Ort ihrer Entstehung zurück, befrachten unsere Welt mit einem steigenden Pegel von Rückständen - und seien diese Rückstände auch so ›unauffällig‹ deponiert wie das Abbau- oder Verbrennungsprodukt Kohlendioxid in unserer Atmosphäre, deren Gehalt daran unaufhörlich steigt. Anders als die Natur, die ihre Stoffproduktion seit Jahrmillionen in perfekt geschlossene Kreisläufe integriert und so die Bildung von Sondermülldeponien verhindert hat, besitzt die Harte Chemie auf der Basis fossiler Rohstoffträger grundsätzlich ein offenes Ende. Erdöl wurde zu Polyurethan, Polyurethan wurde zu Kohlendioxid, Wasser und Nitraten, aber aus letzteren wurde niemals wieder Erdöl.

Das Gesamtbild: Die ›Petrochemische Schlange«

Der Lebensweg des Polyurethans von der Wiege bis zur Bahre, wie er in den vorangegangenen Abschnitten dargestellt wurde, ist sowohl hinsichtlich der wesentlichen Stationen als auch sehr vieler Details, bis hin zu manchen der durchlaufenen Zwischenprodukte, repräsentativ für sehr viele wichtige chemische Alltagsprodukte. Im nächsten Kapitel, in dem eine Reihe anderer Produkte der Harten Chemie beispielhaft aufgeführt sind, tauchen trotz ganz anderer Produktarten Zwischenprodukte wieder auf, die wir schon bei der eingehenden Diskussion der Polyurethan-Produktlinie kennengelernt hatten.

Diese Ähnlichkeit in den Produktlinien von Ergebnissen der Harten Chemie legt es nahe, das Gemeinsame in eine zusammenfassende und übersichtliche graphische Darstellung von Lebensläufen petrochemisch produzierter Alltagsprodukte zu bringen. Charakteristisch für eine solche Darstellung, wie sie in der folgenden Abbildung zu sehen ist, sind dabei folgende Punkte:

Alles aus einem Rohstoff

a) Es beginnt stets beim Erdöl als Primärrohstoff der synthetischen Herstellung organischer Gebrauchschemikalien. Dieser Rohstoff ist nicht erneuerbar, seine baldige Erschöpfung ist absehbar und bereits für die Generation der jetzt lebenden Kinder unausweichliche Realität; bei seiner Gewinnung und seinem Transport kommt es zu zahllosen schweren Umweltbelastungen und -schädigungen, er ist in seinen stofflichen Eigenschaften sehr weit entfernt von den Eigenschaften der Zielprodukte und bedarf daher gravierender stofflicher Umwandlungsprozesse unter hohem Energieaufwand.

b) Es werden eine Vielzahl von Stationen vom Rohstoff zum Endprodukt und von diesem zu den Abbauprodukten durchlaufen. Die Produktlinie ist dadurch stark anonymisiert und unübersichtlich.

c) Wesentliche Stationen der Produktlinie bestehen aus organischen Zwischenprodukten, bei denen es sich meist um extrem reaktionsfähige, giftige, äußerst umweltschädliche Substanzen mit außerordentlichen Risiken

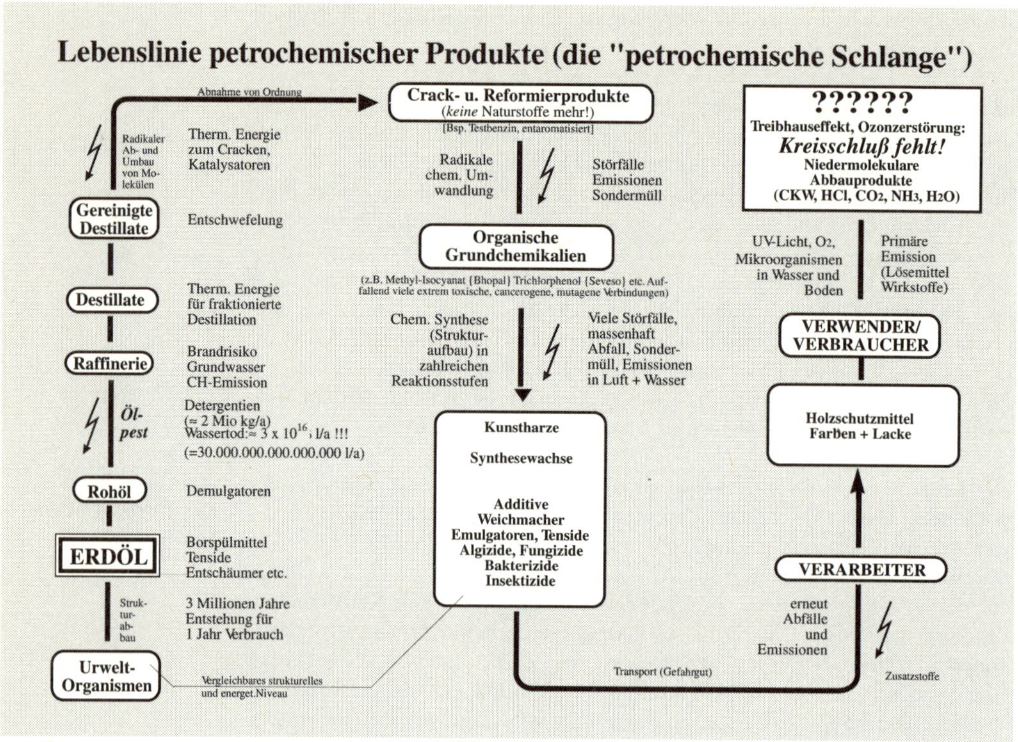

Abb. 3: Die petrochemische Schlange

im Normalbetrieb und vor allem im Störfall (wie etwa in Bhophal geschehen) handelt.

c) Die am Schluß der Produktlinie resultierenden stofflichen Hinterlassenschaften schließen sich nicht wieder an die primären Rohstoffe an: Kein Kreisschluß. Durch dieses offene Ende der Lebenslinie wirkt die petrochemische Schlange wie eine ständig laufende Pumpe, mit welcher große Mengen fossilen Kohlenstoffs ununterbrochen von den in Millionen Jahren aufgebauten Lagerstätten irreversibel in die Biosphäre gefördert werden.

d) Die Produktlinie weist an jeder Station Seitenwege auf, die Abfall- und Reststoffe sowie Nebenprodukte bedeuten. Die Vielgliedrigkeit der Kette bedingt dabei eine quantitative Akkumulation der Abfallprodukte (welche mengenmäßig bei vielen Prozessen das eigentliche Zielprodukt weit übertreffen) und in qualitativer Hinsicht eine unübersehbare Vielfalt der unterschiedlichsten Reststoffe, die sich jeder analytischen oder gar ökotoxikologischen Kontrolle entziehen.

Die Seitenwege der Abfallstoffe

e) Die Einzelstationen der Produktlinie sind räumlich und technisch zumeist sehr weit voneinander entfernt: Hohe Transportaufwendungen, wenig informative Durchlässigkeit von einer Station zur anderen, kaum Bewußtsein des Gesamtbildes und der Gesamtbelastungen über die vollständige Produktlinie hinweg sind die Konsequenzen.

f) Zahllose Gebrauchsprodukte mit sehr unterschiedlichen Eigenschaften besitzen das gleiche Grundmuster ihrer Lebenslinie: dadurch wird die enorme Abhängigkeit unserer chemischen Industrie von nur wenigen, ›harten‹ verfahrenstechnischen Grundoperationen deutlich, die eine Konversion wegen ihres Monopolcharakters und ihres Beharrungsvermögens sehr erschweren.

Die Tatsache der Nichtgeschlossenheit dieser allgemeinen Produktlinie petrochemischer Produkte ergibt insgesamt ein charakteristisches Bild: Eine vielgliedrige Kette mit einem Anfang und einem Ende, die insgesamt an eine sich fortringelnde Schlange erinnert und deshalb nach einem Vortrag, bei welchem der Autor das Bild erstmals verwendet hatte[71], spontan die plakative Bezeichnung ›Die petrochemische Schlange‹ erhielt. Das Bild ist seither in zahlreichen Vorträgen verwendet worden und stieß bei den Zuhörern jeweils auf sehr großes Interesse. Auch ›aufgeklärteren‹ Teilnehmern waren die stofflichen Zusammenhänge der petrochemischen Schlange, die unsere moderne Industrie- und Konsumgesellschaft wie in einem Würgegriff umklammert, bislang nicht in dieser Konsequenz klar gewesen. Inzwischen ist das Symbol der petrochemischen Schlange auch zu filmischen Ehren gekommen: ein österreichischer Umweltjournalist hat sie als ›Toxa, die petrochemische Schlange‹ zur wichtigen Akteurin in einem Zeichentrickfilm für die Umweltaufklärung an österreichischen Schulen gemacht.[72]

Industriegesellschaft im Würgegriff

Weitere Beispiele für Produkte der Harten Chemie

Azofarbstoffe: Schön bunt, aber ein Lebensweg voller Risiken

Daß Polyurethan kein Produkt mit besonders herausragend negativer Produktlinie darstellt, sondern lediglich etwas Typisches repräsentiert, ergibt sich aus dem folgenden Schema, in welchem die Stoffbiographie eines roten Farbstoffes abgebildet wird, der zur Gruppe der weltweit am häufigsten eingesetzten Farbstoffe gehört: der sogenannten Azofarbstoffe. Daß es sich dabei keineswegs um eine marginale Randchemikalie handelt, belegen die produzierten Mengen: allein in Deutschland werden pro Jahr nicht weniger als 200 Millionen Kilogramm Azofarbstoffe produziert![73]

Wie aus der Graphik (Abb.4) sofort erkennbar ist, steht die Synthese von Azofarbstoffen hinsichtlich der Vielgliedrigkeit der aufeinanderfolgenden Prozeßschritte sowie hinsichtlich der Gefährlichkeit der eingesetzten reaktiven Zwischenprodukte dem Polyurethan nicht wesentlich nach. Wir treffen auch einen ›alten Bekannten‹ wieder: Nitrotoluol gehört ebenso zur Produktlinie von Polyurethan wie zu der des betrachteten Azofarbstoffes, obwohl die chemischen und physikalischen Eigenschaften der jeweiligen Endprodukte kaum unterschiedlicher sein könnten.

Das Beispiel des Azofarbstoffes kann aber noch einen weiteren Aspekt verdeutlichen: Hinter jedem Schritt, der in der gezeigten Graphik (als einer ohnehin schon stark abstrahierenden Darstellung) einfach und unkompliziert wirkt, steckt in Wirklichkeit wiederum ein komplexer chemischer Ablauf mit

Abb.4: Produktlinie Azofarbstoff

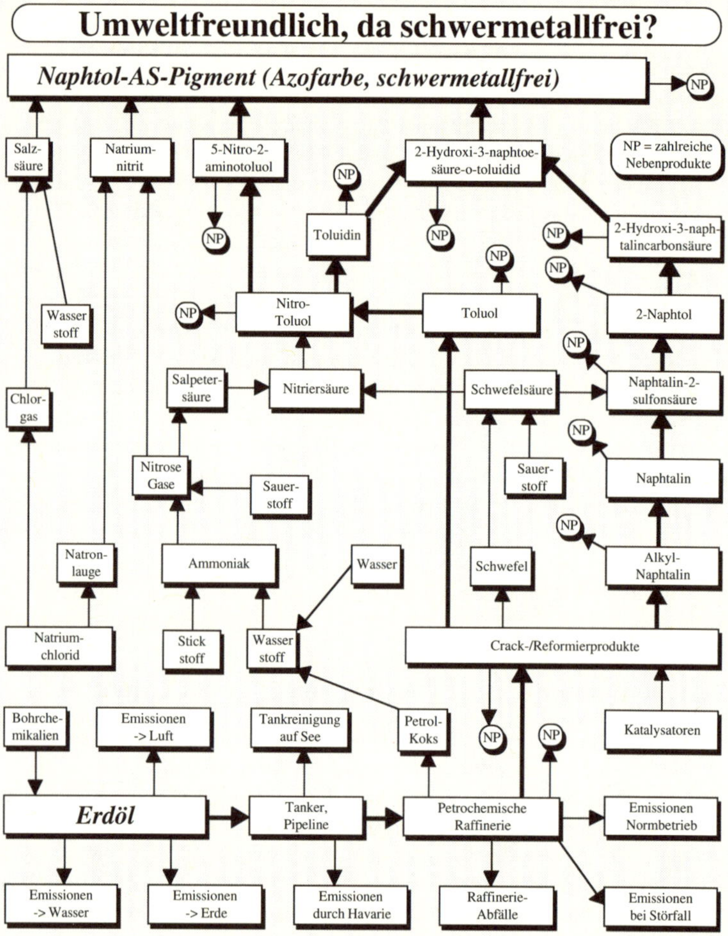

einer Vielzahl unterschiedlicher Stoffströme, Reaktionsbehälter, Rohrleitungen, Mischaggregate, Apparaturen zur Erzeugung, Zufuhr und Abfuhr von Wärme etc. Als Beispiel sei der Weg vom Naphtalin zum 2-Naphtol oder β-Naphtol (auf der rechten Seite der Abb.4) herangezogen. Die Herstellung dieses 2-Naphtols ist in einem Handbuch der chemischen Technologie in einem Fließschema dargestellt worden, das diese enorme Komplexität eindrucksvoll belegt (Abb.5). Und wohlgemerkt: es geht hier nur um einen von zahlreichen Reaktionsschritten auf dem Weg vom Erdöl zum roten Farbstoff!

Trotz aller Komplexität des Schaubildes sollte aber auch hier wieder bedacht werden, daß es sich um eine zwar detailliertere, aber immer noch hochgradig abstrakte Darstellung der Realität handelt. Wenn in der Graphik einzelne Ströme lakonisch mit ›Verbrennung‹, ›Abwasseraufbereitung‹,

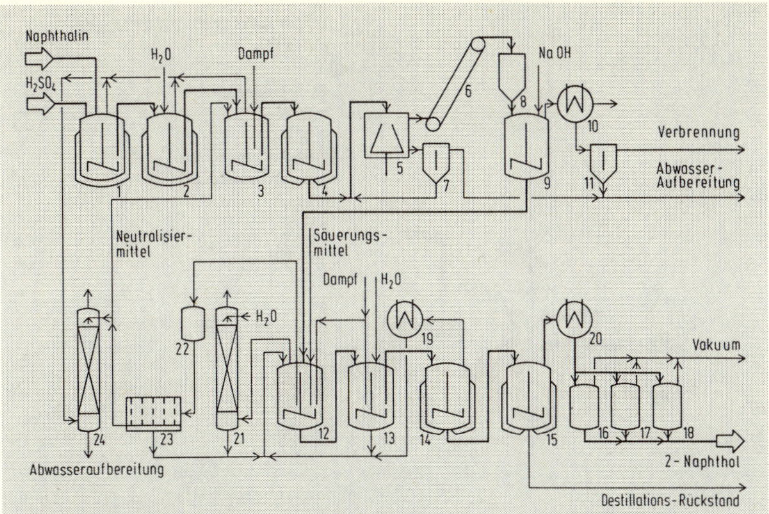

Herstellung von 2-Naphthol
1 Sulfonier-Reaktor, 2 Hydrolyse-Apparat, 3 Neutralisierer, 4 Kristallisierer, 5 Zentrifuge, 6 Förderband, 7, 11 Abscheider, 8 Bunker, 9 Schmelz-Reaktor, 10 Kondensator, 12 Löse- und Neutralisierungsapparat, 13 Wäscher, 14 Apparat zur Produktentwässerung, 15 Destillierblase, 16, 17, 18 Destillat-Vorlager, 19, 20 Kondensatoren, 21, 24 Absorber, 22 Dosiergefäß, 23 Filterpresse

Abb.5: Anlagenschaltbild der Herstellung von 2-Naphtol aus Naphtalin

(Quelle: Winnacker, Küchler: Chemische Technologie. München: Hanser [1986], Band 6, S. 258)

›Destillationsrückstand‹ etc. bezeichnet sind, dann verbirgt sich hinter diesen Bezeichnungen nichts anderes als die zahllosen Stoffströme, die bereits in diesem kleinen Einzelschritt nicht zum gewünschten nächsten Zwischenprodukt 2-Naphtol führen, sondern aus der Anlage heraus und in die Umwelt hinein.

Unmengen Abfall für wenig Produkte

Schließlich soll als letzter Aspekt auch die quantitative Seite der Sondermüllentstehung in der chemischen Industrie noch am Beispiel des Azo-Farbstoffes aufgezeigt werden. Genaue Mengenbilanzen über die stofflichen Ströme bei chemischen Synthesen werden selten veröffentlicht. Es war daher ein Glück, daß einer der drei Großen der Chemieindustrie vor einigen Jahren wenigstens für die letzten Schritte der Synthese eines Azofarbstoffes eine solche Materialflußbilanz veröffentlichte. Aus dieser Veröffentlichung haben die Redakteure des Öko-Test-Magazins eine eindrucksvolle Graphik [Abb.6] entwickelt, in welcher neben den Materialflüssen auch die jeweils fließenden Mengen ersichtlich werden.[74]

Die Konsequenz aus der Abbildung ist erschütternd: Zur Herstellung von nur 100 kg des gewünschten Farbstoffes wird in Kauf genommen, daß nicht weniger als 768 kg Abfälle und Nebenprodukte anfallen! Wenn nun noch bedacht wird, daß es sich ja hierbei nicht um die Abfall-Mengenbilanz des gesamten Produktes handelt, sondern lediglich der letzten Schritte in der Synthese (ohne die Produktion der eingesetzten Vorläufersubstanzen wie Toluol, Naphtalin, Anilin etc.), stellt sich unwillkürlich die Frage, wie diese

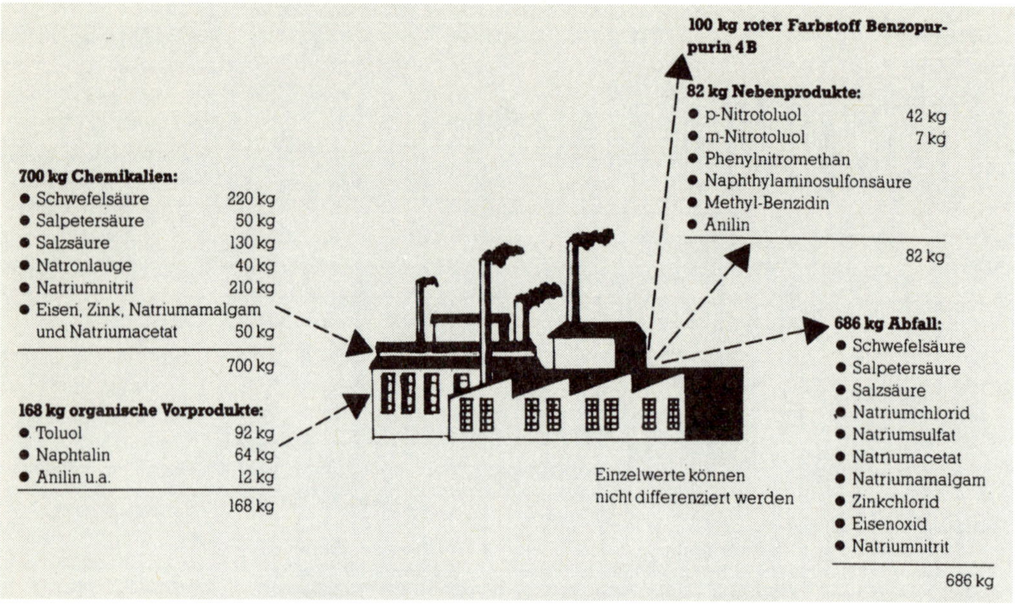

Abb.6: Materialfluß bei der Herstellung von 100 kg rotem Farbstoff ›Benzopurpurin 4 B‹
(Quelle: »Ökotest«, 6/87, Seite 11)

Gesamtbilanz, vom Erdöl an gerechnet, wohl aussehen mag. Da schon auf einer (von mindestens einem Dutzend) Stufen ein Abfall/Produkt-Verhältnis von fast acht zu eins gegeben ist, ist durchaus denkbar, daß bei einem solchen Produkt und vergleichbaren Produkten der Harten Chemie durch die Bildung von einem Kilogramm Zielprodukt Dutzende und mehr Kilogramm Abfälle und Nebenprodukte in die Welt gesetzt werden.

Zwar sind einige der Nebenprodukte in weiteren Produktionsprozessen wieder verwendbar, aber dazu müssen sie zunächst aufwendig abgetrennt und gereinigt werden, wozu wiederum viel Energie notwendig ist. Zum anderen ist die Weiterverwendbarkeit bestimmter Nebenprodukte noch kein Beleg dafür, daß diese Weiterverwendung auch sinnvoll ist: zu vielfältig sind die Beispiele, nach denen Nebenprodukte von bestimmten Reaktionen zu sinnlosen, umweltschädlichen Endprodukten verarbeitet werden, nur um die hohen Entsorgungskosten zu sparen. Abfallprodukte werden einfach als Wirtschaftsgüter deklariert - ein Verfahren, das ebenso beliebt wie unausrottbar zu sein scheint.

Umweltzeichen trotz Abfall-Groteske

Das Beispiel ›Azopigment‹ mit seiner geradezu grotesken Abfallbilanz ist um so pikanter, als solche Azopigmente dazu herhalten müssen, bestimmten Produkten auch noch zu besonderen ökologischen Auszeichnungen zu verhelfen. Die Rede ist von Lacken, die mit dem Umweltzeichen der Vereinten Nationen ausgezeichnet werden. Eines der Kriterien zur Vergabe dieses Blauen Engels an einen Decklack ist die nachzuweisende Tatsache, daß die verwendeten Pigmente kein Blei enthalten. Azopigmente können diesen Nachweis für sich leicht in Anspruch nehmen: als organische Substanzen enthalten sie von Haus aus schon keinerlei Blei. Also ermöglicht die Verwendung von rotem

Azofarbstoff in einem Lack - neben einem anderen Kriterium - die Vergabe des werbewirksamen Zeichens der Vereinten Nationen an das Produkt - denn es ist ja bleifrei. Kein Verbraucher wird auf die Idee kommen, daß ausgerechnet die Pigmentiereung eines solchen umweltfreundlichen Produktes mit einem Farbstoff erfolgt, der ausschließlich aus nichtregenerativen Rohstoffen erzeugt wird und zu dessen Produktion unter anderem große Menge der hochbrisanten, äußerst giftigen und krebserzeugenden Chemikalie Nitrotoluol gebraucht werden. Nebenbei wirft dieses Beispiel ein bezeichnendes Licht auf die die Kriterien, nach denen heute Umweltsignets verliehen werden.

Biozide: Tödlich schon vor dem Gebrauch - und noch lange danach

Als weiteres Beispiel für ein charakteristisches Produkt der Harten Chemie soll ein handelsübliches, noch dazu als besonders bienenfreundlich ausgelobtes Insektizid vorgestellt werden: Endosulfan (Abb.7).

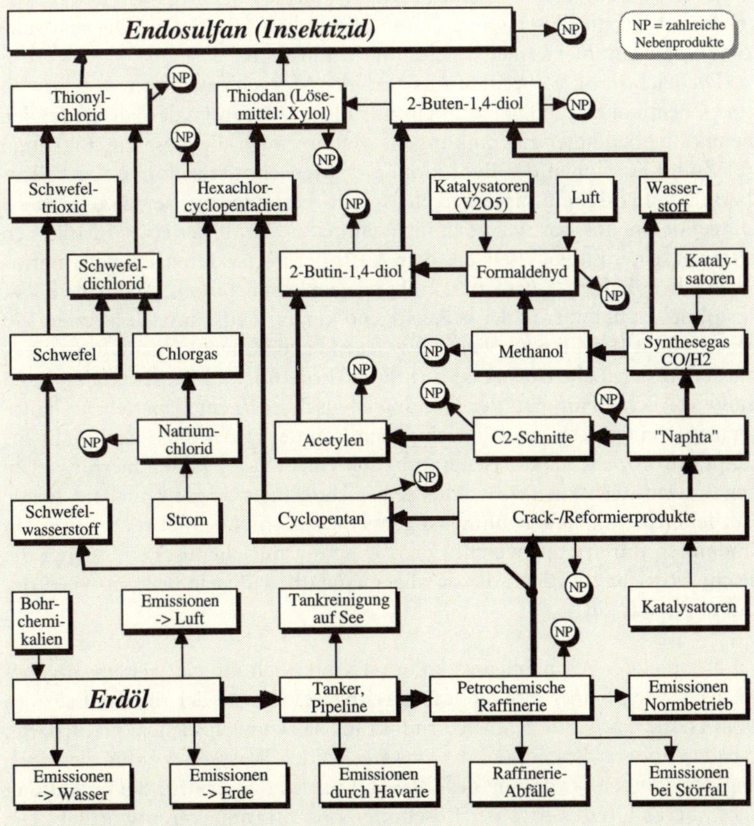

Prozeßketten des Biozids Endosulfan (enthalten in der Positivliste des RAL-Gütezeichens Holzschutz ["Zeichen, die sicher machen"])

Abb.7: Prozeßketten des Biozids ›Endosulfan‹

Auch die Produktlinie des Endosulfans ist wieder ein Beispiel dafür, wie hochreaktive Zwischenprodukte (Schwefeltrioxid, Thionylchlorid, Chlorgas, Hexachlor-Cyclopentadien, Formaldehyd) eingesetzt werden, um in zahlreichen Reaktionsschritten zum gewünschten Endprodukt zu gelangen. Endosulfan war im übrigen jahrelang Bestandteil der Positivliste zugelassener Wirkstoffe für alle die Holzschutzmittel, die das RAL-Gütezeichen erhalten konnten. Geworben wurde für Produkte mit solchem Gütezeichen bekanntlich unter dem Slogan: ›Zeichen, die sicher machen ...‹.

Biozide als ›Umweltengel‹?

Das Beispiel des Biozids Endosulfan weist aber noch auf eine andere Problematik hin. Die ausdrückliche Kennzeichnung der daraus hergestellten Insektizide als ›nützlingsschonend‹ verleitet viele Anwender zu der Annahme, es handele sich hier um ein besonders umweltfreundliches Präparat. Viele Menschen vertrauen angesichts der Flut toxischer Chemikalien in unserer Umgebung darauf, der menschliche Organismus wie der Organismus der Erde werde sich an diese Belastung schon allmählich gewöhnen. Die kritische Toxikologie läßt hier keinen Spielraum für Illusionen[75]:

»Die leichtfertig verbreitete Ansicht, ›der Mensch gewöhnt sich schon an seine Chemikalien‹, mißachtet nicht nur die ... Alarmsignale sich häufender, chemikalienbedingter Erkrankungen, sondern auch die Gesetzmäßigkeiten und Zeitdimensionen der Evolution: Der Mensch, der sich in eitler Selbstüberschätzung ›Homo sapiens sapiens‹ (der ›besonders weise, kluge Vorausschauende‹) nennt, hat sich noch nicht einmal im Laufe der etwa 4 Millionen Jahre seit seiner Entwicklung aus dem Australopitecus afarensis an alle natürlichen Chemikalien, ›Giftstoffe‹, krebserregende Substanzen, Allergene u.s.w. ›gewöhnt‹. Er hat aber in der beängstigend kurzen Zeitspanne der letzten 150 Jahre (!) bald 10 Millionen weit überwiegend neue Chemikalien synthetisiert, mit denen sich Lebensprozesse auf dieser Erde noch nie auseinandersetzen mußten. Auch wenn man der Gattung Mensch noch eine Überlebenschance sogar von einigen tausend Jahren geben könnte, reicht diese Zeit nicht für Adaptionsprozesse, da die Generationszeit von etwa 25 Jahren hierfür viel zu lang ist. Dem Menschen wird daher sein leichtfertiger Umgang mit der Chemie zum lebensgefährlichen Bumerang, wenn sich nicht noch rechtzeitig ein Umdenken durchsetzt, welches dem Umgang mit chemischen Stoffen die gleiche Vorsicht zuordnet, die im allgemeinen Bewußtsein beispielsweise der Radioaktivität gilt.«

Acrylate: Die Illusion vom ›umweltfreundlichen Wasserlack‹

Das Beispiel des Azopigmentes kann passend noch um ein weiteres ergänzt werden. War es einerseits die unbestreitbare Tatsache der ›Bleifreiheit‹ des Azorots, die das damit gefärbte Produkt für das Umweltzeichen qualifizierte, so ist ein anderer Bestandteil des entsprechenden Wasserlackes für die Erfüllung der anderen Forderung des ›Blauen Engels‹, nämlich für die Einhaltung eines oberen Grenzwertes der Lösemittelkonzentration, verantwortlich. Die meisten wasserverdünnbaren Lacksysteme basieren auf dem Bindemittel vom Typus Acryl-Styrol-Copolymerisat. Daß bei der Synthese dieses vermeintlich so umweltfreundlichen Bindemittels auch wieder eine ganze Palette extrem

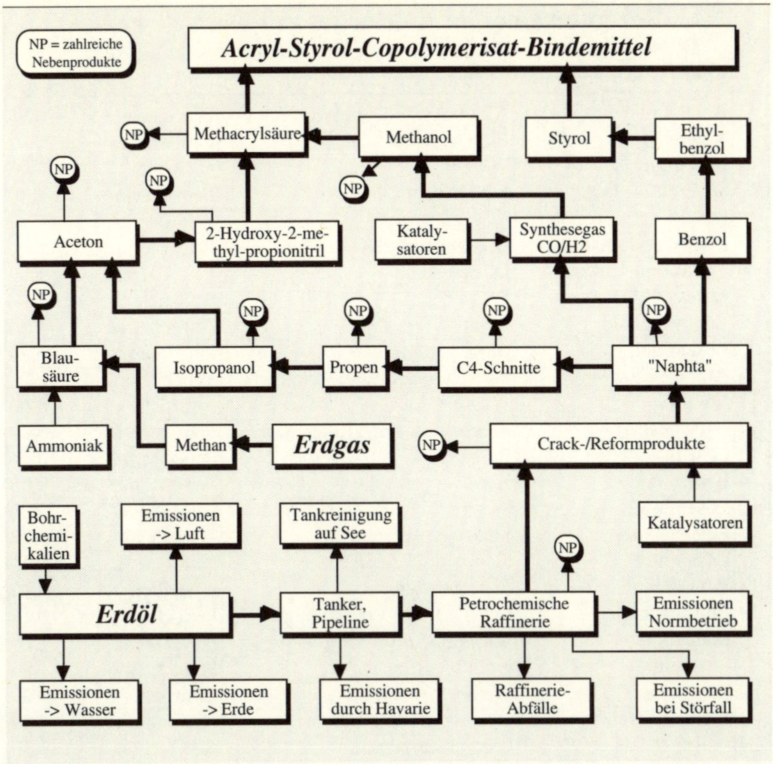

Abb.8: Prozeßketten zur Herstellung eines Acrylat-Bindemittels

giftiger Gefahrstoffe, vom Benzol bis zur Blausäure, eingesetzt werden, zeigt die Abbildung 8.

Als Beleg für die Richtigkeit und Aktualität der Aussagen zum Thema ›umweltfreundlicher Lack‹ und als weiterer Hinweis dafür, daß vermeintliche ökologische Verbesserungen von Produkten nicht unbedingt zu einer Verringerung der Zahl an eingesetzten Chemikalien führt, sei in Abbildung 9 eine typische Rezeptur eines solchen Wasserlacks abgebildet.

Synthetische Tenside: Die verborgenen Pfade der Chlorchemie

Als letztes Produkt der Harten Chemie soll hier noch die Produktlinie des synthetischen Tensids vorgestellt werden, das nach wie vor das ›Arbeitspferd‹ der Waschmittelindustrie darstellt: LAS (lineares Alkylbenzolsulfonat). Auch hier handelt es sich um alles andere als ein Randprodukt der chemischen Industrie: weltweit werden von dieser Tensidart pro Jahr 1,5 Milliarden Kilogramm synthetisiert.[76]

Bemerkenswert und charakteristisch für die Stoffbiographie dieses Tensides ist die Tatsache, daß es selbst zwar kein chloriertes Molekül ist, der Syntheseweg jedoch über Dodecylchlorid und damit über einen klassischen Chlorkohlenwasserstoff verläuft. Sicher ahnen nur wenige Verbraucherinnen und Verbraucher, die ein Waschmittel unter dem Slogan ›besser abbaubar, als

Abb.9: Rezeptur Wasserlack mit Umweltzeichen

Rezeptur eines Wasserlackes mit Umweltzeichen
(Basisdaten: realistische Modellrezeptur des Umweltbundesamtes)

Nr.	*Funktionsbezeichnung*	*Chemische Bezeichnung*	*Quelle*	*Geh. (%)*
1	Bindemittel	Acryl-Styrol-Copolymerisat	Petrochemie	20,98
2	Monomere	Monostyrol	Petrochemie	0,02
2	Lösemittel	Wasser	natürlich	47,00
3	Lösemittel	1,2-Propandiol	Petrochemie	2,10
4	Lösemittel	Ethandiol	Petrochemie	2,70
5	Filmbilde-Hilfsmittel	Diisobutylester-Gemisch	Petrochemie	1,00
6	Thixotropiermittel	Diurethan	Petrochemie	1,80
7	Lösemittel	Wasser	natürlich	7,40
8	Lösemittel	Butanol	Petrochemie	1,10
9	Lösemittel	Butoxyethylacetat	Petrochemie	0,70
10	Antiausschwimmmittel	Phosphorsäureester-Aminsalz	mineralisch	0,20
11	Lösemittel	Wasser	natürlich	0,60
12	Entschäumer	Siliconemulsion (Emulgator?)	Petrochemie	0,20
13	Lösemittel	Benzin	Petrochemie	0,34
14	Lösemittel	Xylol	Petrochemie	0,06
15	Lösemittel	Wasser	natürlich	0,20
16	Entschäumer	Silikone	Petrochemie	0,20
17	Lösemittel	nicht spezifiziert	Petrochemie	0,10
18	Entschäumer	Fettsäurester	pflanzlich	0,10
19	Entschäumer	oxoalkylierte Verbindungen (?)	Petrochemie	0,10
20	Pigment (rot)	Azopigment (bleifrei)	Petrochemie	2,60
21	Lösemittel	nicht spezifiziert	Petrochemie	1,90
22	Lösemittel	Wasser	natürlich	0,30
23	Pigment (weiß)	Titandioxid (Verfahren?)	mineralisch	4,80
24	Füllstoff	Calciumcarbonat	mineralisch	3,30
25	Konservierungsmittel	N-Methylolchloracetamid	Petrochemie	0,05
26	Konservierungsmittel	Isothiazolinon-Derivate	Petrochemie	0,05
27	Lösevermittler	nicht spezifiziert	Petrochemie	0,0996
28	Konservierungsmittel	Formaldehyd	Petrochemie	0,0004
	Summe			*100,00*

das Gesetz es vorschreibt‹ erwerben, daß sie hier ein Produkt aus dem direkten Zusammenhang der Chlorchemie erworben haben - ebensowenig wie sie vermuten würden, daß an der Synthese des Hauptinhaltsstoffes ihres Waschmittels der Krebsauslöser Benzol gleichrangig beteiligt ist.

Nicht abbaubar im modernen Klärwerk

Hinsichtlich des Charakters von LAS als einer ›harten‹ Chemikalie kommt zur Beurteilung noch hinzu, daß es zwar unter Luftzutritt relativ leicht abbaubar ist, nicht jedoch unter Luftabschluß, d.h. anaeroben Bedingungen, wie sie beispielsweise im Faulturm des Klärwerks oder in tieferen Bodenschichten anzutreffen sind. Daß LAS, das als rein petrochemisches Tensid in vollem Umfang vom Erdöl, dessen baldiger Erschöpfung und den zahllosen umweltschädigenden Gewinnungs-, Transport- und Verarbeitungsbedingungen abhängt, rundet das Gesamtbild nur noch ab.

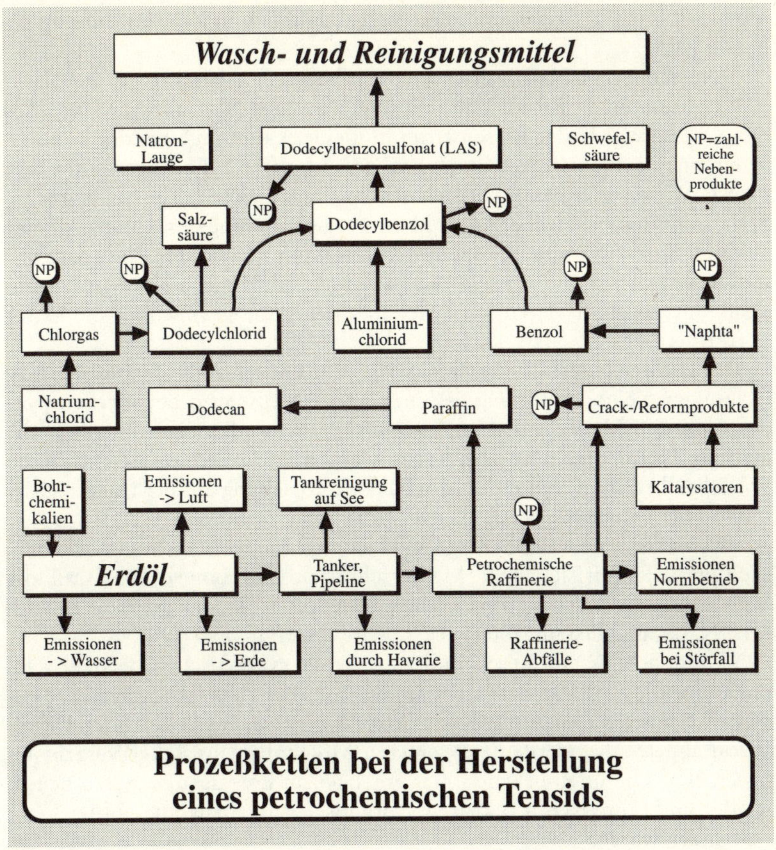

Abb.10: Prozeßketten bei der Herstellung von LAS

Harte Chemie im Vergleich mit anderen harten Technologien

Imperialistische Eroberungsfeldzüge gegen die Natur: ›Teile und Herrsche«

Es gehört zum Wesen der modernen Hochtechnologien, ›aufs Ganze‹ zu gehen. Dieses Ganze ist stets das Objekt aller Bemühungen gewesen, die Strategien, Verfahrensweisen und Produkte der Natur verbessern zu wollen.

Es führt zu einer verblüffenden Erkenntnis, wenn man die Grundsatzmethoden der Harten Chemie mit denen anderer moderner Hochtechnologien (Kernenergie, Gentechnologie und Informationstechnik) vergleicht. Man entdeckt auch bei jenen als Initialschritt immer einen Prozeß des Zerteilens oder des Spaltens, mit anschließender Neukombination der Spaltprodukte zu naturfremden Einheiten. Wieder war es der scharfblickende und die Zusammenhänge in den Wissenschaften feinsinnig aufspürende Chargaff, der diese Primär-Zerteilungen mit dem alten römischen Herrschaftsprinzip des

›divide et impera‹ (›teile und herrsche‹) gedanklich in Zusammenhang gebracht hat[77]:

Die Fragmentierung der Natur

»[Die modernen Naturwissenschaften] haben dem Kontinuum der Natur ... gleichsam einen Raster oder ein feinmaschiges Netz aufgezwängt. Auf diese Weise wurde der Riesenstrom in kleine, kaum miteinander kommunizierende Bächlein aufgeteilt, so daß der Angriff auf die Natur unter dem Motto ›Divide et impera!‹ vor sich gehen konnte. Diese Form von Naturimperialismus hat eine früher undenkbare Fragmentierung der Natur zur Folge gehabt. Eine zusammenhängende Vorstellung ... von der Natur ist uns mithin unwiderruflich versagt; wir haben nur ein Riesenalbum von unzähligen Naturbildern, deren jedes viel eher den Photographen als die Natur portraitiert.«

Der Dichter Novalis hatte bereits vor dem Entstehen der heutigen Hochtechnologien eine Vorahnung dessen, was der Menschheit bevorstehen würde, wenn die Mentalität des gleichmütig sezierenden Anatomen auf die gesamte Naturforschung übertragen werden würde. Er vergleicht die im Entstehen begriffene reduktionistische Naturforschung mit der früheren Methode einer teilnehmenden Beobachtung in den folgenden Worten[78]:

Der Tod der ›freundlichen Natur‹

»Wenn diese mehr das Flüssige und Flüchtige mit leichtem Sinn verfolgten, suchten jene mit scharfen Messerschnitten den innern Bau und die Verhältnisse der Glieder zu erforschen. Unter ihren Händen starb die freundliche Natur, und ließ nur tote, zuckende Reste zurück... «

Worum geht es - im Kern - in der modernen synthetischen Chemie? Rein phänomenologisch gesehen, steht am Beginn jeder chemischen Synthese immer ein Schritt der Spaltung. Komplexere Moleküle, aus Erdöl durch Destillation abgetrennt, werden zu kleineren Molekülbruchstücken verarbeitet (›gecrackt‹) und anschließend unter erheblichem Energieaufwand zu neuen, wiederum komplexen Strukturen synthetisch aufgebaut, die vorher nicht vorhanden waren.

Über die gedanklichen Voraussetzungen, die Methoden und Folgen dieser chemischen Spaltungen und Neukombinationen ist hier an vielen Stellen berichtet worden.

Chargaff hat diesen Aspekt noch auf eine andere Weise mit dem alten Namen der Chemie: ›Scheidekunst‹ - in einen interessanten Zusammenhang gebracht[79]:

»Nicht umsonst hieß die Chemie ... in alten Zeiten die Scheidekunst, denn sie ist die Lehre von den reinen Stoffen. ... Reinheit erfordert Trennung; aber in der Natur herrscht der Begriff der Reinheit nicht: in ihr ist alles miteinander verflochten. Auf den ersten Blick würde man daher sagen, daß die Chemie eine unnatürliche, dem Leben fremde Wissenschaft ist, die, was die Natur zusammengetan hat, auftrennen oder zerreißen muß.[80]«

Die Spaltung der nuklearen und biologischen Individualität

Auch bei der Atomenergienutzung ist der Primärschritt die Spaltung einer natürlichen Individualität: durch moderierte Neutronen werden Atomkerne von instabilen Uranisotopen in zwei Bruchstücke gespalten, wobei Energie und weitere Neutronen frei werden. Zahlreiche Aspekte der Sanften Chemie werden einleuchtender und plausibler, wenn man die naheliegende Analogie zur Atomtechnologie heranzieht. So ist das Problem des Atommülls als Hinterlassenschaft der angeblich so sauberen Technologie direkt vergleichbar mit dem unvermeidlichen Sondermüllaufkommen im Bereich der Harten Chemie.

Das neueste von der Spaltungsfront

Keiner der naturwissenschaftlichen Basisbezirke bleibt von der Sucht der Menschen zur Produktion neuer, naturfremder Individuen verschont. Historisch machte die Chemie im vergangenen Jahrhundert den Anfang, dann folgte zur Mitte des 20. Jahrhunderts die Spaltung des Atomkerns, und heute steht mit der Gentechnik eine neue Spaltungstechnologie im Mittelpunkt aller High-Tech-Euphoriker, denen man mit den erkannten Mega-Risiken der Kerntechnik und der Harten Chemie ihre Hoffnungsträger genommen hat. Dabei sollte klar sein, daß mit dem Übergang von der Antastung der Kerne über die Antastung der Moleküle zur Manipulation der genetischen ›Kerne‹ noch einmal ein Quantensprung an Risiko erfolgt[81]. Interessanterweise sind es häufig die großen Chemiekonzerne, die sich über die Gründung gentechnischer Tochterunternehmen am zu erwartenden Boom (vor dem ebenfalls, wie im Bereich der anderen Hochtechnologien, zu erwartenden Katzenjammer) mit den unvergleichlichen Renditeerwartungen der Gentechnik beteiligen und nebenbei auch für den Frust, den ihnen in den vergangenen Jahrzehnten ihr Basisgeschäfts mit seiner immer mehr abnehmenden gesellschaftlichen Akzeptanz verschafft hatte, schadlos zu halten trachten.

Die gentechnische Industrie weiß natürlich nur zu genau, was ihr bevorstände, wenn die kritische Öffentlichkeit ihr zu früh die Aussichten auf blendende Gewinne durch eine unangenehme Hinterfragung der tatsächlichen Risiken verderben würde. Gewitzt durch die Erfahrungen der Chemieindustrie, daß eine nachsorgende Öffentlichkeitsarbeit nicht sehr viel nützt zur Aufbesserung des Images eines Industriezweiges, hat die Genindustrie in den vergangenen Jahren keine Aufwendungen gescheut, die Öffentlichkeit als Geisel für ihre Ziele zu nehmen und ihnen in aufwendigen Kampagnen vorzugaukeln, daß bei einer fortgesetzten Behinderung der Genindustrie in Deutschland zwar nicht die Lichter ausgehen würden, daß man sich stattdessen aber aller Chancen begäbe, im internationalen Wettbewerb auf dem Weg zu entscheidenden Krebs- oder Aids-Medikamenten mithalten zu können.

Hochmodern: PR statt Skrupel

Der Gen-Ethische Informationsdienst, ein Zusammenschluß kritischer Bürger und Wissenschaftler, hat zu dieser Kampagne der Gentechnischen Industrie, die unter dem Slogan lief: ›Ohne Gentechnik verspielen wir in Deutschland ein Stück Zukunft‹, eine Gegenkampagne gestartet, in der die entscheidenden Argumente für Gentechnik durch geringfügige sprachliche Abwandlung entlarvt und in ihr Gegenteil verkehrt werden. Im folgenden stammt jeweils der erste Satzteil aus der Pro-Gentechnik-Kampagne, der zweite Halbsatz wurde von den Kritikern ergänzt[82]:

»Die Gentechnik hat zentrale Bedeutung ... *für die Anpassung des Menschen an zerstörerische Arbeitsbedingungen und an eine vergiftete Umwelt, für die Anpassung der ›mangelhaften‹ Natur an unser ›perfektes‹ Wirtschaftssystem und für die Umformung der Landwirtschaft zu einem Anhängsel der Großindustrie. Die Gentechnik ist der Schlüssel ... zur Schaffung einer ›zweiten Natur‹, die künstlich in den Laboren zusammengeklont wird, während die erste, ursprüngliche Natur den Tod durch Umweltverschmutzung stirbt.«*

Otmar Wassermann wies kürzlich auf die fatalen Verfilzungen zwischen Chemie- und Genindustrie hin, welche die von ihm in bestimmten, eng begrenzten Bereichen durchaus für denkbar gehaltenen positiven Chancen überschatten[83]:

»Gentechnik ... kann segensreich sein, solange sie der Bekämpfung tödlicher Krankheiten, etwa Aids oder Krebs, sowie gewisser Erbkrankheiten dient. Andererseits ist sie eng mit der chemischen Industrie verzahnt. Diese unselige Liaison verfügt über eine entsprechende Wirtschaftsmacht und verfolgt mit großem Einsatz ihre Ziele. Ein Beispiel ist der Kampf um den Weltmarkt mit genmanipuliertem Saatgut. Dabei stört es die Industrieherren nicht, daß zahllose Kleinbauern ihre Existenz verlieren. Auch das ökologische Verbrechen, erst herbizidresistente Pflanzen zu züchten und dann mit der chemischen Keule alles andere Grün auf dem Feld zu vernichten, ficht sie nicht an.«

Kampf um Gentechnik-Weltmarkt

Auf die Zusammenhänge zwischen den Grundprinzipien der Harten Chemie und denen der Gentechnologie sowie auf die bestehenden Alternativen zur gentechnischen Manipulation von Organismen konnte der Autor des vorliegenden Buches im Rahmen einer gutachterlichen Stellungnahme beim Gentechnik-Hearing des Deutschen Bundestages in Bonn hinweisen[84].

Nur als Anregung für weitere eigene Überlegungen sei darauf hingewiesen, daß auch im Bereich der modernen Informationstechnologie das Grundprinzip der Spaltung von Informations-Individuen längst Einzug gehalten hat. Sicher ist es schwierig, hier zu den Hochtechnologien der Physik, Chemie und Biologie gedankliche Verbindungen herzustellen, handelt es sich bei letzteren doch immerhin um ›anfaßbare‹ Kerne, die gespalten werden, während es bei der modernen Informationstechnologie um nichtmaterielle Informationseinheiten geht. Aber doch ist bedenkenswert, ob nicht gerade im Hinblick auf die alles erfüllende Ausbreitung der digitalen Techniken womöglich ähnliche Risiken - jetzt auf informationeller Ebene statt auf materieller - drohen.

Die gesamte Spaltungssucht, vor allem im Bereich der Atom- und Gentechnik, ist wieder durch den Altmeister kritischer Wissenschaft, Erwin Chargaff, in unnachahmlicher Weise beleuchtet worden[85]:

»Niemand fragt mich über solche Dinge, aber ich hätte geantwortet, daß es völlig überflüssig war, das Atom zu spalten. Tausende Jahre sind wir ganz gut mit intakten Atomen ausgekommen. Und was wir von dieser Großtat bisher geerntet haben, war mehr Leukämie als Weisheit. ... Ebenso sage ich, man hätte die DNA in Ruhe lassen sollen, und Rekombination und das weitere Zeug, das nachher kam, hätten in der Wolke des Ungewußten und Unwißbaren bleiben sollen; diese Wolke, die immer noch unendlich viel größer ist als die nicht sehr angenehm riechende Wolke des Wissens, die von der Wissenschaft erzeugt worden ist. Brauchen wir eine veränderte, verbesserte Natur?

Mehr Leukämie als Weisheit geerntet

Ich sage, Nein. Laßt die Finger davon, denn Ihr ahnt nicht, was herauskommen wird. Anstatt neue Spezies zu erzeugen, sorgt dafür, daß die alten nicht aussterben, wie sie es jetzt tun.«

Die Entwicklung einer Kritik an der Harten Chemie

Beginn der Ernüchterung: Erste Warnungen vor den Folgen Harter Chemie

Über das aufrüttelnde Beispiel des Klassikers der Chemiekritik, Rachel Carsons Buch ›Der stumme Frühling‹, ist weiter oben schon berichtet worden. Mitte der 70er Jahre folgte diesem Anstoß eine steigende Flut kritischer Schriften, Projekt- und Aktionsgruppen, die sich mit den Auswirkungen der Harten Chemie auf Mensch und Umwelt befaßten. Anstoß für diese war in vielen Fällen der folgenreiche Chemie-Störfall in der Hoffman-La Roche-Tochtergesellschaft Icmesa in Seveso am 10. Juli 1976, bei der die Reaktionsführung zur Herstellung eines Vorprodukts für das Desinfektionsmittel Hexachlorophen, Trichlorphenol, außer Kontrolle geriet und ein ganzer Landstrich mit den verschiedenen chlorierten Reaktionsprodukten, darunter dem Ultragift Dioxin, verseucht wurde.

Das ganze Verhaltensmuster in seiner Abfolge von Verheimlichung, Verharmlosung und Täuschung lief bereits bei diesem ersten in der Öffentlichkeit breiter wahrgenommenen Störfall ab, wie es sich später in Dutzenden anderer Chemiestörfälle wiederholte. Mit einem aufrüttelnden Buch haben der Journalist Egmont R. Koch und der Chemiker Fritz Vahrenholt 1978 die Ursachen und Folgen dieser Katastrophe in weiteren Kreisen bewußt gemacht - das Buch wurde zum ersten Bestseller kritischer Auseinandersetzung mit der Harten Chemie in Deutschland und ist heute längst ein Klassiker[86].

Wachsendes Bewußtsein: Nahrung ohne Gift

Parallel zu dieser ersten umfassenden Darstellung der Chemierisiken wuchs in immer größeren Bevölkerungskreisen das Bewußtsein für die Notwendigkeit einer naturbelassenen und giftfreien Nahrung. Die Bewegung für den biologischen Landbau, die ihre Anfänge aus Impulsen des Anthroposophie-Gründers Rudolf Steiner (Näheres s. unten) sowie aus der Lebensreform-Bewegung bereits im zweiten Jahrzehnt dieses Jahrhunderts genommen hatte, erlebte eine Renaissance und einen starken Aufschwung. Es kam zur Gründung der ersten Naturkost- und Naturwarenläden, die häufig von Menschen initiiert wurden, die, im Gefolge der 1968er Studentenbewegung und der theoretisch-politischen Auseinandersetzung überdrüssig, nach einer praktischen Umsetzung alternativer Lebensziele suchten.

Diese Bewegung verzeichnete bis zum Ende der 80er Jahre ein sehr starkes Wachstum bis zu schließlich fast 2.000 Läden, die eine weitgehend flächendeckende Versorgung mit Produkten des biologischen Landbaus einigermaßen gewährleisten konnten. Diese Läden wiederum waren dann auch die ersten Handelsquellen für Produkte aus dem sog. Non-Food-Bereich: Naturkosmetika, Naturfarben, alternative Waschmittel, Präparate zur biologischen Pflanzenpflege etc., die in konsequenter Ergänzung zu den biologischen

Lebensmitteln allmählich das Sortiment ergänzten und so zu den ersten Keimzellen der Verteilung von Produkten der Sanften Chemie wurden. Die Motive derer, die mit naturbelassenen Nahrungsmitteln und anderen Naturwaren handelten oder diese konsumierten, waren anfangs sicher zum wenigsten von dem Wunsch nach Förderung einer Sanften Chemie geprägt, sondern eher von dem verständlichen Wunsch nach giftfreier Ernährung, Körperpflege und häuslicher Umgebung.

Von Greenpeace zur SPD: Chemiekritik in Verbänden, Gruppen und Parteien

Parallel zu diesen Initiativen des Handels und der Verbraucher entwickelte sich eine andere, engagierte Bewegung, die sich mit den Folgen der Harten Chemie in sehr öffentlichkeitsbewußter und -wirksamer Weise auseinandersetzte: die Umweltorganisation Greenpeace, deren deutscher Zweig 1980 in Hamburg gegründet wurde und die rasch zu einem Synonym kritischer Auseinandersetzung mit den klassischen Hochtechnologien (Chemie, Atomkraft und Gentechnik) wurde. Am 24. Juni 1981 wurde nach monatelanger minutiöser Vorbereitung eine aufsehenerregende Greenpeace-Aktion bei dem Hamburger Chemiekonzern Boehringer durchgeführt, durch welche erst eine breitere Öffentlichkeit darauf aufmerksam gemacht wurde, daß hier in unmittelbarer Großstadtnähe hochgiftige Chemikalien wie Lindan und 2,4,5-T hergestellt wurden - Chemikalien, mit deren Neben- und Abfallprodukten Boehringer bereits riesige Giftdeponien, aus denen fragwürdige, chemikalienbelastete Sickerwässer und Dämpfe austraten, ›versorgt‹ hatte.

Waren die Greenpeacer und deren spätere Abspaltungen wie Robin Wood eher darauf ausgerichtet, durch spektakuläre Aktionen das Bewußtsein der Öffentlichkeit auf alle die Stoffe zu lenken, die aus den Schornsteinen, Abflußrohren und Sondermülldeponien der chemischen Industrie entweichen, richtete eine andere Institution, der zu Beginn der 80er Jahre gegründete Bund für Umwelt und Naturschutz Deutschland (BUND) sein Augenmerk eher darauf, durch die Erarbeitung einer anderen politischen Prioritätensetzung eine Veränderung der Praktiken der Chemieindustrie zu erreichen. Der BUND prägte zu diesem Zweck im Jahr 1984 den Begriff ›Chemiepolitik‹ und stellte Thesen und Forderungen für eine staatliche Reglementierung der chemischen Produktion auf.[87] Gemäß dieser BUND-Positionen zur Chemiepolitik sollten folgende Hauptforderungen verwirklicht werden: Bei der Produktion soll das Hauptaugenmerk auf einen möglichst geringen Ressourcenverbrauch gerichtet werden, die Herstellungsverfahren chemischer Produkte sollten durch möglichst geringe Umweltbelastung gekennzeichnet sein, die so hergestellten Produkte sollten bei der Verwendung wie der Entsorgung keine gesundheits- und umweltschädlichen Folgen zeigen.

Ein neuer Begriff: Chemiepolitik

Forderungen dieser Art, die weniger auf eine radikale Neuorientierung der Produktion hin zu einer ganz anderen Rohstoffbasis oder zu völlig neuen Verfahrenstechniken zielte als vielmehr auf eine Entschärfung der ›schlimmsten‹ Produktlinien der Chemie, fanden in den folgenden Jahren Eingang in die chemiepolitische Programmatik der im Bundestag vertretenen Parteien, vor allem der SPD. Diese Aufnahme umwelt- und chemiepolitischer Ziele in das

Programm einer der Großparteien erfolgte sicher auch unter dem Eindruck des wachsenden Erfolges der GRÜNEN im Bundestag und auf landes- und kommunalpolitischer Ebene seit 1982. So verabschiedete die SPD im Jahre 1986 ein ›Konzept für eine umwelt- und gesundheitsverträgliche Chemiepolitik‹[88], deren Grundforderungen denen des BUND 2 Jahre zuvor zum Teil bis in den Wortlaut hinein glichen. Erweitert wurden diese um die Forderungen nach Berücksichtigung des sozialen und volkswirtschaftlichen Nettonutzens eines jeden chemischen Produktes, nach einer Verschärfung der Auskunftspflicht für Hersteller von Chemieprodukten, besonders an die betroffene Nachbarschaft, sowie eine allgemeine Kennzeichnungspflicht über die Inhaltsstoffe von Haushaltsprodukten (Volldeklaration). Gefordert wurde zudem eine ›führende Rolle‹ Deutschlands bei der Umstellung der Produkte und Verfahren der Chemieindustrie.

›Sozialer Nettonutzen‹ der Chemie

Diese Punkte, die teilweise wiederum deutliche Anklänge an bereits ältere Zielsetzungen der GRÜNEN aufwiesen, setzten sich in einer Art zeitverzögerten Forderungskaskade schließlich auch in politische Zielvorstellungen der konservativen Parlamentsparteien um, welche sie mit ihrer Regierungsmehrheit in der zweiten Hälfte der 80er Jahre und zu Beginn der 90er Jahre, wenn auch häufig sehr verwässert und nur in bestimmten Ansätzen, in Gesetze und Verordnungen umzusetzen suchte. Von Sanfter Chemie war in allen diesen Fällen, anders als in den chemiepolitischen Forderungen der GRÜNEN selbst (s. das folgende Kapitel) nie die Rede.

Interessant und bemerkenswert sind neuere Entwicklungen der umwelt- und chemiepolitischen Diskussion in der SPD. Im April 1993 legte die SPD-Bundestagsfraktion eine neues Umweltprogramm vor, in dem es beispielsweise heißt[89]:

»Heute wissen wir, daß die massiven Eingriffe der modernen Zivilisation in die Ökosphäre in dreifacher Hinsicht im Widerspruch zu den Gesetzmäßigkeiten der Natur stehen: • Wir nehmen keine Rücksicht auf die Endlichkeit der Rohstoffe, weil zum Beispiel die maßlose Ausbeutung der Ölreserven das billige Schmiermittel des Industriezeitalters ist; • wir reichern mit umfangreichen Emissionen die Stoffkreisläufe an, so daß sie ... ihre Stabilität verlieren und zu Wetterextremen führen; • wir gefährden die Ordnungsstrukturen der Ökosysteme durch die ständigen Prozesse der Energieumwandlung. Dadurch bleibt zwar die Menge der Energie erhalten, aber ihre Qualität verfällt von Stufe zu Stufe. Diese ... Gesetzmäßigkeit (Wärmetod) gefährdet die biologisch-chemischen Grundlagen und die Wertschöpfung der Natur.«

Öl als ›billiges Schmiermittel‹ der Gesellschaft

Diese stark selbstkritische und ›radikale‹ Haltung einer großen Volkspartei in der Chemiediskussion ist neuartig. Besonders die prägnant formulierten Konsequenzen des Gebrauchs von Erdöl heben sich wohltuend ab von zahlreichen anderen plakativen, aber unkonkreten Forderungen nach einer ›Versöhnung von Ökonomie und Ökologie‹, in welchen die Funktion und Instrumentalisierung der fossilen Kohlenstoffträger niemals konkret erwähnt oder gar angeprangert werden. Auch der Hinweis auf die entropischen Folgen der breiten Verwendung nichtregenerativer Rohstoffe bereichert die chemiepolitische Diskussion um einen sehr wesentlichen, bislang kaum öffentlich erörterten Aspekt. In diesem Zusammenhang weist der benutzte Begriff von der »Wertschöpfung der Natur« genau auf die Grundlagen einer Sanften Chemie hin, um die es im vorliegenden Buch geht. Insgesamt stellen die neuen chemiepolitischen Thesen der SPD einen wichtigen Schritt der Chemiediskussion dar, in dem weit über die derzeit noch übliche Diskussion um Stoffgrenzwerte und ›Schadstoffe des Monats‹ hinausgegriffen wird. Im Zuge der oben angedeuteten ›Akzeptanzkaskade‹ ist zu hoffen und zu erwarten, daß Thesen dieser Art eines nicht zu fernen Tages in konkrete Regierungspolitik umgesetzt werden, welche eine Wende hin zur massiven Förderung der Praxis einer Sanften Chemie zu bringen vermöchte.

Über den ›Schadstoff des Monats‹ hinaus

Neben den erwähnten Institutionen, Verbänden und Parteien gibt es noch eine große Zahl weiterer Initiativen und Vereinigungen engagierter Bürger, von dem Pestizid Aktions Netzwerk (PAN) über die Interessengemeinschaft der Holzschutzmittelgeschädigten (IHG), der Verbraucherinitiative (VI), dem Öko-Institut bis hin zu regionalen Gruppen, die sich die kritische Überwachung und Kontrolle einzelner Chemiefabriken zur Aufgabe gemacht haben. Alle diese Gruppierungen, die sich um ein zunehmendes Bewußtsein der Risiken der Chemie sehr verdient gemacht haben, sowie die zahlreichen Autoren chemiekritischer Bücher und Broschüren können hier nicht annähernd vollständig erwähnt werden; zum Teil schlagen sich ihre Arbeitsergebnisse in den Anmerkungen ab Seite 188 sowie im Literaturverzeichnis im Anhang dieses Buches nieder. Interessant ist im Zusammenhang mit den verschiedenen chemiepolitischen Intentionen der Bürgerinitiativen die Tatsache, daß eine ganze Reihe der hier tätigen Aktivisten Ende der 80er und Anfang der 90er Jahre den ›Marsch durch die Institutionen‹ antraten: sie wurden Umweltreferenten in Gemeinden und Bundesländern und sogar Minister in Landesregierungen.

Chemiekritiker: Marsch durch Institutionen

Eine weitere interessante Entwicklung ist auch im Zusammenhang mit der Umweltschutzorganisation Greenpeace zu vermelden. Hatten sich schon Mitte der 80er Jahre immer wieder Diskussionen innerhalb von Greenpeace ergeben, ob es mit dem symbolischen Besteigen der Schornsteine, dem Verstopfen der Abflußrohre und der Behinderung auslaufender Dünnsäure-Verklappungsschiffe getan sei, so sind Bestrebungen zu einer Verlagerung der Kampagnen vom ›end of the pipe‹ hin zur Veränderung der Strukturen in der chemischen Produktion erst in letzter Zeit in konzeptionelle Formen gegossen worden. Besonders interessant ist dabei eine im Jahr 1992 erschienene Broschüre[90], die am Beispiel der Chlorchemie die Konversion der Chemieindustrie fordert. Ein wichtiger Abschnitt dieser Broschüre ist überschrieben: ›Clean Production: Wege in eine umweltverträgliche Produktionsweise.‹ Zwar ist die hier vorgestellte Sichtweise von derjenigen einer Sanften Chemie verschieden, aber es gibt doch eine Reihe gedanklicher Parallelitäten, wie die folgenden, ausführlicheren Auszüge aus der Broschüre belegen:

Greenpeace: Anstoß zur ›clean production‹

»Fast alle chlorchemischen Substanzen lassen sich schon heute durch umweltverträgliche Stoffe ersetzen. ... PVC ist, je nach Einsatzbereich, durch

Linoleum, Holz, Kupfer, Leder und andere Naturstoffe zu ersetzen. Auf Pestizide kann ganz verzichtet werden, indem man auf ökologischen Landbau umsteigt. ... Umweltverträglich produzieren heißt auch, sozial verträglich zu produzieren. Bislang beurteilte man die Umweltverträglichkeit von Produktionen meist anhand ihrer Emissionen. Quellen keine Gifte aus Schloten und Abwasserkanälen, wird das als Unbedenklichkeitsmerkmal akzeptiert; ›übersehen‹ hat man dabei die Prüfung der Produkte selbst. Eine ernst gemeinte Umweltpolitik kann sich nicht auf Emissionskontrolle beschränken, sondern muß sich mit der Produktionsweise ebenso wie mit den produzierten Waren beschäftigen - von der Rohstoffgewinnung, über die Produktion und den Konsum bis zur Rückführung in den Produktionskreislauf oder die Umwelt. Bereits im Stadium der Produktplanung muß gefragt werden: Kann die Umwelt das Produkt verkraften, produzieren Arbeiter es unter menschenwürdigen Bedingungen, sind die Folgeschäden höher als der Nutzen? ... Unter welchen gesellschaftlichen Bedingungen ist der Bedarf an einem Produkt entstanden? Handelte es sich um eine gezielte, auf eine bestehende Nachfrage ausgerichtete Produktion oder wurden Bedürfnisse neu kreiert? ... Clean Production orientiert sich an der Natur, die 99,8 Prozent ihrer Produkte wiederverwertet. ... Die ökologische Schlüsselfrage ist der Produktkreislauf: Ein Produkt muß so produziert, genutzt und repariert werden, daß das eingesetzte Material vollständig im Kreis geführt wird.«

Bereits bei Produktplanung ansetzen

Die (sehr erfolgreiche und verdienstvolle) Brandmarkung umweltschädlicher Emissionen soll gemäß diesen interessanten Thesen bei Greenpeace offensichtlich nicht mehr allein vorherrschen, sondern durch die konstruktive Aufzeigung von Produktionsalternativen im Sinn einer ›clean production‹ positiv ergänzt werden. Den Autoren der Broschüre ist möglicherweise nicht bewußt, daß die konsequente und vollständige Umsetzung ihrer Forderungen, besonders im Hinblick auf die vollständig zu schließenden Stoffkreisläufe, schließlich mit den in diesem Buch niedergelegten Thesen zu einer Sanften Chemie identisch werden. Aus den noch zu entwickelnden energetischen und entropischen Gründen ist nämlich der geforderte vollständige Stoffkreislauf nur möglich und sinnvoll, wenn das Produktrecycling nicht überwiegend technischer Natur ist, sondern weitgehend die von der Natur selbst entwickelten, sonnenenergiebetriebenen Recyclingprinzipien der Assimilation und Dissimilation organischer Substanz nutzt.

Vom Schornsteinklettern zur Sanften Chemie

Das Verdienst dieser wichtigen Greenpeace-Broschüre, die so etwas wie die Summe der chemiepolitischen Diskussion der letzten Jahre darstellt - und trotz ihres geringen Umfanges durch die Prägnanz und Eindeutigkeit ihrer Thesen und Forderungen mehr überzeugt als z.B. die umfangreichen Tagungsbände der chemiepolitischen Tagungen an der evangelischen Akademie Tutzing[91], die ihrem immanenten Streben nach Ausgleich von Positionen zum Opfer fallen - wird auch durch die neuesten Angriffe auf die Greenpeace-Thesen nicht geschmälert. Diese Angriffe, die vor allem darauf abzielen, die Greenpeace-Behauptung von der Naturfremdheit der halogenierten Kohlenwasserstoffe durch das Aufzählen einiger Beispiele exotischer und mengenmäßig meist unbedeutender Stoffwechselprodukte von Pilzen und Meerespflanzen als ›sachlich unrichtig‹ zu brandmarken[92], stellen nicht viel mehr als ein Manöver dar, um von den großen und entscheidenden Stoffströmen abzulenken.[93]

Die Entwicklung der Idee einer Sanften Chemie

Tiefsitzendes Problem: die ›harte‹ Erziehung zum Naturwissenschaftler

Es ist eine kaum zu leugnende Tatsache, daß Naturwissenschaftler in ihrer intellektuellen und moralischen Entwicklung, beginnend im naturwissenschaftlichen Unterricht der Schule, verstärkt durch die populärwissenschaftlichen Sendungen in den elektronischen Medien und fortgesetzt in den Lehrplänen der Universitäten, kaum eine Chance erhalten, gedankliche Alternativen zum konzeptionellen Status quo der Wissenschaft, Forschung und Technik auch nur kennenzulernen. Wer das auf den Grundthesen des reduktionistischen Mechanizismus ruhende geistige Fundament der neuzeitlichen Naturwissenschaft offen in Frage stellt, kann sich den erfolgreichen Abschluß seiner Ausbildung gleich abschminken - zu schnell findet er sich in der Schublade des ideologisierten, emotionsgeladenen und irrationalen Traumtänzers wieder.

Mangel an alternativen Konzepten

So ist es fast unausweichlich, daß die in den naturwissenschaftlichen Disziplinen geschulten Denkformen, trotz allen offenkundigen Scheiterns dieser Denkformen in wichtigen Lebensbereichen, zwangsläufig doch immer noch auf die ›harten Lösungen‹ als die einzig zeitgemäßen, realistischen und praktikablen hinauslaufen. Ein Naturwissenschaftler, der erfolgreich die ganze Universitätslaufbahn bis zur Promotion durchlaufen hat, erhielt - zumindestens dort - nur wenige Chancen, auch einmal ›sanfte Lösungen‹ in Erwägung zu ziehen. Im Gegenteil: er wird fast darauf konditioniert, solche Alternativen sanfter Art als nicht zunftgerecht, rückständig, sektiererisch oder nicht zukunftsfähig zu verachten.

Das Problem beginnt an den Schulen

Das Problem beginnt, wie erwähnt, bereits in der naturwissenschaftlichen Ausbildung an den meisten Schulen, insbesondere im Chemieunterricht. Hier wird die unselige Zweiteilung der Gesellschaft bereits massiv veranlagt: einige wenige Schüler sind fasziniert von dem praktizierten Reduktionismus, von der Zurückführung der eigentlichen Chemie als Lehre von den Verwandlungen der Stoffe auf die Physik als die Lehre von den Eigenschaften der Atome oder gar auf die Mathematik als der Grundlage für das Verständnis der quantenmechanischen Zusammenhänge in den Elektronenhüllen der Atome. Der andere Teil der Schüler, eigentlich durchaus neugierig auf die Phänomene der stofflichen Veränderungen, die sie ja ständig auch als Vorgänge in ihrer eigenen Physiologie erleben und an denen sie daher ein ganz elementares, praktisches und unmittelbares Interesse haben, wird durch diese Mathematisierung und Entsinnlichung der Stoffeswelt abgestoßen, ziehen sich zurück und werden folglich als diejenigen sozialisiert, die von Chemie nur noch

›betroffen‹ sind, jedoch keine eigenen Verständnis- oder gar Handlungsmöglichkeiten mehr sehen. Sie sind dann passive Medien entweder blinder Wissenschaftsgläubigkeit oder emotional geprägter Wissenschaftsfeindlichkeit, in jedem Fall jedoch dem ausgeliefert, was die ›Experten‹ in chemischer Hinsicht über sie und ihre Umwelt entscheiden.

Wissenschaftsgläubig oder -feindlich

Wenige Naturwissenschaftler von Rang haben den Mut und die Souveränität, diese Tatsachen als Mißstände zu bezeichnen, anzuprangern und auf ihre Folgen für die Stellung von Naturwissenschaft und Technik in unserer Gesellschaft wie auf die Konsequenzen im Hinblick auf Natur hinzuweisen. Neben Erwin Chargaff, der in diesem Buch immer wieder als einer derjenigen zitiert werden konnte, welcher die sozialen, psychischen und intellektuellen Reduktionen im Gefolge der Reduktionismen innerhalb der Naturwissenschaften brandmarkt und sich dabei auch noch einer pointierten, wohlgebildeten Sprache und eines wundervollen Humors bedient, sind es nur noch wenige Naturwissenschaftler, welche die Einseitigkeit der heutigen naturwissenschaftlichen Ausbildung anprangern und Alternativen aufzeigen. Einer von diesen ist Hans Primas, Ordinarius für Physikalische Chemie an der ETH in Zürich, ein anderer Otmar Wassermann, Professor für Toxikologie am Universitätsklinikum in Kiel. Wassermann hat die wünschenswerte Erweiterung des Bildungsspektrums junger Naturwissenschaftler in eine besonders prägnante Forderung gebracht:

(Natur-) philosophische Bildung nötig

»Naturwissenschaftler sollten (natur-) philosophische Bildung haben[1].«

Wie ein solcher naturphilosophischer Bildungsgang allerdings konkret und im Detail aussehen sollte, bleibt von Wassermann unbeantwortet und kann auch im Rahmen dieses Buches nicht beantwortet werden. Es wäre, gerade auch für das weitere Schicksal der Sanften Chemie, eine wesentliche und lohnende, aber sicher schwierige Aufgabe, einen solchen Bildungsgang zu entwerfen und zu realisieren.[2]

Die Idee der Pflanzenfarben am Beginn des 20. Jahrhunderts

Die Idee zu einer Sanften Chemie konnte im Ansatz erst entstehen, als die Menschheit den Weg herab von einer ursprünglich immer noch spirituell durchdrungenen Stoffbetrachtung hin zu einer rein materialistischen Umgangsweise unter reinem Nützlichkeitsdenken durchlebt hatte. Dies war mit dem Siegeszug der chemischen Industrie zur Jahrhundertwende vollzogen. Es ist daher kein Zufall, daß die ersten Ansätze zu einer kritischen Sicht dieser Tatsachen und zu einer Suche nach Alternativen im ersten und zweiten Jahrzehnt des 20. Jahrhunderts auftraten.

Ein Impuls Rudolf Steiners: Pflanzenfarben

Wie auf vielen anderen Feldern, z.B. in den Bereichen der Pädagogik, Wirtschaftsleben, Landwirtschaft und Kunst, ging auch in diesem Fall ein wesentlicher Impuls von dem Begründer der Anthroposophie, Rudolf Steiner, aus.

Bei der Gestaltung einer völlig neuartigen Kulturstätte, dem vollkommen aus organischen Naturmaterialien gebauten sogenannten ›Goetheanum‹ in Dornach bei Basel, brachte Rudolf Steiner das Konzept zum Tragen, daß die verwendeten Materialien aus den Prozessen lebendigen Wachstums heraus entstanden seien und diesem Entstehungsprinzip gemäß weiterverarbeitet werden sollten. Eine zentrale Rolle dabei spielten die für die künstlerischen Ausgestaltungen der beiden den Bau prägenden Kuppeln erwendeten Farben. Obwohl zu dieser Zeit, im zweiten Jahrzehnt unseres Jahrhunderts, die synthetischen Farben ihren Siegeszug beinahe vollständig hinter sich hatten und fast ausschließlich benutzt wurden, verlangte Rudolf Steiner die Verwendung von Farben rein pflanzlicher Herkunft, aufgetragen auf einem organischen Untergrund, einer Art flüssigem Papier. Auch die Bindemittel der Farben sollten den Angaben Rudolf Steiners entsprechend aus pflanzlichen Stoffen und Bienenwachs bestehen.

Pflanzenfarben auf organischem Untergrund

In diesen Anweisungen, die durch im Umkreis Rudolf Steiners arbeitende Künstler und Chemiker unter großem Zeitdruck noch unvollkommen umgesetzt wurden, liegt der gedankliche Kern dessen, was heute als Idee einer Sanften Chemie - auch weit über den ursprünglichen anthroposophisch orientierten Menschenkreis hinaus - von immer mehr Menschen als eine zukunftsweisende Art des Umgangs mit der uns anvertrauten Materie verstanden wird.[3] Dabei ist zu berücksichtigen, daß es sich nicht um ein, wenn auch wichtiges, Detail der Baugestaltung handelt, sondern um den Ausfluß eines anderen Verständnisses von Naturwissenschaft und Technik, von der Entwicklung menschlicher Kulturtätigkeit und von der Stellung des Menschen in der Welt. Es handelt sich um nicht weniger als um den Versuch, nach den Jahrhunderten des Abstieges in die Gebundenheit an die Materie mit Hilfe eines spirituell geprägten Verständnisses von Stoffen und Prozessen einen Ausweg aus der materialistisch-mechanistischen Sackgasse zu weisen.[4] Es ist für den - heute als ganzheitlich zu verstehenden - Ansatz Rudolf Steiners bezeichnend, daß er die Grundsätze dieses geisteswissenschaftlichen Weltverständnisses eben nicht nur den an dem Bau beteiligten ›Eliten‹ vermittelte, sondern in zahlreichen Vorträgen gerade auch den an dem Bau beteiligten Arbeitern und Handwerkern[5].

Spirituelles Stoffverständnis: Arbeitervorträge

Die Impulse zur Verwendung pflanzlicher Stoffe am ersten Goetheanum gerieten, nicht zuletzt aufgrund der Zerstörung des nahezu fertiggestellten Baus durch Brandstiftung und durch den baldigen Tod Rudolf Steiners, auch im Kreise seiner Schüler und Anhänger bald in Vergessenheit. Nur ganz wenige Menschen blieben dem Pflanzenfarbenimpuls treu, und auch diese blieben fast ohne jede Unterstützung seitens der Anthroposophischen Gesellschaft, von der allgemeinen Öffentlichkeit ganz zu schweigen. Immerhin arbeitete aber seit den 60er Jahren in Dornach eine Pflanzenfarbenwerkstatt, die mit geringen Mitteln und in unvollkommenem, tastenden Suchen nach zeitgemäßen Herstellungsmethoden von Pflanzenfarben einigen wenigen Kennern solche Malmaterialien liefern konnten und gleichzeitig die nahezu verloschene Flamme dieser Idee am Leben erhielt.[6]

Analogentwicklungen: Chemurgy in Amerika

Völlig unabhängig von den Bestrebungen für eine Sanfte Chemie seit den 70er Jahren in Europa hatte sich während und nach dem Ersten Weltkrieg in Amerika eine Bewegung der später sogenannten ›Chemurgy‹ entwickelt, die in mancherlei Hinsicht analoge Bestrebungen verfolgte wie die Sanfte Chemie heute, auch wenn die Voraussetzungen in Gestalt der beteiligten - z.T. sehr prominenten - Persönlichkeiten, deren Motive und Ziele sich in nicht wenigen Aspekten sehr wesentlich von den Intentionen der Sanften Chemie unterscheiden. Eine ausführliche Studie von Merill Jones gibt Auskunft über diesen Ansatz.[7]

Chemische Produkte vom Acker

Chemurgy ist hauptsächlich ein pragmatisches Konzept zur Erzeugung chemischer Produkte auf landwirtschaftlicher Basis. Es hat damit mehr Ähnlichkeit mit den heutigen Bestrebungen zur Förderung nachwachsender Rohstoffe[8] als mit dem ganzheitlich orientierten Konzept der Sanften Chemie. Ein weiterer Unterschied besteht in der deutlich nationalen Ausrichtung: Chemurgy sollte ursprünglich hauptsächlich dazu dienen, Amerika von der Einfuhr ausländischer Rohstoffe unabhängiger zu machen und den amerikanischen Farmern neue Perspektiven zu bieten. Das Konzept der Sanften Chemie zielt demgegenüber mehr auf eine faire und sinnvolle globale Verteilung und Zusammenarbeit bei der Erzeugung der - überwiegend pflanzlichen - Rohstoffe für chemisch-technische Produkte. Ebenfalls unterschiedlich ist der wissenschafts- und techniktheoretische Aspekt: Chemurgy war eindeutig ein Ausfluß einer fortschrittsoptimistischen Haltung und stand unter dem Eindruck unbegrenzter Möglichkeiten des Machbaren. Sanfte Chemie ist ein Kind der 70er und 80er Jahre mit deren Erkenntnis der Begrenztheit unserer Möglichkeiten und der selbstverständlichen Skepsis gegenüber allen ›Gesamtkonzepten‹ und deren Machbarkeit.

Prominente Förderer: Edison, Ford, Baekland

Trotz der genannten Unterschiede gibt es einige sehr interessante Aspekte an der Geschichte der Chemurgy. Im Gegensatz zu den Anfängen der Sanften Chemie fand die Chemurgy in Amerika sehr bald prominente und mächtige Förderer. Zu diesen gehörten der Gründer der Ford-Automobilwerke, Henry Ford, der bekannte Erfinder Thomas Edison, der Chemiker, Unternehmer und Erfinder Leo Baekland (›Bakelit‹) sowie George Washington Carver und der Dow-Chemiker William J. Hales (Vorsitzender der Division of Chemistry and Chemical Technology des National Research Council of Washington, D.C. von 1925-27), der den Begriff ›Chemurgy‹ prägte. Ford hatte im Hinblick auf die Chemurgy die Vision von einem ›Automobil vom Acker‹: die wichtigsten Komponenten eines künftigen Ford sollten aus nachwachsenden Rohstoffen hergestellt werden. In diesem Zusammenhang gab es intensive Forschungen an Werkstoffen, die man in Analogie zu den glasfaserverstärkten Kunststoffen der Gegenwart ›Naturfaserverstärkte Naturstoffe‹ nennen könnte - ein Konzept, das im Umkreis der Sanften Chemie in Europa ohne Kenntnis der amerikanischen Vorläuferideen Anfang der 80er Jahre erstmals ausgesprochen wurde und heute in Teilen bereits realisiert ist.

Anders als in den Anfängen der Sanften Chemie standen für die Erforschung der Möglichkeiten der Chemurgy in den 20er und vor allem 30er Jahren und bis zum 2. Weltkrieg erhebliche finanzielle Mittel in Millionen-Dollar-Höhe zur Verfügung. Die Bestrebungen der Chemurgy fanden dann durch die Beteiligung Amerikas am 2. Weltkrieg ein vorläufiges Ende; nach dem Krieg brachte es der rasante Aufstieg und die monopolartige Entwicklung der petrochemischen Industrie mit ihrem scheinbar unbegrenzt und spottbillig zur Verfügung stehenden Rohstoff Erdöl mit sich, daß sich energische Förderer eines Konzeptes alternativer Rohstoffgewinnung im Sinne der Sanften Chemie nicht mehr fanden; die ursprünglichen Propagandisten der Chemurgy waren inzwischen gestorben oder im Ruhestand. So wurde hier eine Chance vertan, die aufblühende technische Kultur der zweiten Jahrhunderthälfte auf eine weniger monopolartige, umweltzerstörerische und kurzsichtige Basis als die Petrochemie zu stellen. Erst mit der stärker werdenden Umweltbewegung, der zunehmenden Erkenntnis der Begrenztheit der fossilen Ressourcen und der gesundheitlichen und ökologischen Auswirkungen der Chemisierung des Alltags eröffnet sich zur Jahrtausendwende in den USA eine Chance, die Ideen der Chemurgy zu reaktivieren und, modifiziert und bereichert durch Ideen und Aspekte aus der Sanften Chemie, allmählich zu verwirklichen.

Chemurgy - eine vertane Chance für die USA

Ungeachtet aller unterschiedlichen Ansätze und Akzente sind die grundlegenden Aussagen der Vertreter von ›chemurgy‹ den Argumenten für eine Sanfte Chemie sehr eng verwandt. So schrieb der Erfinder des Begriffes ›chemurgy‹, William J. Hales[9]:

»Es ist zu bedauern, daß so viele Chemiker unfähig zu der Erkenntnis sind, daß unsere Kohle, unser Gas und unser Erdöl nichts anderes sind als bedeutungslose fossile Überreste einer äonenlang vergangenen Flora und Fauna. Es sollte daher möglich sein, ein reichhaltigeres Sortiment an organischen Chemikalien aus Kohlehydraten herzustellen, wie sie heute wachsen, als aus den zerfallenen Kohlehydraten der lange vergangenen Zeit, in welcher die fossilen Kohlenstofflager entstanden sind.«

Die Idee der Sanften Technologie in den 70er Jahren

Neuer Ansatz aus der 68er Studentenbewegung

Einen neuen Aufschwung erhielt die Idee der Pflanzenfarben erst wieder im Gefolge der geistigen Umwälzungen, die mit der Studentenbewegung der ausgehenden 60er Jahre verbunden waren. Zu Beginn der 70er Jahre scharte sich ein kleiner Kreis von jungen Menschen um eine Persönlichkeit, die den Impuls der Pflanzenfarben auch über die Wirren der Auseinandersetzungen nach Rudolf Steiners Tod um die rechte Linie der Anthroposophie und über den 2. Weltkrieg gedanklich durchgetragen hatte: Paul Kroedel. Dieser hatte noch, wenn auch erst zu Beginn der 20er Jahre, zeitweise im Umkreis Rudolf Steiners gelebt und vermochte es, die mit ihm an waldorfpädagogischen und gegen den verknöcherten Zustand der Anthroposophie arbeitenden jungen Menschen für die Idee der Pflanzenfarben zu begeistern.

Unter teilweise recht obskuren Bedingungen gelang es tatsächlich, die verstreuten und z.T. nur hinter vorgehaltener Hand weitergegebenen Hinweise Rudolf Steiners in eine sehr bescheiden ausgestattete und stark improvisierte Forschung umzusetzen, wobei dem Unternehmen zugute kam, daß zwei junge Chemiker und ein Kunstmaler mit viel Begeisterung und Engagement fast ihre ganze Energie auf die Entschlüsselung des Pflanzenfarbengeheimnisses richteten. Der Verfasser, seinerzeit eigentlich ›hauptberuflich‹ mit seinem Chemiestudium befaßt, stieß bereits in dieser Anfangsphase zu dem Kreis. 1974 gelang es, aus diesem jugendbewegten, alternativ gestimmten, in gemeinschaftlichem Studium, Arbeiten und Leben verbundenen Kreis heraus ein Unternehmen auf die Beine zu stellen, das Pflanzenfarben hauptsächlich für den pädagogischen und künstlerischen Bedarf herstellen sollte.

1974: Pflanzenfarben für Pädagogik und Kunst

Diese Bestrebungen sind nicht isoliert zu sehen, sondern vor dem Hintergrund der gesellschaftlichen Aufbruchstimmung dieser Zeit. Es ging eben nicht mehr nur um die Renaissance eines anthroposophischen Impulses, sondern dieser hatte sich verbunden mit der Suche nach neuen Lebens- und Arbeitsformen. Anfangs noch wenig bewußt, verband sich die Arbeit der strebenden jungen Menschen mit der allgemeinen Auflehnung gegen das überkommene Verständnis von Natur und Technik, wie sie sich z.B. in den Schriften von E. F. Schumacher und Robert Jungk darstellten.

Es kamen aber bald noch zwei andere Komponenten hinzu, von denen sich nach kurzer Zeit erweisen sollte, daß sie dem jungen und gefährdeten Unternehmen erst eine ausreichende Absatzbasis für seine noch sehr unvollkommenen Produkte bieten würde. Am Ende der 60er Jahre war nämlich, ursprünglich ausgehend von einer geobiologischen Bewegung, eine neue Strömung entstanden, die sich das ›Gesunde Bauen und Wohnen‹ zum Ziel gesetzt hatte. Diese sogenannte Baubiologie trat just zu dem Zeitpunkt mit einer Reihe von Broschüren und Büchern auf, als immer mehr Menschen die negativen Folgen der zunehmenden Chemisierung der Wohnumwelt auf Behaglichkeit und Wohlbefinden in den eigenen vier Wänden und am Arbeitsplatz zu beklagen begannen. Ärzte wie Hubert Palm, Naturwissenschaftler wie Anton Schneider, Wirtschaftsleute wie Wolfgang Teubert und Architekten wie Karl-Ernst Lotz gaben den interessierten Hausbauern und Mietern erste Hinweise, wie sie ihre Wohnumwelt lebensgerechter gestalten konnten. Daß es bei diesen Empfehlungen auch eine Reihe von Kuriositäten, nicht nachprüfbaren Behauptungen und fragwürdigen Handlungsanweisungen gab, tut auch aus der kritischen Rückschau der enormen Bedeutung dieser Werke für die sich entwickelnde Theorie und Praxis der Baubiologie keinen Abbruch. Im Gegenteil: erst aus den Angriffen, die diese Werke naturgemäß aus den Reihen der Beton- und Chemieindustrie auf sich zogen, gewannen die Arbeiten in Neuauflagen und Weiterungen anderer Autoren soviel Bekanntheit wie Profil.

Erster Aufschwung durch Baubiologie

Der neue Impuls: Farben und Umwelt in den 70er Jahren

Die zweite Komponente kam Anfang der 70er Jahre hinzu, als sich immer mehr herausstellte, daß zahlreiche der synthetischen Anstrich- und Holzschutzmittel, die mit großem Werbeaufwand bevorzugt den Einfamilienhausbauern angepriesen worden waren, bei Tausenden dieser arglosen Verwender zu schweren gesundheitlichen Störungen bis hin zur Nichtbenutzbarkeit der Häuser geführt hatten. Diese sog. Anstrich- und Holzschutzmittelskandale waren von einigen engagierten und z.T. selbst betroffenen Journalisten (v.a. Elvira Spill) aufgegriffen und an den Pranger gestellt worden. Da die Industrie selbst solche Auswirkungen schlichtweg leugnete (und dies bis heute tut), war aus ihrem Bereich nicht mit wirklichen Alternativen zu rechnen.

Holzschutzmittelskandale fördern Naturfarben

In dieser Situation wurde einigen wenigen Kennern des eigentlich ganz auf die Pflanzenfarbenpigmente gerichteten Impulses deutlich, daß in Gestalt der zu diesem Zweck eigentlich nur als Hilfsmittel benutzten Bindemittel das Potential für natürliche, giftfreie Anstrichstoffe und Holzschutzmittel lag. Gingen auch die ersten Versuche zur Anwendung von Lösungen und Emulsionen mit Bienenwachs, Colophonium, Leinöl und Dammarharz - anstrichtechnisch gesehen - gründlich in die Hose, so war damit doch eine neue Entwicklungslinie vorgezeichnet, die heute einen Markt von bald 100 Millionen DM Umsatz ausmacht: die Naturfarben.

Die oft merkwürdigen Wege des Neuen

Diese geschichtliche Entwicklung des modernen Naturfarbenimpulses ist hier nicht deshalb so ausführlich dargestellt worden, weil sie für sich genommen so sehr wichtig gewesen wäre. Sie ist vielmehr auf bedeutsame Weise prototypisch für den oft äußerst merkwürdigen, verschlungenen und in vielerlei Hinsicht obskuren Weg, den das Neue oft nimmt, um in die Welt zu gelangen - ungeachtet der ›Würdigkeit‹, die einzelnen dieser Durchgangsstationen eigen zu sein pflegt.

Die Idee einer Sanften Chemie tritt in die Öffentlichkeit

Pflanzenchemie, Wurzel der Sanften Chemie

Der Naturfarbenimpuls als erster und wichtigster Zweig dessen, was später ›Sanfte Chemie‹ genannt werden sollte, trat unter dem Begriff ›Pflanzenchemie‹ in die Welt. Dieser Begriff, noch heute Bestandteil des offiziellen Firmennamens zweier Pionierunternehmen auf diesem Sektor, sollte zum Ausdruck bringen, daß die im Verlauf der Evolution ausgearbeiteten Synthesemethoden der Pflanzenwelt in stofflicher und prozessualer Hinsicht als Urbild und Vorbild dafür dienen müßten, wie auf unserem Planeten komplexe, nutzbare Substanzen entstehen sollten. Es stellte sich jedoch mit den Jahren heraus, daß der Begriff ›Pflanzenchemie‹ häufig in der Öffentlichkeit nicht in diesem tiefgreifenden Sinne verstanden wurde - schlimmer noch: häufig wurde er mit dem Begriff ›Pflanzenschutz‹ verwechselt, da man annahm, es ginge um eine Chemie *für* Pflanzen statt um eine solche *aus* Pflanzen.

Es bestand daher die Notwendigkeit, einen anderen, passenderen Begriff für das Gemeinte zu finden. Dieser ergab sich, wie bereits in der Einleitung erwähnt, im Zuge der Vorbereitungen des Autors zu einem öffentlichen Vortrag in Stuttgart im Jahre 1983, der schließlich unter den Titel gestellt wurde: ›Weg vom vergifteten Alltag - Plädoyer für eine Sanfte Chemie‹. Inhaltlich schloß sich der Vortrag jedoch an Darstellungen an, die der Autor seit 1976 in vielen Städten Deutschlands und Europas gehalten hat und die ab 1979 auch teilweise veröffentlicht wurden.[10]

Stuttgart 1983: Plädoyer für eine Sanfte Chemie

Gedankenarbeit an einer Zukunftschemie: Die ›Arbeitsgruppe Sanfte Chemie‹

In der gleichen Zeit, als durch den genannten Vortrag das Wort von der ›Sanften Chemie‹ in die Öffentlichkeit fand, hatte der Umweltschutzgedanke in Gestalt der Partei ›Die Grünen‹ dezidiert Eingang in das Parlament der Bundesrepublik Deutschland gefunden. In der großen Aufbruchstimmung dieser Zeit spielte bei den Grünen die künftige Chemiepolitik eine wesentliche Rolle. Gemäß ihrem fundamentalen Ansatz ging es dabei nicht um eine bloße Schönheitsoperation an den häßlichsten Auswüchsen der chemischen Industrie, wie sie nur wenige Jahre zuvor erstmals in Seveso der breiten Öffentlichkeit bewußter geworden waren, sondern um die grundlegende Frage nach den ideellen Wurzeln, der Entwicklung, der gegenwärtigen Praxis und insbesondere nach der Zukunft der Chemie. Auf Initiative eines Bundestags-Mitarbeiter der Grünen, Arnim von Gleich, konstituierte sich im Jahr 1985 eine ›Arbeitsgruppe Sanfte Chemie‹, in welcher mit Fachleuten innerhalb und außerhalb der Grünen Partei ein Konzept für eine solche Konversion der Chemieindustrie diskutiert und erarbeitet werden sollte.

AG Sanfte Chemie: Konzepte für die Konversion

Diese Grundgedanken fanden zunächst Eingang in das sogenannte ›Entgiftungsprogramm der Grünen‹, in dem es u.a. heißt:

»Neben dem Umbau und Abbau bestehender chemischer Produktionsprozesse, Produkte und Verwendungsbereiche von Chemikalien ist deshalb die weitere Entwicklung und nachhaltige Förderung schon bestehender Ansätze für eine ›Sanfte Chemie‹ notwendig. Sanfte Chemie, das ist zunächst vor allem eine Naturstoffchemie auf der Basis möglichst wenig zugerichteter Mineralstoffe und Pflanzenstoffe, die sich im Laufe einer Jahrmillionen langen Evolution bewährt haben. Sanfte Chemie verarbeitet solche natürlichen Stoffgemische und nachwachsende Rohstoffe, bei deren Gewinnung, Verarbeitung, Anwendung und Entsorgung schädliche Auswirkungen auf Mensch und Natur weitgehend vermieden werden. Sanfte Chemie steht dabei im deutlichen Widerspruch zu Gentechnologie und harter Biotechnologie, die in Fortsetzung des von der chemischen Synthese naturfremder Stoffe schon eingeschlagenen unheilvollen Weges sich nun anschickt, ›naturfremde Organismen‹ zu konstruieren ... Eine Sanfte Chemie konnte vor allem in Bereichen des engen Kontaktes der Menschen mit den Stoffen, also im Nahrungsmittelbereich, bei Kosmetika, Hautpflegemitteln und Medikamenten, im Kleidungsbereich und in der unmittelbaren Wohnumwelt nie völlig von der harten Chemie verdrängt werden. Sie gewinnt in diesen Bereichen, sowie im Bereich der Wasch-, Pflege- und Reinigungsmittel z. Zt. wieder an Boden. Dieses auch wegen ihrer spürbaren positiven Wirkungen auf das körperliche und seelische Wohlbefinden des Menschen. Es müssen unterdrückte und vergessene Erfahrungen wiederbelebt werden und die bewußt vernachlässigte Forschung für eine Sanfte Chemie vorangetrieben werden.«[11].

Sanfte Chemie im Deutschen Bundestag

Kurz nach der Verabschiedung des Entgiftungsprogramms formulierte die Bundestagsfraktion der Grünen in parlamentarischer Umsetzung des Programms eine Reihe von parlamentarischen Anfragen an die Bundesregierung und brachte darüber hinaus Anträge ein, in denen der Gedanke einer Sanften Chemie explizit Eingang gefunden hatte.

Im Antrag vom 24.09.1986 heißt es u.a.:

»Das Konzept der ›Sanften Chemie‹ versucht die chemikalienorientierte Blickverengung zu überwinden und rückt den Herstellungs- und Bearbeitungsprozeß von Substanzen in den Mittelpunkt des Interesses. ... Als Stoffgrundlage für die ›Sanfte Chemie‹ habe zu gelten: a) möglichst wenig modifizierte (= ›zugerichtete«) naturnahe Roh- und Werkstoffe bzw. Stoffgemische, durch deren Nutzung die vorgegebenen Stoffkreisläufe nicht empfindlich gestört werden, b) chemische Stoffe, die nicht naturfremd sind und bei deren Synthese, Verarbeitung, Gebrauch und Entsorgung lebensfeindliche Wirkungen soweit wie möglich ausgeschlossen werden können. Das bedeutet u.a. daß unveränderte, nicht durch Menschen manipulierte Mikroorganismen existieren müssen, die in der Lage sind, diese Stoffe abzubauen und schadlos in den Biozyklus einzugliedern«[12].

In Entsprechung zur parlamentarischen Minderheitenposition der Grünen im Bundestag blieben diese Vorstöße allerdings folgenlos.

Fortentwicklung der Konzeption

Als Forum zur außerparlamentarischen Diskussion der Überlegungen zu einer Sanften Chemie bestand jedoch trotz der Erfolglosigkeit der parlamentarischen Initiative die Arbeitsgruppe Sanfte Chemie fort, in der sich bis zum Beginn der 90er Jahre ein Kreis von Natur- und Geisteswissenschaftlern mit diesem Thema beschäftigte.[13] Insbesondere in der zweiten Hälfte der 80er Jahre war dieser Arbeitskreis recht aktiv, traf sich regelmäßig zu internen Vortrags- und Diskussionsveranstaltungen an verschiedenen Orten Deutschlands und plante auch die Publikation einer Sammlung von Aufsätzen zum Thema ›Sanfte Chemie‹, die zuvor als Diskussionspapiere innerhalb der Arbeitsgruppe ausgetauscht worden waren. Da jedoch alle Teilnehmer der Arbeitsgruppe in anderen, durchaus verwandten Zusammenhängen zeitlich und organisatorisch stark gebunden waren, ist es zu einer zusammenfassenden Publikation zunächst nicht gekommen[14]; einige der Beiträge wurden jedoch in der Folge an anderer Stelle veröffentlicht[15] oder gingen in Monographien ein,

Salzburg 1991: Symposium zur Sanften Chemie

bei denen das Thema Sanfte Chemie als Bestandteil eines übergeordneten Zusammenhangs mitbehandelt wurde.[16] Im Jahr 1991 fanden sich die Mitglieder der Arbeitsgruppe auf Initiative eines Mitglieds (Hanswerner Mackwitz) zusammen, um ein öffentliches Symposium zum Thema ›Sanfte Chemie‹ in Salzburg zu veranstalten. Das zweitägige Symposium mit zahlreichen Vorträgen und Diskussionsveranstaltungen fand ein sehr reges Interesse in den Medien.

Wissenschaftliche Grundlagen einer Sanften Chemie

»Das Beste an den Wissenschaften ist
ihr philosophisches Ingrediens
- wie das Leben am organischen Körper.
Man dephilosophire die Wissenschaften
- was bleibt übrig - Erde, Luft und Wasser«
Novalis: Blüthenstaub - Fragment Nr. 61

Geisteswissenschaftliche Grundlagen der Sanften Chemie

Pädagogische Grundlagen

Die ursprünglichen Wurzeln der Idee zu einer Sanften Chemie liegen in pädagogischen Ansätzen: Es sollten Farben für Kinder entwickelt werden, die in ihrer Herkunft und Wirkung ein Gegenbild zu den üblichen synthetischen Farbpigmenten darstellen sollten. Nach dem Gesetz von Ursache und Wirkung war angenommen worden, daß die synthetischen Farbstoffe mit ihrer prägnanten, grellen Charakteristik und mit ihrer Herkunft aus gewaltsamen, in der Natur nicht freiwillig ablaufenden Prozessen ihre Spuren in den Kindern hinterlassen: leibliche Spuren, indem die Sinne der Kinder durch die ständige Überreizung mit den grellen Farben, chemischen Gerüchen, glatten und undurchdringlichen Oberflächen abstumpfen und dadurch eine Verkümmerung der Sinnesorgane eintritt; seelische Spuren, indem das Empfindungsvermögen für die differenzierte, fein strukturierte Erlebniswelt des Lebendigen verlorengeht; schließlich auch Spuren im Bewußtsein der Kinder, indem sie auf die allgemeine gesellschaftliche Illusion konditioniert werden, ein Überfluß an Objekten mit starker Wirkung sei mühelos, ohne Vorbedingungen und Folgewirkungen billig und schrankenlos zu erwerben.

Die unbewußte Pädagogik des Materials: wie uns die Stoffe belehren

Anders ausgedrückt: es sollte uns nicht gleichgültig sein, mit welchen Stoffen wir unsere Kinder, insbesondere in den ersten Lebensmonaten und -jahren, umgeben. Stoffe haben ihre Wirkung über die Ergebnisse der Toxikologie hinaus. Viele Pfade führen in das Innere eines Organismus, und der Ausschluß von Giftwirkungen auf den kindlichen Organismus im Sinne einer genormten und TÜV-geprüften Speichelfestigkeit und Schweißechtheit nach DIN sollte nicht einziges Kriterium sein. Es wird sich immer mehr herausstellen, daß die uns im Alltag umgebenden Stoffe unsere unerbittlichen Erzieher sind. Wir werden den uns umgebenden Stoffen immer ähnlicher. Hier tut sich ein grotesker Teufelskreis auf: die Abstumpfung unserer Sinne fordert immer stärkere Reize, die Chemie liefert uns diese billig und beliebig und schafft so erneut die Grundlage für ein wachsendes Bedürfnis nach noch stärkeren Reizen.

Es kann im Rahmen dieser Darstellung der Gedanke an die pädagogische Wirkung der Stoffe auf die Menschen nicht weiter ausgeführt werden. Aber es ist nachdenkenswert, die uns umgebenden Produkte einer harten Chemie auch einmal daraufhin zu untersuchen, inwieweit sie uns selbst und unserem Bewußtsein den Spiegel vorhalten, inwiefern wir in unserer Seele bereits die ›gut isolierende‹ Wirkung all des Kunststoffes verspüren, den wir nach außen gesetzt haben (s. dazu auch ab Seite 110 »Ästhetische Grundlagen...«).

In welchem Maße die hier genannten Wirkungen mit den Mitteln einer materialistisch orientierten Medizin nachweisbar sein könnten, sei dahingestellt. Tatsache ist, daß eine immer weiter steigende Zahl von Eltern, Erziehern und Lehrern die indirekten Wirkungen der Stoffe auf den Menschen ernst nimmt und berücksichtigt - sei es bei der Auswahl der Kleidung, der Körperpflegemittel, der Raumtextilien, der Möbel oder eben der Farben.

Die bewußte Pädagogik mit dem Material: neues Wahrnehmen der Prozesse

Was wissen die Menschen eigentlich von den sie umgebenden Stoffen? Trotz der Tatsache, daß gerade die modernen synthetischen Produkte unseren Alltag von der Arbeit über die Freizeit bis in den Schlaf hinein bestimmen, tut sich hier ein Abgrund von Bewußtlosigkeit auf. Dieses Nicht-Wissen über die uns prägenden Stoffe ist nur zum Teil ein Nicht-Wissen-Wollen. Den Menschen wäre es weniger gleichgültig, etwas über die Herkunft ihrer Alltagsprodukte zu wissen, wenn ihnen die Möglichkeit dazu gegeben würde. Der Verfasser erlebt nahezu in jedem seiner öffentlichen Vorträge die Faszination des Publikums, wenn der Versuch unternommen wird, ihnen in möglichst plastischer Weise Informationen und Hintergründe über den Lebensweg eines so alltäglichen Produktes wie eines Shampoos nahezubringen. Aber die Arbeitsteiligkeit der Wirtschaft, die zu einer informationellen Abschottung der einzelnen Kettenglieder des Produktionsprozesses führt, das Desinteresse der Produzierenden an einem Gesamtüberblick über die Prozeßketten ihrer eigenen Produkte, die Unwilligkeit der Verkaufenden, das Interesse ihrer Kunden für das Woher und Wohin der Konsumprodukte ernst zu nehmen - all dies verhindert eine wirkliche Aufgeklärtheit und bedingt den Zustand der tiefen Bewußlosigkeit über die materiellen Zusammenhänge unseres Wirtschaftslebens - eine Bewußtlosigkeit, die in krassem Gegensatz zu dem illusionären Selbstbewußtsein einer angeblich kritischen Informiertheit vieler Menschen steht.

›Schadstoff der Woche‹ bringt kaum Aufklärung

Das Wissen um die ›Schadstoffe‹ in den Alltagsprodukten ist für eine solche umfassende Informiertheit kein Ersatz - im Gegenteil. Hinter den endlosen Diskussionen um den Schadstoff der Woche, um den überschrittenen Grenzwert für Formaldehyd im lackierten Bücherregal aus dem Möbel-Abholmarkt, um die Reduzierung des Dioxangehaltes im Duschgel, um die toxikologische Bewertung der beim letzten Störfall ausgetretenen Nitroaromaten verschwindet die eigentliche, spannende Geschichte der Stoffe, anhand derer wir so viel lernen könnten über den Zustand unserer Welt, ihr künftiges Schicksal, die Auswirkungen dieser Entwicklungen auf das Leben auf der Erde, die Möglichkeiten, auf dieses Schicksal gestaltend Einfluß zu nehmen.

Sanfte Chemie will neben aller Entgiftung, allem Umbau der chemischen

Industrie, aller Überprüfung der Sinnhaftigkeit von chemisch-technischen Alltagsprodukten auch noch etwas ganz anderes: den ›Ausgang des Konsumenten aus seiner selbstverschuldeten Unmündigkeit‹. Es ist kein Hauch von Nostalgie mit dem Hinweis auf die Tatsache verbunden, daß in früheren Zeiten die Menschen informierter waren über die Biographien der Stoffe. Sie erlebten mit ihren eigenen Sinnen, daß die chemische Energie des Hafers im Pferd in Wärme und Zugkraft verwandelt wird, sie sahen jeden einzelnen Schritt vom Getreidekorn über die Pflanze, den Dreschflegel, die Mühle, den Backofen bis zu ihrem Mund. Sie wußten, woraus ein Stuhl gemacht wird und was er mit dem Wald, dem Beil, der Säge, dem Knochen, dem Leim zu tun hat. Bei uns kommt der Strom aus der Steckdose, das Benzin aus der Zapfsäule, die Seife aus dem Drogeriemarkt, das Fleisch aus dem Tiefkühlregal, das fertig ›endbehandelte‹ Holz aus dem Baumarkt und die Oma stirbt, ohne daß wir etwas davon bemerken, auf dem Krankenhausflur. Dabei geht es keineswegs darum, die ›guten alten Zeiten‹, die oft so gut nicht waren, zurückzubeschwören. Im Gegenteil: moderne Produkte der Sanften Chemie können mindestens genauso spannende Geschichten erzählen wie früher der Schuhmacher auf dem Dorfe über das Geräusch des Zwirns beim Durchziehen durch das Leder.

Die Stoffe erzählen spannende Geschichten

Produkte der Sanften Chemie machen es möglich, wieder den ganzen Weg vom primären Rohstoff über das Produkt bis zu seinen Reststoffen lebendig vor den Sinnen zu haben: die Weltgegend, wo er wächst und die ihn prägt, die Gesellschaft der Pflanzen, Tiere und Menschen um ihn herum, die Mühen und Freuden beim Anzapfen der Bäume, den Scharfsinn bei der Sortierung in unterschiedliche Qualitäten, den Transport bis zum Hafen und weiter, die Erfahrung des Einkäufers bei der Beurteilung des rechten Geruchs und die Art, wie sich das Licht im Pflanzenharz bricht, das Abpassen des rechten Moments bei der Bildung der stabilen Harzemulsion unter dem Rührwerk, der Art schließlich, wie Reste auf einem Komposthaufen vergehen und so neue Pflanzen wachsen lassen. Eine neue Urteils- und Verantwortungsfähigkeit, vor allem aber: ein neues Interesse an den Stoffen, eine ganz neue Freude im Umgang mit den Alltagsprodukten kann so entstehen. Und die Stunden im Unterricht zu Physik, Chemie und Biologie, zu Geographie und Gemeinschaftskunde könnten ihre endlose Ferne von den wirklich interessanten und ›auf-regenden‹ Themen des Lebens wieder ein wenig verlieren[1].

Neues Interesse an den Stoffen

»Das chymische Princip - Die Idee der Chymie -
die Materialien der Chymie sind Zerstreute Glieder
der ursprünglichen Idee der Chymie - das beseelende Princip -
wodurch die Chymie zur Kunst a priori wird - muß ich hinzubringen«
[Novalis: Vorarbeiten zu verschiedenen Fragmentsammlungen 1798, Fragment Nr. 251]

Philosophische und wissenschaftstheoretische Grundlagen der Sanften Chemie

Viele Naturwissenschaftler, insbesondere Chemiker, stehen der Philosophie skeptisch gegenüber. Sie, die gewohnt sind, sich an die ›harten Fakten‹ zu halten und den praktischen Gebrauchswert einer Tätigkeit zum Maßstab für deren Sinnhaftigkeit zu erheben, sehen im Denken über das Denken eine brotlose

Kunst. Es gibt allerdings auch Ausnahmen. Interessanterweise sind es häufig die Physikochemiker, die sich durch ihr Interesse an den philosophischen Grundlagen ihrer Naturwissenschaft abheben. Es liegt vielleicht an der Zwitterstellung der Physikalschen Chemie im Kanon der exakten Naturwissenschaften, daß gerade Physikochemiker aufgeschlossen sind für die ideellen Grundlagen: mit dem chemischen Teil ihrer Wissenschaft stehen sie auf dem Boden des Nutzens, den die Untersuchung und Umwandlung von Stoffen erbringen soll, der aber den vielfältigen, nicht rationalen Einflüssen von Markt und Gesellschaft ausgesetzt ist; mit dem physikalischen Teil stehen sie auf dem Boden der exakten Gesetzmäßigkeiten, die aber noch fern vom komplexen Leben stehen. Beide Teile werden verbunden und befruchtet durch die Mathematik, die einen Abglanz von den harmonischen Urbildern der Welt liefert.

Naturwissenschaftler: Defizit an philosophischer Bildung

Von wenigen der heute maßgebenden Naturwissenschaftler wird das Defizit an philosophischer und erkenntnistheoretischer Bildung der Naturwissenschaftler als solches erkannt und benannt. Es ist gewiß kein Zufall, daß gerade ein Wissenschaftler, der wie wenige andere die Praxis der Harten Chemie infolge ihrer Auswirkungen auf die ins Unüberschaubare gewachsene Belastung der Umwelt und der Menschen kritisiert, der bereits mehrfach zitierte Toxikologe Otmar Wassermann, diesem Mangel erst kürzlich wieder in einem auch ansonsten ausgesprochen lesenswerten Essay Ausdruck verliehen hat[2]:

»Wie aber können wir das Gewissen der kommenden Wissenschaftlergeneration schärfen, wie ihre Ethik und Verantwortungsfähigkeit festigen? Eine Antwort lautet: Indem wir sie zu moralisch gefestigten Persönlichkeiten erziehen. Dazu ist es unverzichtbar, daß sie parallel zu ihrem Fachstudium eine (natur-) philosophische Ausbildung durchlaufen, die ihr Verständnis für die Natur und die Evolution weckt. Nur so lernen sie die Ehrfurcht vor der Natur. ›Ehrfurcht vor der Schöpfung‹ aber lautet das eigentliche Grundgesetz der Wissenschaft; besonders den Genforschern sollte es immer vor Augen stehen.«

Sanfte Chemie bezieht ideelle Aspekte ein

Sanfte Chemie ist auch der Versuch, die ideellen Aspekte nicht aus dem Denken, Forschen und Handeln des Chemikers zu verbannen, sondern sie einzubeziehen. Die strikte Trennung von Alltagsleben und Sonntagsleben, von Gemüt und Verstand, das die Biographie der meisten praktizierenden Chemiker heute bestimmt, ist ungesund und unbefriedigend. Während der Alltag geprägt wird durch eine - wenn auch unbewußt - rücksichtslose Ausbeutung der Natur und wenig reflektierte Befriedigung eines angeblichen Marktbedarfes, wird das Sonntagsleben geprägt durch humanistische Ideale, musische Praxis, literarisches Interesse usw. Charakteristisch ist, daß die Manager der Großchemie nach ihrer Pensionierung sich den angenehmen Seiten der Chemie zuwenden: sie schreiben Bücher über die Geschichte des Opium oder über die Geschichte der Naturfarbstoffe - während sie sich in ihrer beruflichen Praxis doch ausschließlich mit dem Gegenteil - hier: den synthetischen Pharmaka und den künstlichen Farbstoffen - beschäftigt hatten.

In dem Spott, den manchen Praktiker der Harten Chemie über die gedanklichen Ansätze und keimhaften Verwirklichungen der Sanften Chemie ausgießen, steckt tatsächlich auch eine gehörige Portion Selbsthaß - es ist ihnen nur zu bewußt, wie sehr sich die Prozesse und Chemikalien ihres Alltagslebens von ihren eigenen ästhetischen, moralischen und ideelen Ansprüchen unterscheiden.

Der philosophische Grundansatz der Sanften Chemie ist die Unteilbarkeit der Welt, die ›Einheit von Mikrokosmos und Makrokosmos‹, wie sie das Denken der Philosophen von den Vorsokratikern über die hellenistischen Denker und die Anhänger des Paracelsus, über Goethe und Novalis bis zu den modernen Vermittlern eines ganzheitlichen Weltbildes geprägt haben. Im Sinne des Novalis-Mottos ist Sanfte Chemie der Versuch, die ›Chemie zur Kunst a priori‹ werden zu lassen, indem man der nüchternen Analyse und Synthese der Stoffe das ›beseelende Prinzip‹ hinzufügt, wie es Novalis sich vorgenommen hatte.

Chemie als ›Kunst a priori‹

Chargaff hat die philosophiegeschichtlichen Wurzeln eines andersartiken Umgangs mit der Natur in das Bild einer interessanten Gegenüberstellung von zwei Philosophen gebracht, die unser abendländisches Denken auf eine sehr verschiedene Art stark geprägt haben - der jüngere schließlich weitaus mehr als der Ältere: Plato und Descartes.

»Der Kartesianer will erklären, der Platoniker hofft zu verstehen. Für den Kartesianer sind die Welt und das Leben ein Gemenge zahlreicher Kräfte und Strahlen und Dinge, die man sortieren, beschreiben und miteinander in Beziehung bringen kann, für den Platoniker sind sie ein wunderschönes Rätsel, dessen Geheimnisfülle den Hauptteil seiner Schönheit ausmacht. Für den Kartesianer ist das Weltall vernünftig, verständlich und daher erklärbar, für den Platoniker ist es die Schöpfung des ‹verborgenen Gottes‹; und wo der Schöpfer ist, kann der Forscher nicht sein. ... Der eine ist sich seiner Stärke bewußt, der andere seiner Schwäche. Die Menschheit braucht beide, ehrt aber nur jenen.«[3]

Von Seiten der Philosophie selbst beginnt auch allmählich eine Aufarbeitung des erkenntnistheoretischen und philosophischen Erbes der Harten Naturwissenschaften. Besonders erfreulich, daß derartige Untersuchungen auch Eingang in das ansonsten recht systemerhaltend wirkende Fachzeitschriftenwesen der Chemie gefunden haben. Besonders hervorzuheben ist dabei ein Artikel von Gernot Böhme über das von ihm geforderte und postulierte Ende der Baconschen Naturbeherrschung[4]:

»Heute ist ein Großteil der menschlichen Arbeit, des Einsatzes von Wissenschaft und Technik und die Notwendigkeit ihrer Fortentwicklung der Tatsache zuzuschreiben, daß nicht mehr die Natur den Menschen Arbeit abnimmt, sondern der Mensch sich als Arbeit aufgelastet hat, was früher die Natur von selbst tat. Damit kann man sagen, daß das Projekt der Naturbeherrschung obsolet geworden ist. Heute geht es darum, ein Wissen zu entwickeln, das weniger auf Naturbeherrschung abzielt als vielmehr ein partnerschaftliches Zusammenspiel von Selbsttätigkeit der Natur und menschlicher Nutzung ermöglicht«[5]

Als Arbeit aufgehalst, was Natur von selbst tat

Die Ablösung des Baconschen Paradigmas durch eine Vorstellung vom Eigenwert der Natur und den dadurch gesetzten Grenzen der menschlichen

Ausbeutung der Natur gehört mit zu den philosophischen Grundvoraussetzungen der Sanften Chemie.

Ästhetische Grundlagen einer Sanften Chemie

Auf den ersten Blick hat die Menschheit durch die Produktionsmethoden der modernen, harten Chemie eine ungeheure Vielfalt an Stoffen gewonnen. Es liegt im Wesen insbesondere der organischen Chemie, daß durch unendliche Permutation der Kohlenstoffketten und -ringe, durch das Wechselspiel mit Wasserstoff, Sauerstoff und Stickstoff, allein schon durch Variation der räumlichen Anordnung der Atome und Moleküle ein Kosmos an neuen Verbindungen künstlicher Art zugänglich ist. Hinter diesem grellbunten, leicht verfügbaren Vordergrund Tausender chemischer Spezies geht nur zu leicht die Tatsache verloren, daß sich diese Vielgestaltigkeit tatsächlich im Wesentlichen auf einen einzigen, monopolistischen Stoffursprung zurückverfolgen läßt: auf das Erdöl als Basis der petrochemischen und damit der gesamten organischen Chemie. Vor diesem einseitigen Hintergrund erhält die lärmende Vielfalt des konsumbezogenen Vordergrundes einen geradezu gespenstischen Charakter.

Pseudo-Vielfalt aus Erdöl-Einerlei

Die Pseudo-Vielfalt, die aus der Einfalt des ewig gleichen Erdöls gezaubert wird, hat aber noch eine andere Wirkung: Die Welt der tatsächlichen, nämlich natürlichen Vielfalt wird auf diese Weise unmerklich, aber unerbittlich vernichtet. Schlimmer noch: in der Betäubung durch den Reichtum an Plastik-Variationen aller Art bemerken wir den Verlust der eigentlichen Vielfalt des Natürlichen nicht einmal.

Sanfte Chemie kann daher nicht darin bestehen, das Monopol des Erdöls durch das Monopol weniger anderer, wenn auch nachwachsender Rohstoffe zu ersetzen. Die Idee von ›Schilfgras statt Atom‹[6] ist faszinierend und enthält durchaus einige Elemente des Ansatzes der Sanften Chemie, nur bemerkt Franz Alt nicht, daß er mit einer solchen monopolartigen Technologie wieder allein den erkenntnistheoretischen ›alten Adam‹ in sich zu Wort kommen ließ und das Grundprinzip des Organischen - die Vielfalt - dabei unterdrückt wird.

Das Verdienst, auf den ungeheuren Verlust von stofflicher Vielfalt aufmerksam gemacht zu haben, gebührt vor allem Mins Minssen. Es ist kein Wunder, daß hier ein zum Naturwissenschaftspädagogen und Sprachkünstler gewandelter Naturwissenschaftler über den ›sinnlichen Stoff‹ spricht.[7] Er macht uns wieder bewußt, daß in den Stoffen unserer natürlichen Umgebung mehr steckt, als dem Blick, der nur auf den jeweiligen wirtschaftlichen Nutzen gerichtet ist, je offenbar werden kann. Auch hier sind es wieder die pädagogischen Folgen des Reduktionismus, der sich selbst ad absurdum führt, wenn nicht nur die stoffliche Vielfalt der Welt auf die Kombination von Atomen zurückgeführt wird, sondern der Chemielehrer sechs Striche kreisförmig an die Tafel malt und dazu sagt ›Das ist Benzol‹.

Der ›sinnliche Stoff‹ ging verloren

Kann es unter diesen Voraussetzungen noch verwundern, daß das Schulfach Chemie für den weit überwiegenden Teil der Schüler nur noch Quelle von Langeweile, Unverständnis, Streß und diffusen Ängsten geworden ist? Mit ihrer Wiederanknüpfung an die Vielfalt der natürlichen Gegebenheiten der

Stoffeswelt, mit der Wiederverzauberung der tatsächlich ja äußerst geheimnisvollen Prozesse, die hinter jeder simplen Säure-Base-Reaktion steht, will die Sanfte Chemie daher auch einen Beitrag leisten zu einer ganz neuen gesellschaftlichen Akzeptanz der Chemie. Sanfte Chemie bietet die Chance, Chemie wieder als einen Bestandteil des gesamten natürlichen Lebens zu erkennen und nicht als etwas, was ›da draußen bei Hoechst‹ geschieht und erst als konsumierbare Ware wieder das Interesse des umworbenen Käufers findet.

Mins Minssen hat in seinem ganz am Anfang bereits erwähnten Manuskript noch auf eine andere Weise dargetan, daß die Sanfte Chemie, wenn sie die Stoffe ihrer sinnlichen, auch starrsinnig individualistischen Qualitäten durch möglichst perfekte Zerkleinerung und Reinigung berauben wollte, nicht viel Neues in die Welt brächte[8]:

Atomismus im Denken-Strukturlosigkeit im Stoff

»Die Sanfte Chemie ist eben auch eine sinnliche und darum muß sie ein erweitertes Gegenstandsspektrum haben, das sich mit einem strukturlosen Stoffbegriff nicht zufrieden geben kann. Der Atomismus im Denken klassischer Chemiker findet in der Vorbereitung der Stoffe für den chemischen Prozeß, sei es im Labor, sei es in der Technik, seine Entsprechung. ... Daß man Beziehungen zu Stoffen hat, merkt man an individuellen Dingen aus verschiedenen Materialien und nicht an unstrukturierten Pulvern, und solche Beziehungen sind nicht nur Wertschätzungen aufgrund des Materialpreises. Die Natur macht stoffliche Dinge und keine Chemikalien. Sie läßt Baumwollsträucher und Kiefern wachsen, aber nicht Cellulose an sich. Die Natur erzeugt Strukturen und damit Individualitäten und Abwechslungen, eben weil sie sich bei ihren Prozessen so ›miserabel‹ viel Zeit läßt, und eben aufgrund solcher Strukturen und Individualitäten lassen sich zu Gegenständen der Natur andere Beziehungen bilden als zu den uniformen ›Kunststoffen‹ im Sinne von Chemikalien und technischen Materialien.«

Die hier skizzierten unterschiedlichen Wirkungen von ›strukturreichen‹ natürlichen Substanzen und ›gestaltarmen‹ synthetischen Stoffen können von demjenigen noch erlebt werden, der sich seine Sinne noch nicht vollständig durch die Kakophonie der zivilisatorischen Erscheinungen hat abstumpfen lassen. Mit einer solchen intakt gebliebenen Sensibilität werden die synthetischen Farbstoffe im Wortsinne ›wahr-genommen‹, erlebt als grell, monoton und ordinär, allenfalls in mancher Stimmung noch als ›aufregend‹ oder ›alarmierend‹ - letzteres ist ja bei einem Feuerwehrauto auch durchaus angebracht, aber doch wohl kaum zur täglichen Nahrung für unsere Sinne[9]. Mit den synthetischen Geschmacks- und Aromastoffen hat es noch eine andere Bewandtnis. Es hat den Anschein, besonders Kinder und Jugendliche würden durch diese, eigentlich unerträglichen, Inhaltsstoffe vieler Snacks, Junk-Food-Artikel und Süßigkeiten so nachhaltig ›zugedröhnt‹, daß eine Form von Abhängigkeit, zumindest in psychischer Hinsicht, entsteht. Daß mit dieser Abhängigkeit durch regelmäßigen Gebrauch auch alle Fähigkeiten weggeätzt werden, feine geschmackliche Unterschiede zwischen zwei Birnensorten zu empfinden, ist eine Konsequenz, die nicht als Nachteil empfunden wird, wenn man einen derartigen Verlust an sinnlicher Kompetenz nicht einmal als

Taugliche oder verdorbene Nahrung für die Sinne?

solchen bemerkt. Es fragt sich, ob und wie lange solche Abstumpfungserscheinungen reversibel sein können.

Subtiler geht es bei den uns ständig umgebenden synthetischen Oberflächen und Fasern zu, die uns in mechanischer, elektrischer, aber auch emotionaler Hinsicht von unserer Umwelt ›isolieren‹. Daß auch der feine Hautschweiß eines Kindes sich nicht mehr mit der ›abweisenden‹ Oberfläche des plastiklackierten Spielzeugs verbinden kann, werden wir noch gewahr durch die matten Kondensatringe unter den Fingerballen. Aber sind wir noch empfänglich für die Tatsache, daß sich der Schall eines Gespräches in einem Zimmer mit kunstharzlackierten Wandschränken anders ausbreitet, als wenn er auf Oberflächen mit erhaltener und zugänglicher Feinporigkeit von massivem Holz trifft?

Kunst-Stoffe isolieren von der Welt

Das Seltsame an dieser Situation, in die uns die schöne neue Welt der Kunststoffe in ästhetischer Hinsicht stürzt, ist, daß sie ausgerechnet eine Hinterlassenschaft eines ›materialistischen‹ Weltbildes ist. Wir stehen vor der paradoxen Erkenntnis, daß dieser Materialismus mit seinem exklusiven Primat des sinnlich Erfahrbaren zu ›schwach-sinnig‹ geworden ist, um die Materie selbst überhaupt noch eigentlich wahrnehmen zu können. - Weitere Aspekte der Situation der Ästhetik im Zeitalter der Bedrohung unserer Umwelt sowie interessante historische Zusammenhänge finden sich in dem Buch von Gernot Böhme über eine ökologische Naturästhetik.[10]

Auch Erwin Chargaff gehört zu denen, die unermüdlich auf die wachsende Differenz zwischen der unmittelbaren Anschauung der Wirklichkeit und deren abstrakter Übersetzung in die nur scheinbar rationalen Formelbilder der nur scheinbar exakten Naturwissenschaften hinweisen[11]:

Unmittelbare Wirklichkeit statt Abbild als Fälschung

»Wirklichkeit ist das Unmittelbare. Die Anschauung des Meeres, des Berges, des Baumes kann nicht ersetzt werden durch die Betrachtung einer Photographie. ... Das Abbild ist immer ein Abklatsch, das Konterfei trägt die Fälschung in sich, es sei denn, daß es der Einbildungskraft gestattet ist, ihre unersetzliche Rolle zu spielen, indem sie die Kontrafaktur auf geheimnisvolle Weise ergänzt. Diese Rettung ins Unvollkommene ist der modernen Naturforschung verwehrt. Die Reproduzierbarkeit der Wunder der Natur im technischen Zeitalter hat diese des Wunderbaren, also der dunklen Hälfte der Wirklichkeit, beraubt.«

Naturwissenschaftliche Grundlagen der Sanften Chemie

»Wir fühlen, daß selbst wenn
alle möglichen wissenschaftlichen Fragen beantwortet sind,
unsere Lebensprobleme noch gar nicht berührt sind.«
[Ludwig Wittgenstein][12]

Das Adjektiv ›sanft‹ im Begriff Sanfte Chemie verführt Naturwissenschaftler gelegentlich zu dem Vorurteil, hier handele es sich allenfalls um ein sozial- oder geisteswissenschaftlich begründetes Konzept, nicht jedoch um

Vorstellungen, die auch auf eine solide naturwissenschaftliche Basis zu stellen wären. Dies ist ein Irrtum. Sanfte Chemie hat zwar, wie ausführlich dargelegt, bedeutsame historische, pädagogische, philosophische und ästhetische Quellen, dessenungeachtet sind jedoch die wesentlichen Argumente für einen Wandel der Chemie hin zu einer Sanften Chemie ausgesprochen naturwissenschaftlichen Charakters. Das bedeutet allerdings nicht, daß alle diese naturwissenschaftlichen Aspekte der Sanften Chemie im Sinne des heutigen mechanistischen Grundkonsenses quantifizierbar wären. Viele Gesichtspunkte sind vorläufig und vielleicht auf Dauer an die Regeln von Plausibilität, ›gemeinem‹ (im Sinne von allgemeinem, gewöhnlichen) Menschenverstand, Analogie und Abschätzung gebunden. Diese begrenzte Quantifizierbarkeit teilt die Sanfte Chemie allerdings glücklicherweise mit anderen modernen naturwissenschaftlichen Konzepten, seien sie aus dem Bereich der Chaosforschung oder aus dem Bereich der Erforschung ökologischer Zusammenhänge. Wo immer möglich, sollen dennoch in den folgenden Kapiteln Gelegenheiten zur Quantifizierung genutzt werden.

Von der konzeptionellen über die stoffliche zur prozessualen Alternative

Die ausführliche Analyse der Entwicklungsgeschichte sowie der real existierenden Theorie, Forschung, Produktentwicklung und technologischen Praxis der Harten Chemie im Kapitel »Die Geschichte und Gegenwart der Harten Chemie« (Seite 25ff) hat deutlich gemacht, daß sowohl die Produkte dieser Art von Chemie selbst, als auch die Lebenslinien dieser Produkte die Menschheit in eine Sackgasse geführt haben. Bei der Suche nach einer praktikablen Alternative zur Harten Chemie ergeben sich so drei Grundforderungen:

Neue Produktionskonzepte

a) Gefordert wird ein neues Grundkonzept von Stoffproduktion, das sich nicht länger an den Leitbildern einer beliebig erpreßbaren, manipulierbaren und ausbeutbaren Natur (im Sinne von Bacon und Descartes) orientiert, sondern am Leitbild der natürlichen Vielfalt, Selbstorganisation und Regenerativität. Eine solche Änderung der grundlegenden Konzeption der Chemie ist nur erreichbar durch die vorurteilslose Erkenntnis ihrer heutigen pädagogischen, philosophischen und ästhetischen Grundlagen.

Neue Gebrauchsstoffe

b) Gefordert wird eine andere Palette von Gebrauchsstoffen, die sich nicht länger an dem Ideal möglichst weitgehender Naturfremdheit, Stabilität und technischer Perfektion orientiert, sondern am Ideal der Naturnähe, rascher Kreislaufschließung und bioökologischer Angepaßtheit. Eine solche Änderung der stofflichen Grundlage der Chemie erfordert eine nüchterne Erkenntnis der toxikologischen und ökologischen Wirkungszusammenhänge naturfremder Stoffe sowie der Grenzen der Erfaßbarkeit von realen Kombinationswirkungen.

Neue Produktlinien

c) Gefordert wird eine völlig andersartige Gestalt chemischer Produktlinien, die sich statt der Abhängigkeit von fossilen Rohstoffen, dem Einsatz hochreaktiver Zwischenprodukte und der Notwendigkeit technischer Recyclingkonzepte in ganz andersartiger Weise auf eine Grundlage vielfältigster, hochkomplexer Naturstoffe gründet, auf möglichst geringe stoffliche Zurichtung und die Wiedereingliederung in die natürlichen Stoffkreisläufe. Eine solche Änderung der prozessualen Grundlage der Chemie erfordert eine ganzheitliche Erkenntnis der ökologischen, ökonomischen und sozialen Auswirkungen heutiger Produktion in lokaler wie globaler Hinsicht entlang der gesamten Produktlinie - von der Gewinnung des ersten Primärrohstoffes bis zum Letzverbleib von Abbauprodukten in der Ökosphäre.

Eine wichtige Konsequenz aus den genannten Forderungen, die eine Konversion von der real existierenden Harten zu einer zukunftsfähigen Sanften Chemie bewirken sollen, ist, daß die in der Chemie verwendeten Verfahrenstechniken, Umwandlungsprozesse, Energie- und Stoffströme (prozessualer Aspekt) mindestens gleichrangig bewertet werden müssen wie die eingesetzten und resultierenden Stoffe selbst (substantieller Aspekt). Die bisher weitgehend allein vertretene statische Bewertung von Chemie wird damit in eine dynamische Bewertung überführt.

Das pflanzenchemische Erbe der Evolution

Bis etwa zum Beginn der Neuzeit stand die Menschheit vor einer ungeheuren Vielfalt natürlicher Prozesse zur Stoffbildung und Stoffumwandlung. Es liegt eine große Tragik in der Tatsache, daß die Bedeutung dieser Prozesse für das Überleben aller Organismen und damit auch des Menschen selbst erst erkannt wurde, als die tiefen Eingriffe des Menschen in die natürlichen Zusammenhänge bereits so weit fortgeschritten waren, daß zahllose dieser Prozesse zusammen mit den Organismen, in denen sie einst abliefen, bereits vernichtet waren. Das Bedauern der Ökologen und Naturschützer angesichts des Aussterbens von Arten geht nämlich häufig nicht weit genug: Nicht nur die biologische Spezies geht mit jeder ausgestorbenen Pflanze und jedem Tier verloren, sondern auch die speziellen Stoffbildungsprozesse, auf die sich beispielsweise eine bestimmte Tropenwaldpflanze im Verlauf der Evolution spezialisiert hatte. Dies ist einer der Gründe, warum es so drängend an der Zeit ist, die Grundideen einer Sanften Chemie in das Bewußtsein einer breiteren Öffentlichkeit gelangen zu lassen.

Es ist daher geradezu pervers, wenn uns die Chemie - und neuerdings gerade auch die Genindustrie - zu suggerieren sucht, sie werde in absehbarer Zeit mit Hilfe neuentwickelter Methoden und Präparate alle schweren Krankheiten und gleich dazu noch den Hunger in der Welt beseitigen, während die durch sie induzierte globale chemische Verseuchung der Umwelt die Hauptverantwortung dafür trägt, daß täglich Arten für immer verloren gehen. Wer kann wissen, ob nicht gerade in dieser Sekunde unter dem Einfluß der allgemeinen Pestizidbelastung von Boden, Luft und Wasser die Tierart ausgerottet wird, die als symbiotisch lebensnotwendig für eine bestimmte Pflanzenart ist, welche wiederum seit Jahrmillionen in sich das Syntheseprinzip für ein wirksames Heilmittel gegen schweren Rheumatismus trägt? Wissen wir, ob nicht gerade durch den Eroberungsfeldzug der Chemie gegen die Natur, beispielsweise durch die exzessive Mineraldüngung mittels aus Luftstickstoff durch Hochdrucksynthese enorm energieaufwendig hergestellter Nitrate (durch welche uns seit 80 Jahren die Beseitigung des Hungers in der Welt versprochen wird) gerade jene Pflanze vernichtet worden ist, in deren Blättern eine

Mit den Arten gehen auch Stoffbilfdungen zugrunde

chemische Substanz synthetisiert wurde, die ein wirksames und keine Resistenzen erzeugendes Mittel gegen die übermäßige Entwicklung eines bestimmten, große Ernten vernichtenden Pflanzenschädlings darstellte? Ist auszuschließen, daß zu den in der vergangenen Woche ausgerotteten Pflanzen auch jene gehörte, die ein sanftes und zuverlässiges Prinzip für eine wirksame Geburtenkontrolle enthielt? Gedanken dieser Art ließen sich beliebig vermehren.

Das Erbe der Evolution - ein enormes Potential

Nur wenn wir uns des großartigen Potentials bewußt werden, das vor allem im pflanzenchemischen Erbe der Evolution für das Leben auf der Erde steckt, kann dieses Potential auch für künftige Generationen bewahrt werden, die dann vielleicht - indem sie sich grausend von den lebensfeindlichen Forschungs- und Syntheseprinzipien der Jetztzeit abgewendet haben - mit ganz anderem Bewußtsein, neuen Methoden und vor allem mit dankbarer Ehrfucht vor dem, was in Jahrmillionen entstanden ist, ganz neue Möglichkeiten auf der Grundlage dieses Ererbten entdecken und zu nutzen lernen.

Die evolutionäre Bewährtheit der Naturprozesse

Kritiker des vorstehenden Gedankens werden einwenden, daß auch die modernen Syntheseprinzipien vor allem der organischen Chemie einen ungeheuren Reichtum an unterschiedlichen, neuartigen chemischen Verbindungen mit z.T. hochinteressanten Eigenschaften hervorgebracht hätten. Dies ist durchaus richtig: einschlägige Enzyklopädien[13] weisen Hunderttausende, ja Millionen von organischen Verbindungen auf, die heute nur noch zu einem verschwindend geringen Teil natürlichen Quellen entstammen.

Die Vielfalt des Angebots aus der Retorte kann jedoch über einen wesentlichen Unterschied nicht hinwegtäuschen: praktisch alle neuen Verbindungen, insbesondere die aus dem Bereich der organischen Chemie, blicken allenfalls auf einen Lebenslauf von wenig mehr als hundert Jahren zurück, die allermeisten davon sind erst in den vergangenen Jahrzehnten erstmals synthetisiert worden. Es gibt folglich für diese Stoffe nur einen sehr begrenzten Erfahrungshorizont, der nicht annähernd ausreicht, um die Verantwortbarkeit der Anwesenheit des entsprechenden Stoffes in der Biospäre, gar in der Umgebung des Menschen, abschätzen zu können. Die seitens der Toxikologie entwickelten Methoden zur Ermittelung des akuten Risikopotentials eines Stoffes (z.B. LD_{50}) können für diesen eklatanten Mangel an Bewährtheit keinerlei Ersatz sein: hier wird jeweils nur die unmittelbare Wirkung eines einzelnen Stoffes auf einen bestimmten Organismus unter definierten, praxisfernen Bedingungen ermittelt; für die Feststellung von langfristigen, weiträumigen Wirkungen auf alle Lebewesen unter den praktischen Bedingungen der stets gegebenen Kombinationswirkungen steht kein Instrument zur Verfügung; kritische Toxikologen müssen anerkennen, daß es sogar aus quantitativen und qualitativen Gründen unmöglich ist, diese entscheidende Wissenslücke je schließen zu können.

Synthetische Stoffe: Geringer Erfahrungshorizont

Toxikologie kann Wissenslücke nicht schließen

Es geht nicht darum, aus diesem Sachverhalt eine diffuse Chemophobie herzuleiten, sondern es geht um die nüchterne Feststellung einer Tatsache, die hier zwangsläufig zur Feststellung einer prinzipiell unüberwindlichen

Erkenntnisgrenze führt. Leider gibt es inzwischen genügend Belege für das mangelne Vermögen der Menschen, die langfristigen Auswirkungen der Synthese neuer Chemikalien auch nur annähernd abzuschätzen. Die Fluorchlorkohlenwasserstoffe, die bei ihrer ersten Synthese und vor allem bei ihrer großtechnischen Anwendung aufgrund bestechender technischer Vorzüge geradezu euphorisch begrüßt worden sind und nun, nach ihrer Wanderung in die oberen Atmosphärenschichten, das gesamte irdische Ökosystem bedrohen, sind nur ein Beispiel für diese Tatsache; für ganze Verbindungsgruppen und Synthesestrategien, wie sämtliche über organische Chlorverbindungen laufende Produktionswege, muß heute das völlige Aus-dem-Ruder-laufen hinsichtlich der lokalen und globalen mittel- und langfristigen Auswirkungen festgestellt werden.

Chemikalien - euphorisch begrüßt, dann verzweifelt verdammt

Bei den durch Naturprozesse entstandenen vielfältigen Verbindungen ist die Situation grundsätzlich eine völlig andere. Diese Verbindungen sind fast ausschließlich bereits in frühen Stadien der Evolution des Lebendigen erstmals aufgetreten. Die Herausbildung dieser Stoffbildungsprinzipien und die Naturstoffe selbst sind das Ergebnis eines langanhaltenden evolutionären Wettbewerbs. Es bestand daher über Jahrmillionen die Möglichkeit, in einen ständigen wechselseitigen Anpassungs- und Auswahlprozeß zu treten. Dieser Prozeß erfüllt alle Bedingungen, die bei den Synthesechemikalien eine Abschätzung der Langfristwirkungen unmöglich macht: die Anpassung trat über einen sehr langen Zeitraum in praktisch relevanter Umgebung und vor allem unter Einbeziehung aller denkbaren Kombinationswirkungen auf. Indem die Sanfte Chemie auf diese evolutionär bewährten Stoffbildungsstrategien setzt, macht sie sich das gesamte Erfahrungspotential dieses langwierigen Auswahl- und Anpassungsprozesses zunutze.

Sanfte Chemie macht sich Evolutions-Erfahrung zunutze

Der hier formulierte Begriff der ›evolutionären Vertrautheit‹ der Naturstoffe ist für die chemische Industrie und die dieser verpflichteten Wissenschaftler seit jeher einer der häufigsten Angriffspunkte in ihrer Argumentation gegen eine Sanfte Chemie. In diesem Zusammenhang ist eine Textstelle in einer Broschüre einer internationalen Vereinigung der Hersteller natürlicher Lebensmittelfarbstoffe, in der z.B. auch die Chemiegiganten BASF und Hoffmann-La Roche Mitglied sind, aufschlußreich. Da heißt es in bemerkenswerter Analogie zur im vorliegenden Buch vorgetragenen Argumentationsweise:

»... die Lebensmittelindustrie [kann] heute auf ein Spektrum von Farbstoffen zurückgreifen, die sich über Generationen von Konsumenten hin als ungefährlich erwiesen haben. Das will nicht heißen, daß NATCOL die Sicherheit dieser Farbstoffe aus ihrem natürlichen Vorkommen ableitet. Aber der Organismus des Menschen ist zweifellos mit denjenigen Substanzen eng vertraut, die ihn im Laufe der Zeit als Bestandteile seiner Nahrung begleitet haben.«[14]

Überhaupt ist die Entwicklungsgeschichte der industriellen Lebensmittelfarbstoffe sehr interessant und für die hier vorgetragenen Thesen eine wichtige argumentative Stütze aus einem jeder ideologischen Verbohrtheit unverdächtigen Praxisbereich: Während nach dem Aufkommen der synthetischen Farbstoffe diese wegen ihrer Intensität und Brillianz häufig als Lebensmittelfarbstoffe eingesetzt wurden (besonders berüchtigt dabei: das ›Buttergelb‹, chemisch p-amino-Azobenzol, das nach einiger Zeit unbekümmerter Verwendung als hochgefährliches Carcinogen erkannt wurde), sind im Laufe der Jahrzehnte die synthetischen Farbstoffe wegen ihrer allmählich erkannten Risiken immer mehr aus den Listen der zugelassenen Lebensmittelfarbstoffe eliminiert worden. Heute enthält diese Liste neben den harmlosen, anorganischen Eisenoxidpigmenten fast nur noch natürliche Farbstoffe pflanzlichen und tierischen Ursprungs.[15]

Lebensmittelfarbe: Naturstoffe setzten sich durch

Sowenig wie mit der Feststellung der Unkenntnis über die Langzeitwirkungen moderner Synthesechemikalien einer diffusen Chemophobie Vorschub geleistet werden sollte, sowenig kann es bei der Feststellung der evolutionären Vertrautheit der Naturstoffe darum gehen, diesen in einer diffusen Biophilie ihre prinzipielle Unbedenklichkeit zu bescheinigen, wie es den Anhängern des Konzepts einer Sanften Chemie gelegentlich und ohne entsprechende Belege unterstellt wird. Im Gegenteil: die im Verlauf der Evolution gebildeten Naturstoffe sind häufig biologisch aktive Spezies, deren Entstehung auf die Wechselwirkung mit anderen Organismen geradezu abzielt.

Es kommt daher bei diesen Stoffen geradezu zu einer Umkehr der Beurteilungsverhältnisse im Vergleich zu den modernen Chemikalien: die in der Biospäre lange vorhandenen Naturstoffe haben sich in ihrer Langzeitwirkung in biologischen Systemen bewährt, müssen jedoch in ihrer akuten Wirkung auf Organismen, gerade wenn sie in höheren Konzentrationen auftreten, sehr sorgfältig und unter Einbeziehung des kulturellen Erfahrungspotentials der Menschen im Umgang mit diesen Naturstoffen abgeschätzt werden. Aber gerade in letzterem liegt ein großer Vorteil: der Erfahrungshorizont des Menschen beim Umgang mit solchen traditionell genutzten Naturstoffen beträgt eben nicht nur wenige Jahrzehnte, sondern zumeist Jahrhunderte oder Jahrtausende, in denen ein reicher Erfahrungsschatz an ›arbeits- und umweltmedizinischen‹ Erkenntnissen gesammelt werden konnte.

Die Vielfalt der Naturstoffe

Pflanzliche Stoffe: ein Kosmos an Modellen, Varianten und Komplexitäten

Ein unglaublicher, überströmender Reichtum kommt demjenigen entgegen, der sich in teilnehmender Beobachtung den Möglichkeiten der pflanzlichen Stoffeswelt zuwendet. Wer einmal im Frühsommer über eine blühende Bergwiese am Rande eines Mischwaldes gewandert ist, hat sich wohl nur selten klargemacht, daß er sich mitten in einer Welt geradezu orgiastischer chemischer Stoffbildungs- und Umwandlungsprozesse befindet, in welcher Hunderttausende verschiedener, in diesem Augenblick erst aus einfachsten Grundstoffen gebildeter Substanzen einen rauschhaften Reigen an stofflicher Vielfalt bilden und daß jeder Atemzug, mit dem wir lustvoll den Duft der Blumen, Gräser und Bäume in unsere Lungen saugen, allein eine unübersehbare Menge natürlicher Synthseprodukte enthält. Von der hier waltenden Vielfalt kann man nur überwältigt sein - und muß sich doch gleichzeitig sagen, daß dieser Reichtum des bereits Erkannten nur ein Bruchteil dessen zu sein scheint, was selbst der bloßen Wahrnehmung, geschweige denn der genaueren Erforschung, noch verborgen geblieben ist.

Dabei bleibt es nicht beim Staunen über die quantitative Vielfalt der Naturstoffe. Tatsächlich enthält diese Vielfalt auch eine schier unglaubliche Fülle an struktureller Komplexität. Aufbauend auf wenigen, aber hocheffizienten Grundmethoden zur Verknüpfungen von Kohlenstoffeinheiten zu Ketten und Ringen verschiedenster Art sowie zur Bereitstellung der dafür notwendigen Energie, die von den primär absorbierten Energieeinheiten des Sonnenlichtes zunächst in energiereichere Speichermoleküle eingebracht und von diesen dann zielgerichtet an den Ort der Synthesen weitergeleitet werden, entstehen komplexe Substanzen mit extrem unterschiedlichen Eigenschaften: Zuckerstoffe der verschiedensten Art, Fasern wie Zellulose in mannigfaltigsten Konfigurationen und Kombinationen mit anderen Naturstoffen, Harze, Farbstoffe, Duftstoffe, Quellstoffe, Emulgatoren, Klebstoffe und vieles andere mehr, bis hin zu den hochkomplexen Boten- und Steuerungsstoffen, die den Stoffwechsel der Lebewesen regeln, und schließlich bis zu den komplizierten Substanzen, in denen die Baupläne der Organismen selbst niedergelegt sind und so ein biochemisches Archiv, ein molekulares Gedächtnis für den jeweils erreichten Stand der evolutionären Komplexität des Lebendigen gewährleisten.

Neue Begeisterung für die Erforschung der Natur

Struktureller Reichtum tritt uns hier entgegen, wie aus überschäumender Freude an der Variation und am Überfluß geschaffen. Hier liegen die Wurzeln einer neuen Begeisterung für die Erforschung der Natur, indem man sich dem demiurgischen Rausch nicht in der Surrogatbildung hingibt, sondern indem man im Nachvollziehen und Nacherleben des übermütigen Schöpfungsstromes der Evolution auch den Keim für die eigene Freude und Zufriedenheit als Naturwissenschaftler wiederentdeckt. Forschungen dieser Art, die mit den rasch wachsenden Kenntnissen über die chemischen Grundlagen der Stoffe in der ersten Hälfte des 19. Jahrhunderts möglich geworden waren, wurden bald von den als viel lohnender betrachteten Entwicklungen der synthetisch-organischen Chemie verdrängt. Hier brach eine Forschung ab, die sich heute erst wieder mühsam durch den Kokon einer nur auf die Surrogatbildung und die Produktion immer lebensfremder Stoffzusammenhänge spezialisierten Wissenschaft und Technik einen Weg ans Licht bahnen muß.

Naturstoffe: Synthesestoffen oft technisch überlegen

Da, wo sich Menschen einmal unvoreingenommen mit dem Potential der Naturstoffe beschäftigt haben, war nicht nur das Staunen über die Vielfalt angezeigt. Auch bei der Untersuchung der technischen Qualität einzelner Naturstoffe gibt es immer wieder staunendes Überraschtsein. Als Forscher beispielsweise die Klebkraft eines Proteins untersuchten, mit dem sich eine bestimmte Muschelart am Untergrund anhaftet, mußten sie zu ihrer Verblüffung feststellen, daß die Zugfestigkeit dieser Klebeverbindung alle bis dahin bekannten ›High-Tech‹-Kleber aus den menschlichen Retorten bei weitem übertraf. Beispiele wie diese belegen, daß eine auf der Erforschung der in der Natur selbst entstehenden Stoffe aufbauende sanfte Technologie alle wichtigen stofflichen und auch viele energetische Grundbedürfnisse des menschlichen Lebens ohne entscheidende Einschränkung an Lebensqualität zu befriedigen vermag.

Über die untauglichen Versuche, die Natur durch Synthese übertreffen zu wollen

Es gehört zu den Rätseln unserer modernen Zivilisation, mit welcher Geringschätzung und Gleichgültigkeit die meisten Menschen, gerade wenn sie als Chemiker tätig sind, an dem ungeheuren produktionsstrategischen, regionalen, stofflichen und strukturellen Reichtum der Pflanzenwelt vorübergehen und nichts eiliger zu tun haben, als einen Stoffreichtum von eigenen Gnaden synthetisieren zu wollen. Wo Chemiker nicht mit dem Blick auf eine weitere karrierefördernde Publikation Moleküle mit möglichst naturfremder Struktur und möglichst exotischen Eigenschaften aufzubauen suchen[16], sondern ihre Syntheseziele nach natürlichen Vorbildern ausrichten, da ist diese sogenannte ›Naturstoffchemie‹ doch wieder nur ein neuer Hochmut, die Ergebnisse der Evolution des Lebendigen übertreffen und verbessern zu wollen. Dabei hat sich doch durch zahlreiche Erfahrungen nur zu deutlich gezeigt, was aus solchen Verbesserungsversuchen herauskommt.

Ein Beispiel sind die Versuche, ›nach dem Vorbild der Natur‹ neuartige Insektizide zu synthetisieren. Da wurde beispielsweise das aus bestimmten Chrysanthemenarten traditionell gewonnene Pyrethrum als zu wenig stabil gegenüber Einwirkung von Licht und Luft und damit ungeeignet für die Bedingungen einer multinationalen Agrarchemieindustrie angesehen. Flugs wurden Synthesemethoden ersonnen, durch die zunächst der strukturelle Kern des Pyrethrums künstlich aufgebaut wurde - mit allen Nachteilen und Abfallprodukten der Harten Chemie - um anschließend die mangelhafte Stabilität des Moleküls durch den Einbau zusätzlicher Chloratome in organischer Bindung zu ›verbessern‹ und eine Chemikalie namens ›Permethrin‹ zu erfinden und rasch großtechnisch, z.B. als Holzschutzmittelwirkstoff, einzusetzen. Die bitteren Folgen, die durch den gedanklichen Ansatz der Sanften Chemie sogar warnend vorhergesagt wurden, sind inzwischen bekannt: diejenigen Konsumenten, die sich im Vertrauen auf die ›naturnahe‹ Propaganda der Permethrin-Lobby diesen Wirkstoff ins Haus holten, sind heute, den Lindan- und Pentachlorphenolopfern gleichrangig, in den traurigen Club der Holzschutzmittelgeschädigten aufgenommen worden. Schlimmer noch: der Autor dieser Zeilen, der eine solche Folge aufgrund der Überlegungen zur Wirkung von ›Gewalt gegen Moleküle‹ und im Analogieschluß zur konventionellen Chlorchemie voraussagte und vor dem Einsatz synthetischer Pyrethroide wie Permethrin warnte, wurde sofort mit brutalen Rechtsmitteln und unter Androhung drastischer Schadensersatzforderungen von derjenigen Chemieindustrie bedroht und angegriffen, die - zu Recht - um ihre Umsatzinteressen fürchtete. Nicht der Täter sollte bestraft werden, sondern der Überbringer der schlechten Nachricht.

Mit Chlor stabiler - und schädlicher: Modellfall Permethrin

Sanfte Chemie und politisch-industrielles Konzept ›Nachwachsende Rohstoffe‹

Mit dem Gesagten ist auch deutlich geworden, daß sich das Konzept der Sanften Chemie fundamental von dem Ansatz zur Förderung der ›nachwachsenden Rohstoffe‹ unterscheidet, wie es beispielsweise von der deutschen Bundesregierung aus landwirtschaftspolitischen Motiven mit erheblichen Mitteln gefördert wird[17]. Zwar gibt es an vielen Stellen Berührungspunkte, und es ist auch schon zu einer fruchtbaren Zusammenarbeit zwischen den regierungsamtlichen Förderern dieser Konzeption und den Vertretern einer

Sanften Chemie gekommen[18], aber es darf nicht unbeachtet werden, daß die Impulse für eine Sanfte Chemie teilweise von anderen konzeptionellen Voraussetzungen ausgehen und andererseits über das Konzept ›nachwachsende Rohstoffe‹ weit hinausreichen.

Die Nichtbeachtung der Zurückhaltung, die im Konzept der Sanften Chemie gegenüber allen tiefen Eingriffen in die strukturelle Identität und Integrität der im Naturprozeß entstandenen Substanz verankert ist, führt leicht zu einem Mißbrauch dieser Substanz zu industriellen Zwecken, die sich im Endeffekt nur wenig von den Fehlentwicklungen unterscheiden, die sich aus dem Monopolgebrauch des Erdöls als Produktionsbasis ergeben haben. Vor diesem Hintergrund ist eine erhebliche Skepsis auch gegenüber den Konzepten industrieller Herkunft angebracht, die Produkte z.B. der Wasch- und Reinigungsmittelindustrie aufgrund ihrer Entstehung aus primär nachwachsenden Rohstoffen als ökologisches Non-Plus-Ultra anpreisen.[19] Allerdings bestehen hier insofern Anknüpfungspunkte, als bei Unternehmen dieser Art (Beispiel: Henkel) noch am ehesten die Bereitschaft zur Nachdenklichkeit und zum Überdenken der klassischen petrochemischen Produktionsgrundlage gegeben ist; die Hoffnung, daß Unternehmen dieser Art eines Tages die Pioniere bei der Konversion auch der chemischen Großindustrie hin zu einer Sanften Chemie sein werden, erscheint bei aller notwendigen Skepsis nicht ganz unbegründet.[20]

Sanfte Chemie und das Chinaschilf-Konzept: Berührungen und Differenzen

Eine weitere, ebenfalls in der Öffentlichkeit stark beachtete Idee sollte trotz mancher argumentativen Verbindungen nicht mit dem Konzept der Sanften Chemie gleichgesetzt werden. Die Rede ist von den Bestrebungen, das sogenannte Chinaschilf, eine raschwachsende und assimilationsträchtige sog. C4-Pflanze, in unseren Breiten großflächig anzubauen und als Ausgangsstoff sowohl zur Energieerzeugung durch Verbrennung wie auch als faserreichen Rohstoff für zahlreiche technische Zwecke (z.B. als Baumaterial) zu verwenden. Als medienwirksamster Propagandist dieser Idee ist der Journalist Franz Alt aufgetreten, der Fernsehbeiträge und auch ein auflagenstarkes Bestseller-Buch zu diesem Thema verfaßt hat[21].

Die meisten Kritikpunkte, die von interessierter Seite, welche beispielsweise um ihr Energieliefermonopol fürchten müßte, an dem Konzept des Franz Alt vorgebracht worden sind, decken sich wenig mit der Kritik des Autors. In mancher Hinsicht könnte Alt bei erheblicher Erweiterung seiner Konzeption vielmehr durchaus ein vehementer Vertreter derjenigen Ideen sein, die hinter der Sanften Chemie stecken. Vorläufig aber sind von dieser Seite Einwände vorzubringen, die sich hauptsächlich gegen das Konzept wenden, eine einzige Pflanzenart so sehr in den Mittelpunkt von Überlegungen zur Erzeugung von pflanzlichem Material zur Rohstoff- und Energiegewinnung zu stellen.

Gefahren eines neuen Stoffmonopols

Es ist gerade die enorme Vielfalt und Vielgestaltigkeit der Pflanzenwelt, die ihren evolutionär bewiesenen Vorteil ausmacht. Diese Vielfalt aus quantitativen Überlegungen (maximale CO_2-Assimilation pro Hektar Anbaufläche) einem neuen Stoffmonopol zu opfern, hieße, aus den globalen ökonomischen und ökologischen Folgen der Erdöl-Monopolwirtschaft keine Schlüsse gezogen zu haben - trotz des unbestreitbaren Vorteils, den die Verwendung pflanzlicher Substanz gegenüber dem fossilen Rohstoff auch haben mag. Insofern sind die Chinaschilf-Überlegungen wieder ein Ausfluß des mechanistisch-reduktionistischen Denkens, der die Menschheit nicht aus der Sackgasse herauszuführen vermag.

Sanfte Chemie und nachhaltige Tropenwaldnutzung

Die irreversible Zerstörung der tropischen Regenwälder durch exzessiven Holzeinschlag ist in den vergangenen Jahren als eines der negativen Musterbeispiele für den menschlichen Raubbau an den natürlichen Lebensgrundlagen unseres Globus erkannt und in vielfältiger Weise zu Recht gebrandmarkt worden. Durch diese Diskussion ist jedoch die Tatsache überdeckt worden, daß es sehr wohl Möglichkeiten gibt, natürliche Produkte dieser einzigartigen Ökosysteme auf eine Art und Weise zu nutzen, die nicht nur die zerstörerischen Wirkungen des Holzeinschlags vermeidet, sondern darüber hinaus in der Lage ist, einen aktiven Schutz der Regenwälder zu fördern, indem den dort lebenden Menschen die Möglichkeit gegeben wird, statt der einmaligen Nutzung der Holzressourcen durch den Einschlag - bei welchem die Erträge ohnehin fast ausschließlich auf den Konten internationaler Holzkonzerne landen - eine nachhaltige Nutzung zu betreiben.[22]

Ein besonders einleuchtendes und seit langem praktisch bewährtes Beispiel für eine solche nachhaltige Nutzung der Schätze des Tropenwaldes ist die Gewinnung des Naturharzes Dammar, das als ausgezeichnetes Bindemittel für Naturfarben und Klebstoffe, aber auch als Lebensmittelzusatzstoff (Trübungsmittel für Limonaden) keine geringe Bedeutung hat. Wie die in Abb.11 wiedergegebene graphische Darstellung der Produktlinie von Dammarharz für Naturfarben belegt, führt diese nachhaltige Nutzung des Dammarbaumes zu einer konkreten wirtschaftlichen Alternative vor Ort, handelt es sich doch bei dem so genutzten Baum um genau die Baumart, von welcher das begehrte Tropenholz Meranti stammt. Die jahrhundertelangen Erfahrungen bei der Dammarharz-Gewinnung belegen, daß die nach traditionellen Verfahren angezapften, wildwachsenden Bäume unter der Entnahme dieses pflanzlichen Stoffwechselproduktes nicht leiden; die natürlichen ökologischen Zusammenhänge der tropischen Lebensgesellschaften bleiben dadurch unangetastet.

Dammargewinnung: Beispiel für aktiven Tropenwaldschutz

Der hier vorgestellte Gesichtspunkt wurde von dem Journalisten Uwe Hellner kürzlich auch in einen interessanten ökonomischen Zusammenhang gestellt:

»Der Hamburger Verein ›Rettet den Regenwald‹ verweist auf eine Studie aus dem Jahre 1989 von Charles M. Peters vom amerikanischen Institute of Economic Botany. Peters untersuchte ein Stück Regenwald in Peru und kam zu dem Ergebnis, daß die nachwachsenden Produkte neunmal so viel wert sind wie das Holz. Denn sie können kontinuierlich geerntet werden, während Bäume und Büsche, Untergehölz und Gräser teilweise Hunderte von Jahren benötigen, um wieder ein natürliches Mischbiotop hervorzubringen. Schneller können Landlose ihr Geld aber zweifellos bei den Holzkonzernen verdienen.«[23]

Nachhaltige Produkte: viel mehr wert als Tropenholz

Abb.11: Produktlinie von Dammarharz

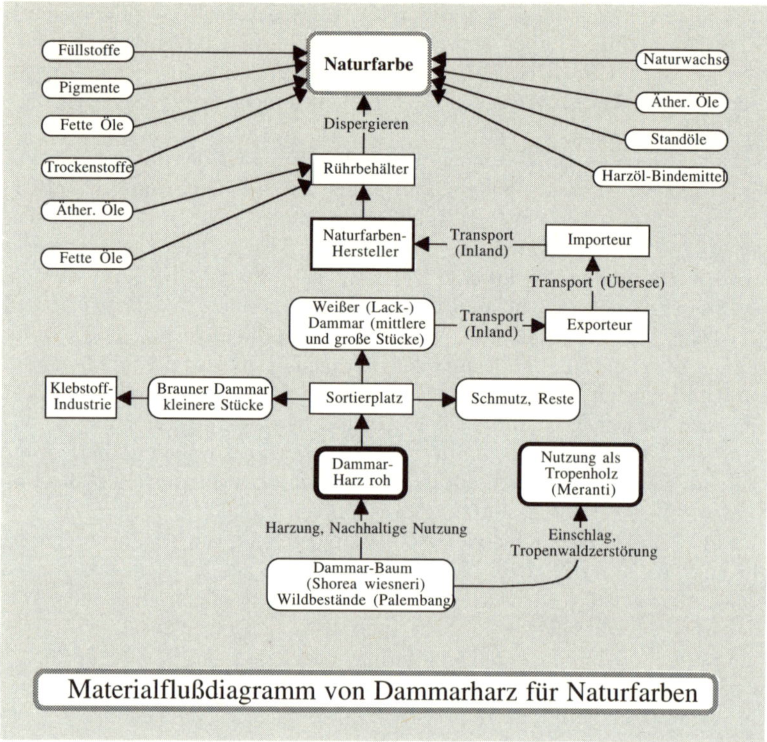

Sanfte Chemie und Mehrfachnutzung von Rohstoffen

Pflanzen bilden durch Photosynthese und damit verbundenes Wachstum niemals nur eine Substanz oder auch nur eine Stoffklasse. Selbst die einfachsten Nadelbäume synthetisieren zugleich Zellulose, Lignin, Rindenfarbstoffe, Gerbstoffe, Chlorophyll, Pflanzenwachse auf der Oberseite der Nadeln, ätherische Duftöle, Harze, Terpentinöle, öl- und eiweißreiche Zapfen und tausenderlei andere leicht nutzbare und begehrte Naturstoffe. Fast das gesamte Spektrum der Pflanzenprodukte findet sich bei jeder einzelnen Spezies der meisten Pflanzenarten. Es liegt daher nahe, eine Pflanze nicht nur um eines Rohstoffs willen zu ernten, sondern nach Möglichkeit alle Teile der Pflanze zu nutzen.

Lein liefert Öl, Fasern und Futter zugleich

Konkretes Beispiel für eine solche Mehrfachnutzung ist der Öllein: Neben dem begehrten Leinöl liefert diese Pflanze interessante Pflanzenfasern, die als Armierung in Natur-Verbundwerkstoffen eingesetzt oder zur Papierproduktion (ohne störendes und vorher aufwendig abzutrennendes Lignin wie beim Holz) verwendet werden können; dazu sind die Rückstände der Ölpressung keine Abfälle, sondern ein ausgesprochen wertvolles und von den Tieren sehr gern angenommenes Viehfutter. Es kommt nur darauf an, daß die Trennung der einzelnen Pflanzenstoffe voneinander wieder nach den Grundsätzen einer

Sanften Chemie verläuft: der Einsatz von petrochemischen Lösemitteln verbietet sich aufgrund des Risikos, daß bei ungenügender Abtrennung des Extraktionsmittels vom Schrot eine chemische Kontamination des Viehfutters stattfindet. Außerdem ist es eine falsche, durch den Reduktionismus induzierte Denkweise, das Pflanzenöl hundertprozentig aus dem Preßrückstand extrahieren zu wollen: Warum sollen nicht, nach einer ersten Pressung von Diätleinöl und einer Zweitpressung von Leinöl für Naturfarben, die wenigen Prozent Öl im Preßkuchen den Tieren gegönnt werden?

Diese Mehrfachnutzung von Pflanzen unterscheidet sich also grundlegend von der sogenannten Koppelproduktion im Bereich der Harten Chemie: die zusammen mit den Leinsamen anfallenden Fasern der Ölleinpflanze sind für sich wertvoll, Dutzende von Anwendungsmöglichkeiten stehen zur Verfügung, während für Abfallprodukte der Harten Chemie nicht nur mühsam und zwanghaft Einsatzmöglichkeiten gefunden werden müssen, sondern dazu noch die immanente Gefährlichkeit der Abfallstoffe allein durch einen Nebennutzen ja noch nicht beseitigt wurde; außerdem ist die Abtrennung, anders als bei den meisten Nebenprodukten der Pflanze, ein sehr energieaufwendiges Geschäft, in dessen Verlauf wieder Abfälle produziert werden. Die nicht mehr verwertbaren Reststoffe einer mehrfach genutzten Pflanze sind jedoch wenigstens noch leicht kompostierbar und bilden so im Wortsinne die Grundlage - nämlich als Humus - für eine nachfolgende Pflanzengeneration, in letzter Konsequenz bei ›nutzloser‹ Verrottung wenigstens noch Kohlendioxid, das von anderen Pflanzen als Nahrungsmittel zum photosynthetischen Aufbau anderer Stoffe verwendet werden kann.

Pflanzenreste - kompostiert als Basis neuen Wachstums

Auf eine weitere Form der ›Mehrfachnutzung‹ von Rohstoffpflanzen soll noch hingewiesen werden, zu der es nun wahrhaftig kein vorstellbares Pendant der Harten Chemie mehr gibt: Die Orte, an denen Pflanzen zur chemisch-technischen Nutzung wachsen, sind gleichzeitig und ohne Einschränkungen erholsame Freizeitorte für den Menschen, sind Lebensraum für Tausende anderer Pflanzen und Tiere. Wer denkt beim Wandern durch einen Lärchenwald, in dem eine schonende, nachhaltige Gewinnung des kostbaren Farbenrohstoffs Lärchenharz stattfindet, schon an die unbestreitbare Tatsache, von lauter chemischen Reaktoren umgeben zu sein? Wer genießt nicht das abwechslungsreiche Bild, das sich bei einer abendlichen Fahrradtour durch die Feldmark ergibt, in der sich wogende Getreidefelder mit den wunderbar blaublühenden Feldern von Öllein abwechseln?

Synthese der Pflanzen vereint ›Arbeit‹ und ›Freizeit‹ an einem Ort

Die Produktionskapazität der Biosphäre

Betrachtet man die extrem negativen Auswirkungen der Produktionsmethoden der Harten Chemie auf Umwelt und Gesundheit aller Lebewesen, so könnte man meinen, dies habe auch etwas mit der enormen Gesamtmasse an Chemikalien zu tun, die auf solche Weise erzeugt werden. Aus einer solchen Annahme entsteht häufig die Vorstellung: würde man den natürlichen Rohstoffquellen die gleiche Produktionsmenge auflasten, dann würde auch dadurch eine enorme Beeinträchtigung der Umwelt eintreten. Insbesondere unter Naturwissenschaftlern ist diese Annahme weit verbreitet.

Biospäre vieltausendmal leistungsfähiger als Synthesechemie

Tatsächlich ist jedoch die Leistungsfähigkeit der Biosphäre auch in quantitativer Hinsicht um einen riesigen Faktor größer als die der chemischen Industrie! Ausgangspunkt jeder Erforschung der Möglichkeiten zur Deckung des gesellschaftlichen und individuellen Bedarfs an geeigneten Stoffen ist die Erkenntnis, daß die Biosphäre nach wie vor mit ca. 1,7 x 10^{11} t/a Produktionsvolumen [24] (allein auf dem Festland!) das Produktionsvolumen an organischen Rohstoffen auf petrochemischer Basis mit ca. 9 x 10^{7} t/a [25] um eine ganze Reihe von Größenordnungen übersteigt; dabei ist noch nicht berücksichtigt, daß für letztere ein erhebliches generelles Einsparungspotential bei Überwindung der allgemeinen Wegwerfmentalität angenommen werden kann.

Dieser aufschlußreiche Sachverhalt ist in einer in allen Teilen sehr lesenswerten Schrift des UPI-Institutes über Leistungen und Funktionen der Biosphäre sehr anschaulich und einleuchtend formuliert worden[26]:

»Die Menge aller vom Menschen bisher erzeugten Güter ist ... verschwindend klein: Weniger als ein Milliardstel im Vergleich zur Produktionsmenge der Biosphäre. ... Und nirgends haben sich gefährliche oder lebensfeindliche Deponien von Abfällen gebildet. Der gesamte Rohstoff wurde zu Abfall und der gesamte Abfall wurde wieder zu Rohstoff.«

Die Wissenschaftler des UPI-Institutes, dem wir zahlreiche, z.T. verblüffende Analysen der quantitativen Dimensionen der Naturproduktion, aber auch eindrucksvolle Zusammenstellungen der globalen Kosten der Umweltbelastung verdanken, weisen unter anderem auf folgende Tatsachen hin, die uns bei der Einschätzung der natürlichen Stoffgrundlagen im Vergleich zu ihrem chemisch-industriellen Pendant sehr nachdenklich stimmen sollten. So kommen sie zu der nüchternen Feststellung, daß die gesamte industrielle Produktionszeit nicht mehr als ein Dreißigmillionstel der Produktionszeit der Naturproduzenten umfaßt. Anders ausgedrückt: stoffliche Produktion ist auf der großen Weltuhr einen ganzen Tag lang ohne unser Zutun perfekt verlaufen, während die menschlichen Produktionsverfahren auf dieser Uhr allenfalls Millisekunden Bestand hatten - und mit welchen Folgen!

Industrie-Synthese: nur eine winzige Episode, aber folgenschwer

Nicht nur in zeitlicher, sondern auch in quantitativer Hinsicht ist dieser Vergleich geradezu erschütternd: die UPI-Forscher errechneten, daß die gesamte Biomassenproduktion der Erde seit Beginn der Evolution des Lebendigen 10^{20} Tonnen (Trockenmasse) beträgt; in Kilogramm ausgedrückt wäre das eine Zahl mit 23 Stellen! Diese Produktionsleistung entspricht allein einer Menge von $5x10^{19}$ Tonnen Kohlenstoff - das ist das 800 000fache des jetzigen Kohlenstoff-Gehaltes der Biosphäre und immer noch das 600fache des gesamten Kohlenstoff-Gehaltes der Erdkruste unter Einschluß sämtlicher Carbonatgesteine, in denen der Kohlenstoff in anorganischer Bindung vorliegt. Mit anderen Worten: der gesamte Kohlenstoff unseres Globus war schon 600mal im Kreislauf - und dieser Kreislauf funktioniert immer noch. Es kommt hinzu, daß dieser gigantische Prozeß von Stoffsynthese und -zersetzung über den gesamten Produktionszeitraum vollkommen abfallfrei verlief.

Im Vergleich dazu beträgt das gesamte, aufsummierte anthropogene, d.h. vom Menschen selbst induzierte Produktionsvolumen nur einen winzigen, kaum nennenswerten Bruchteil: weniger als ein Milliardstel dessen, was die Natur bereits geleistet hat, kann auf das Leistungskonto des Menschen gebucht werden. Und trotz dieses vergleichsweise winzigens Ausmaßes hat es der Mensch fertig gebracht, durch seine groben und unangepaßten, selbstherrlichen Produktionsmethoden auch noch den milliardenmal leistungsfähigeren globalen Produktionsorganismus aufs Schwerste zu schädigen. Ein Vergleich zum Geschehen in der Wirtschaft kann diese Ungeheuerlichkeit plausibler machen: Wenn ein Angestellter der Fa. General Motors mit einer Finanztransaktion von 100 Dollar diesen ganzen Industriegiganten in den Konkurs triebe, so entspräche das der globalen Handlungsweise des Menschen, der mit einer evolutionären Petitesse dabei ist, das gesamte Ergebnis der Evolution des Lebendigen zu zerstören.

Nichtigkeiten drohen Weltkonkurs zu bewirken

Nicht nur im Hinblick auf den Kohlenstoffkreislauf ist die Leistung des globalen Organismus ungeheuer groß - gleiches gilt für den Sauerstoff. Der Sauerstoffverbrauch aller Lebewesen betrug bisher aufsummiert 10^{20} Tonnen. Das bedeutet, daß der gesamte Sauerstoffgehalt der Atmosphäre einschließlich des Gehaltes der Ozeane an Sauerstoff bereits 60mal für Stoffwechselvorgänge von Lebewesen genutzt wurde. Auch hier machen die UPI-Forscher durch einen Vergleich deutlich, um wieviel schlechter wir Menschen mit dieser gasförmigen Schlüsselressource unseres Globus umgehen. Allein Deutschland (alte Bundesländer) produziert jährlich 15 Millionen Tonnen Abgase. Mit diesem Schadstoffausstoß werden nicht weniger als 90 Millionen Kubikkilometer saubere Luft über die jetzigen, noch sehr laschen Grenzwerte hinaus vergiftet. Das entspricht einer verunreinigten Luft-Säule von 320 km Höhe über der gesamten Fläche Deutschlands. Selbst wenn man diese, nur aus Deutschland stammende Schadgasmenge auf die ganze Erdatmosphäre verteilte, würde immer noch eine Luftsäule von 150 Metern Höhe den ganzen Globus über die Grenzwerte hinaus vergiften. Nebenbei wird auf diese Weise auch die enorme Reinigungsleistung der Niederschläge beleuchtet, die diese Schadstoffe immer wieder erfolgreich aus der Atmosphäre auswaschen - wir wären sonst schon lange erstickt. Aber die Kehrseite dieser Reinigung ist auch: durch die Auswaschung mit den Niederschlägen landen die Schadstoffe dafür im Boden und in den Gewässern.

Wie die Natur mit der Luft umgeht - und wie die Technik

Das Wasser als universelles Lösemittel der Biosphäre, ohne das kein einziger Lebensvorgang möglich ist, ist ebenfalls von den UPI-Forschern einer quantitativen Untersuchung unterzogen worden. Hier sind noch größere Zahlen festzustellen als beim Kohlenstoff und beim Sauerstoff: der gesamte Wasserverbrauch der Biosphäre hatte bislang ein Ausmaß von 10^{23} Tonnen. Diese unvorstellbar große Zahl wird uns in ihrer Bedeutung zugänglicher, wenn wir sie vergleichen mit der heute insgesamt auf der Erde vorhandenen Wassermenge. Diese beträgt $1{,}7 \times 10^{18}$ Tonnen, davon liegen allein 97% in den Meeren vor. Die Kombination der beiden Zahlen bedeutet nicht anderes, als das sämtliches heute auf der Welt vorhandene Wasser nicht weniger als 50 000-

mal durch pflanzliche und tierische Organismen hindurchging und seine Aufgabe als biologisches Lösemittel erfüllte - und es war bis vor kurzer Zeit immer noch so rein und lebensfördernd wie am Anfang. Demgegenüber reicht bereits der einmalige Durchgang des Wassers durch eine Chemiefabrik, um es für Lebewesen völlig ungenießbar zu machen - und dies trotz aller anerkennenswerten Fortschritte der Chemieindustrie in Bezug auf die qualitative und quantitative Verminderung ihrer Abwassereinleitungen in die Flüsse.

Kreislauf des Wassers: erstmals seit Äonen bedroht

Auch der Biologe und erfolgreiche Wissenschaftspublizist Frederic Vester hat sich eingehend mit der von den meisten Menschen verkannten Leistungsfähigkeit der Biosphäre befaßt. Er kommt zu der Feststellung[27]:

»Die Biospäre, dieses Supersystem aus Mikroben, Algen, Plankton, verletzlichen Tieren und zarten Pflänzchen, macht immerhin einen Jahresumsatz von 200 Milliarden Tonnen Kohlenstoff und organischem Material. Er produziert über seine subtilen Funktionsformen allein 100 Milliarden Tonnen Sauerstoff und verarbeitet selbst an Schwer- und Leichtmetallen wie Eisen, Vanadium und Kobalt, Magnesium, Natrium und Kalium Jahr für Jahr zusammengenommen viele Milliarden Tonnen, ohne je Rohstoff- oder Abfallsorgen zu kennen. So haben wir es auf der einen Seite mit einem Energie- und Stoffumsatz gewaltigen Ausmaßes zu tun, auf der anderen Seite jedoch mit einem System, das mit einem traumhaften Wirkungsgrad von bis zu 98 Prozent arbeitet, das trotz dieses Umsatzes weder Energie- noch Abfallsorgen hat (für jedes Abfallprodukt stehen Organismen und Enzyme bereit, die es gleich weider in ein neues Ausgangsprodukt verwandeln), ein System, das eine wahre Fundgrube an technische Raffinessen, an energiesparenden Tricks und eleganten Kombinationen der verschiedenartigsten Technologien darstellt. Wollte der Mensch mit seiner heutigen Technik die Funktionen dieser globalen Superfabrik voll ersetzen, so brauchte er dazu sicher ein Tausendfaches der von ihr verbrauchten Energie und maschinell wahrscheinlich mehr Platz, als auf allen Planeten unseres Sonnensystems zusammen vorhanden ist.«

Natur-Stoffwechsel mit traumhaftem Wirkungsgrad

Die Vermeidung von Gewalt gegenüber der unbelebten Welt

Keiner der modernen chemischen Gebrauchsstoffe verdankt seine Entstehung einem freiwilligen Ablauf stofflicher Veränderungen. Es bedarf vielmehr ausgeprägter Zwänge, die auf die natürlich vorkommenden Primärrohstoffe - wie beispielsweise Erdölinhaltsstoffe - ausgeübt werden müssen, um sie zu den Reaktionen zu nötigen, die sie schrittweise in die gewünschten Zielmoleküle überführen. Die im 2. Kapitel (ab Seite 25) ausführlich erörterten Beispiele für die gängigen Produktionsverfahren der Harten Chemie zeigen nur zu deutlich die ihr innewohnende Gewaltsamkeit im Umgang mit den Stoffen. Diese Gewaltsamkeit, die ihren Ausdruck findet in dem Bestreben nach möglichst radikaler Abänderung der natürlicherweise zur Verfügung stehenden molekularen Strukturen, im Einsatz hoher Temperaturen und Drucke oder möglichst energiereicher Ausgangschemikalien, bleibt nicht ohne Folgen: ›die Moleküle schlagen zurück‹ - entweder direkt auf dem Weg der ihnen mittels der Syntheseoperationen verliehenen umwelt- und gesundheitsschädlichen Eigenschaften, oder indirekt, indem die gewaltsamen Entstehungsbedingungen sich wiederspiegeln in einer Vielzahl von zumeist unerwünschten (und häufig doch über Produkte ›entsorgten‹) Nebenprodukten, die in Gestalt direkter Emissionen oder auf dem Umweg über Sondermülldeponien oder Verbrennungsöfen in veränderter Form auf die Umwelt einwirken. Anders ausgedrückt: je gewaltsamer die Erzwingung bestimmter Reaktionsabläufe erfolgt, um so größer ist das Risiko, daß die so erzeugten Stoffe die ihnen auferlegte Gewalt weiter in sich tragen und, im Sinne einer reziproken Wirkungsbeziehung, auf die Lebenswelt über kurz oder lang gewaltsam zurückwirken.

Gewaltsam erzeugte Moleküle schlagen zurück

Das gedankliche Problem liegt darin, daß der Begriff ›Gewalt‹ nicht aus dem Sprachgebrauch der Naturwissenschaften stammt, sondern ein Element der Alltagssprache, allenfalls der Fachsprache der Sozialwissenschaften ist. Dies bringt mit sich, daß immer dann, wenn von ›Gewalt in Wissenschaft und Technik‹ die Rede ist, der Vorwurf der ›Unwissenschaftlichkeit‹ laut wird. Dabei haben sich Naturwissenschaft und Technik in den vergangenen Jahrzehnten immer häufiger mit dem Phänomen ›Gewalt‹ auseinandersetzen und erkennen müssen, daß die Ausübung von Gewalt zu den untrennbaren Kennzeichen ihrer Arbeitsweise und deren Folgen gehört - ob es dabei um die Gewalt geht, die in Gestalt chemischer Kampfstoffe auf von diesen betroffene gegnerische Truppen und Zivilisten geht, ob die Schädigung von Millionen Tschernobyl-Opfern durch die freigesetzte Radioaktivität gebrandmarkt wird, ob der gewaltsame Tod und die Verletzung Zehntausender Menschen in Bhopal zu registrieren ist oder die Vernichtung Tausender Fische nach einem Chemiestörfall im Rhein. Selbst die Vorgartenbesitzer in der Umgebung des Hoechst-Werkes in Frankfurt werden das ihnen durch die nitroanisolhaltige Wolke Angetane, das ihnen die Möglichkeit zur Freude an ihren Bäumen, Sträuchern und Blumen genommen hat, nicht anders als eine Vergewaltigung empfinden können. Und die Tatsache, daß Hunderttausende von Versuchstieren für den vorgeblichen Erkenntnisfortschritt der Wissenschaften - natürlich zum Wohle des Menschen - gewaltsam verletzt oder getötet werden, erscheint heute dem weit überwiegenden Teil der Bevölkerung als eine unerträgliche und moralisch keinesfalls zu rechtfertigende Form von Gewalt in unmittelbarem Zusammenhang mit der Arbeit der Chemie.

Gewalt gehört zum Alltag der Hochtechnologien

Schwieriger wird es allerdings, wenn im Zuge der Grundgedanken einer Sanften Chemie auch von einer ›Gewalt gegen unbelebte Stoffe‹ gesprochen wird. Natürlich wird kaum jemand sich zu der Behauptung versteigen wollen, daß ein Benzolmolekül, das in einem chemischen Reaktor mit Chlorgas und UV-Licht zu einer einschneidenden chemischen Umwandlung gezwungen wird, dabei Schmerz, Pein oder auch nur Unbehagen empfinden könnte. Und doch ist es nur eine, heute vielleicht erst schwer bewußtseinsmäßig erfaßbare logische Weiterentwicklung des geistigen Entwicklungsprozesses der Menschheit, auch die Vermeidung von Gewalt gegenüber der unbelebten Welt als etwas kulturell, ästhetisch und eben auch naturwissenschaftlich Folgerichtiges zu erkennen. Es wäre ein weiterer Schritt auf dem Wege, auf welchem der Menschheit einst einsichtig wurde, daß die Folterung anderer, angeblich ›niedriger stehender‹ Menschen nicht zulässig ist, um dieses ›Humanum‹ dann in den vergangenen Jahrzehnten zunehmend auf die Gewalt gegenüber der Tierwelt auszudehnen. Heute schickt diese Bewegung sich an, die gewaltsame Zerstörung pflanzlicher Lebensräume ebenso gesetzlich zu sanktionieren und steht nun vor der Erkenntnis, daß selbst eine Ausübung von Gewalt im Bereich der unbelebten Materie ein ethisches Problem darstellt.

Es sei gern zugestanden, daß es sich hierbei um eine Gedankenkette handelt, die gut geeignet ist, die Ideen einer Sanften Chemie bei aller vielleicht zugestandenen Plausibilität anderer Überlegungen wie Ressourcenschonung, Nachhaltigkeit, Kreislaufbildung, Energieeinsparung usw. in den Bereich des Spekulativen, Metaphysischen, Irrationalen zu rücken. Der Autor des vorliegenden Werkes kann gut damit leben, daß gerade dieser Gedanke, aus dem Zusammenhang aller hier niedergelegten Erwägungen herausgelöst, sich besonders leicht zu einer pauschalen Abqualifizierung des Restes eignen wird. Dies fällt ihm um so leichter, als es ebenfalls die eher stoff- und verfahrensbezogenen praktischen Gesichtspunkte der Sanften Chemie waren, die er vor knapp zwei Jahrzehnten öffentlich zu äußern wagte, die sich heute mit Macht - und auch unter anderem Namen - anschicken, Bestandteil der unbekümmerten und selbstverständlichen Praxis in vielen, auch größeren, Unternehmen zu werden - gerade auch von Unternehmen, die damals nur Hohn und Spott über solche abenteuerlichen Konzepte zu gießen pflegten.

Behutsamkeit auch im Umgang mit Unbelebtem

Die hier angestellten Überlegungen, die eine Zurückhaltung und Behutsamkeit im menschlichen Handeln nicht nur gegenüber der Mitmenschheit, der Tier- und der Pflanzenwelt fordern, sondern auch gegenüber der unbelebten Welt der chemischen Stoffe, gehören sicher zu den Thesen, welche von in heutiger naturwissenschaftlicher Denkweise geprägten Fachleuten am schwierigsten nachzuvollziehen sein werden.[28] Und doch ist die Begründung der Sanften Chemie ohne eine neuzugewinnende Ethik auch gegenüber der unbelebten Welt unvollständig.

Es kann auch nicht Aufgabe dieses Buches sein, für das Problem der Gewaltsamkeit gegenüber Unbelebtem ein fertiges Gedankengerüst zu liefern. Es genügt vielleicht einstweilen, diese These als ein heuristisches Prinzip zu sehen, als ein Hilfsmittel bei der Analyse der chemischen Status quo und bei der Auffindung von stofflichen und prozessualen Alternativen, die den Gedanken des ›humanen Handelns‹ in neue und bislang unbedachte Bereiche fortschreiben. Und so sind es bisher wohl noch am ehesten die Naturphilosophen und Dichter, die einen solchen Gedanken auch in Worte zu kleiden vermögen.

Einer der wenigen, die - geleitet von dem Wunsch nach einer Spiritualisierung der Naturforschung aus dem Geiste der Poesie - den Gedanken einer Brüderlichkeit auch im Umgang mit der unbelebten Welt bereits vor zweihundert Jahren in Worte kleideten, ist Johann Wolfgang Goethe. Er läßt Faust zum Geist in der Natur das Folgende sprechen[29]:

»Erhabner Geist, du gabst mir, gabst mir alles,
Worum ich bat. Du hast mir nicht umsonst
Dein Angesicht im Feuer zugewendet
Gabst mir die herrliche Natur zum Königreich,
Kraft, sie zu fühlen, zu genießen. Nicht
Kalt staunenden Besuch erlaubst du nur,
Vergönnest mir, in ihre tiefe Brust
Wie in den Busen eines Freund's zu schaun.
Du führst die Reiche der Lebendigen
Vor mir vorbei, und lehrst mich meine Brüder
Im stillen Busch, in Luft und Wasser kennen.«

Dies ist die Grundlage einer Anschauung, in welcher Gewalt gegen die Stoffe der scheinbar unbelebten Natur und die nicht fühlende pflanzliche Natur nicht anders gewertet wird als die Gewalt gegen Menschen und Tiere, nämlich als eine Verletzung des Gebots der Brüderlichkeit. Auch Novalis ließ sich wohl von ähnlichen Gedanken leiten, als er - wie auf Seite 86 zitiert, in seinen ›Lehrlingen zu Sais‹ das gewaltsame ›Schneiden ins Fleisch der Natur‹ durch Naturwissenschaft und Technik beklagte und dabei offensichtlich nicht nur an Tiere und Pflanzen dachte.

Die Vermeidung von Eingriffen in die Molekülstruktur der Naturstoffe

Konkret und praktisch wird der im vorigen Kapitel angeschnittene gedankliche Ansatz dort, wo es um die Eingriffe des Menschen in die molekulare Integrität der Stoffe geht. Daß eine solche unvermeidlich ist, ergibt sich leicht aus der Tatsache, daß nur wenige der in der Natur zur Verfügung stehenden Stoffe ohne jede Veränderung als Nahrungsmittel, Baustoff, Kleidungsgegenstand, Reinigungsmittel oder Farbstoff zu gebrauchen sind. Umso wichtiger ist es, sich gerade im Bereich der Sanften Chemie - deren stoffliche Grundlage hauptsächlich die in der Natur entstandenen Rohstoffe sind - hinsichtlich der Grundsätze und Methoden, mit denen diese natürlichen Grundstoffe in eine für den menschlichen Gebrauch geeignete Form überführt werden, Klarheit zu verschaffen.

Biodiversität kommt vor Molekülmodifikation

Ausgangspunkt für alle Überlegungen zur Abwandlung von Naturstoffen ist die schon auf den Seiten 114 bis 123 ausgeführte Tatsache, daß Naturstoffe - und hier besonders die Produkte des pflanzlichen und tierischen Stoffwechsels - sehr häufig bereits in einer komplexen molekularen Form vorliegen, die sie unmittelbar und ohne vorherige chemische Modifikation geeignet machen, als Rohstoffe für chemisch-technische Alltagsprodukte eingesetzt zu werden. Der ebenfalls bereits ausführlich geschilderte qualitative und quantitative Reichtum der Naturstoffe, ihre Mannigfaltigkeit und Verschiedenartigkeit, machen es möglich, daß vor der Überlegung zur chemischen Abwandlung eines solchen Naturstoffes immer das Bemühen einsetzen kann, anstelle eines gegebenen, nicht optimal geeigneten Stoffes in der Natur nach einem anderen, ähnlichen und besser geeigneten Stoff zu suchen und diesen dann entsprechend ohne Abwandlung einzusetzen.

Strukturelle Vielfalt bei pflanzlichen Ölen

Beispiele für eine derartige Verfahrensweise finden sich in praktisch allen Naturstoffgruppen. Bei den pflanzlichen Ölen beispielsweise sind Fettsäureketten vielfältigster Art bekannt, die nicht nur in der Zahl der verketteten Kohlenstoffatome, sondern auch in der Häufung und strukturellen Stellung von Doppelbindungen oder anderen funktionellen Molekülgruppen eine weite Variabilität aufweisen, so daß es keine Schwierigkeit bereitet, Pflanzenöle mit sehr guter Trocknungsfähigkeit zu finden, aber auch solche mit geringerer oder - im Falle der gesättigten Fettsäuren - ohne die Fähigkeit, an der Luft zu trocknen.

Ähnliche Möglichkeiten zur Variation der Eigenschaften ergeben sich bei aus Pflanzenfetten hergestellten waschaktiven Stoffen wie Seifen: mit der Länge der Fettsäurekette und der Anzahl und Stellung von Doppelbindungen überstreichen die waschtechnischen Eigenschaften solcher Seifen das ganze Spektrum von sehr guter Waschwirkung bei kurzkettigen Seifen bis hin zu gutem Emulgier- und Schmutztragevermögen bei den langkettigen Seifen.[30] Ein Beispiel aus einer ganz anderen Stoffgruppe sind die pflanzlichen Polysaccharide, zu denen das bekannte Gummi Arabicum, aber auch Guarkern- und Johannisbrotkernmehl gehört. In dieser Naturstoffgruppe ist es aufgrund der enormen Variationsbreite der durchschnittlichen Molekülmasse dieser natürlichen makromolekularen Stoffe möglich, z.B. im Bereich der Viskositätsregelung von Produkten praktisch alle gewünschten Eigenschaften durch geeignete Rohstoffauswahl optimal einzustellen. Auch im Bereich der Faserpflanzen, der Pflanzenharze, der Duftstoffe, der Farbstoffe, der Pflanzenwachse, der Eiweißstoffe und vieler anderer Naturstoffgruppen steht bereits mit den heute gängigen Rohstoffen eine ähnlich breite Palette an nutzbaren Eigenschaften zur Verfügung.

Pflanzen-Polysaccharide: Molekülmasse fast nach Belieben

Den meisten der hier genannten Naturstoffe ist gemeinsam, daß es zu ihrer Gewinnung und anwendungsspezifischen Zubereitung lediglich rein physikalischer Prozesse wie Extraktion, Destillation, Mahlen, Kristallisation etc. bedarf. Die molekulare Identität der Inhaltsstoffe wird bei einem solchen physikalischen Prozeß nicht oder nur in einem sehr geringen Umfang (Autoxidation, Oligomerisierung etc.) angetastet.

Die Möglichkeit, Naturstoffe ohne wesentliche Veränderung des molekularen Gefüges der Inhaltsstoffe einzusetzen, bietet eine große Zahl ökologischer Vorteile. Zunächst ist eine solche molekulare Abwandlung, sofern sie nicht - im Sinne z.B. eines biologischen Abbaus - exergonisch (unter Energiefreisetzung) abläuft, energieaufwendig, und zwar meist um so mehr, je tiefer der Eingriff die ursprüngliche Molekülstruktur verändert. Die positive Energiebilanz der pflanzlichen Naturstoffe, von der noch die Rede sein wird, würde dementsprechend geschmälert.

Verzicht auf Molekül-Modifikation spart Energie

Ein weiterer Gesichtspunkt ergibt sich aus der Überlegung, daß bei jeder - im Sinne des vorherigen Kapitels - gewaltsamen Abwandlung eines Naturstoffes das Risiko besteht, daß nicht nur die gewünschten Reaktionen ablaufen, sondern auch Nebenreaktionen, die zu unerwünschten Nebenprodukten führen. Auch hier gilt in erster Näherung, daß mit der Tiefe und

Energieaufwendigkeit des Eingriffs Zahl und Menge solcher Nebenprodukte wächst.

Ein dritter Gesichtspunkt folgt aus der einleuchtenden Tatsache, daß jeder Naturstoff in seiner unveränderten Form aufgrund der evolutionären Anpassung in der Natur auf optimal geeignete Abbaumechanismen stößt, die ihn wieder in den ökologischen Kreislauf zurückführen. Meist sind dies die enzymatischen Werkzeuge der verschiedensten Mikroorganismen, die sich im Verlauf der Evolution in effizientester Weise an das jeweilige Substrat angepaßt haben. Jede chemische Abwandlung des Substrats verschlechtert dessen ›Erkennbarkeit‹ - mechanistisch gesprochen: dessen strukturelle Paßgenauigkeit - für die vorgesehenen enzymatischen ›Scheren‹. Die nachgewiesene ausgezeichnete biologische Abbaubarkeit fast aller genannten pflanzlichen Naturprodukte ist ein Beleg für diese These, die ihre Folgerichtigkeit auch aus der einfachen Überlegung erhält, daß die evolutionäre Bereitstellung eines (assimilativen) Aufbauprizips ohne die gleichzeitige Bereitstellung eines (dissimilativen) Abbauprinzips zur allmählichen Anhäufung riesiger Depots in der Biosphäre geführt hätte, die anderes Leben hätten ersticken müssen.

Naturstoffe: je weniger verändert, desto leichter abbaubar

Stufen der Denaturierung

Flankiert wird diese Erkenntnis durch die Beobachtung, daß es gerade die besonders naturfremden, gegenüber ihrem Ursprung stark abgewandelten Stoffe sind, die aufgrund ihrer nicht als Ergebnis evolutionärer Anpassung geschaffenen Strukturen sich den natürlichen Abbauwerkzeugen verweigern. Diese Tatsache führt dann zu den gefürchteten Persistenzen von Stoffen, für welche die extrem stabilen Fluorchlorkohlenwasserstoffe oder die halogenorganischen Biozide wie DDT nur zwei Beispiele von vielen darstellen. So stellt sich auch unter diesem Aspekt die Tatsache, daß Erdölinhaltsstoffe in der Regel nicht entfernt die gewünschten physikalischen und chemischen Eigenschaften aufweisen, sondern zu ihrer Einsetzbarkeit drastischer molekularer Veränderungen bedürfen, als ein gravierender Nachteil der petrochemischen Herstellung von Gebrauchsstoffen heraus.

Nicht immer liegen allerdings die Naturstoffe in einer direkt verwendbaren Form vor. Es ist daher notwendig, bei einem verstärkten Einsatz solcher Stoffe als Grundlage für chemisch-technische Produkte nach Beurteilungskriterien zu suchen, in welchem Ausmaß und mit welchen Folgen eine chemische Modifikation zulässig sein kann. Leider stellte die klassische exakte Naturwissenschaft für ein solches Unterfangen keine geeigneten Denkformen zur Verfügung. Wer versucht, zu einer qualitativen Bewertung von Eingriffen in die molekulare Identität zu gelangen, muß sich der darin verborgenen Fallstricke bewußt sein und einstweilen mit methodischen und begrifflichen Fragwürdigkeiten leben. Ein erster Ansatz dazu wurde im Jahr 1986 vom Autor auf einer Tagung der Arbeitsgruppe Sanfte Chemie unternommen; für eine ausführlichere Erörterung sei hier auf die Nachschrift zu diesem Referat verwiesen.[31]

Problem ›Zurichtungsgrad‹: neue Denkformen gesucht

Im Alltagsleben haben wir zunächst wenig Schwierigkeiten mit einer Vorstellung von differenzierter struktureller Qualität von Stoffen. Wir kennen den geschmacklichen und makroskopisch wahrnehmbaren Unterschied zwischen einem ›frischen‹ Eischnee und einem gebackenen Baiser ganz genau. Aber wir machen uns in der Regel keine Gedanken darüber, was bei der ›chemischen Modifikation‹ des Eiweißes im letzteren Fall auf molekularer Ebene geschehen ist. Daß es sich bei der Erhitzung von Eiweiß um eine Form der Denaturierung handelt, wird uns allenfalls bewußt, wenn wir merken, daß wir ein ›wenig denaturiertes‹ (=weichgekochtes) Hühnerei leichter verdauen können als ein ›stärker denaturiertes‹ (=hartgekochtes) Ei. Aber ob die chemische Veränderung, die bei dieser fortschreitenden Denaturierung mit der Substanz des Hühnereies vorgegangen ist, diese Verdaulichkeit deshalb erschwert, weil aufgrund der einschneidenderen strukturellen Veränderungen auf Molekülebene die den schließlichen Abbau bewirkende Werkzeugausrüstung unserer Verdauungssäfte nicht mehr so leicht zum Zuge kommt, wird uns wohl weniger beschäftigen, wenn uns das harte Ei schwerer im Magen liegt. Und schon gar werden wir keine Mühe darauf verschwenden, den hier angesprochenen Grad an Denaturierung quantifizieren zu wollen.

Wenn wir solche Stufen der Denaturierung oder der strukturellen Veränderung qualitativ erfassen wollen, so bietet sich eine vorsichtige Abstufung an, die mit den völlig unangetasteten Naturstoffen beginnt und mit Stoffen endet, die sich in struktureller Hinsicht weitestmöglich von ihrem Ursprung entfernt haben. Es entsteht also die folgende Kaskade zunehmender ›Eingriffstiefe‹, die durch jeweils einige Beispiele verdeutlicht werden soll:

Kaskade zunehmender Eingriffstiefe

1. Unveränderte Naturprodukte, ohne Menschenzutun entstanden.
Beispiele: Umgebungsluft, Quellwasser, Wildfrüchte, Kieselsteine
2. Unveränderte Naturprodukte, durch Menschenzutun freigesetzt.
Beispiele: Natur-Gummimilch, Kiefern-Rohbalsam, Getreidekorn, Erdöl
3. Physikalisch verarbeitete Naturprodukte
Beispiele: Colophonium/Balsamterpentinöl, Erdfarbe (gemahlen), Mehl
4. Chemisch modifizierte Naturprodukte bei weitgehendem Strukturerhalt
Beispiele: Seife, Brot, Erdfarbe (gebr.), Wein (Besonderh.), Glycerinharzester
5. Chemisch modifizierte Naturprodukte bei erheblicher Strukturänderung
Beispiele: Alkydharze, Kokosfettethersulfate
6. Synthetische Stoffe mit naturidentischer Molekülstruktur
Beispiele: Synthetische Hormone, ›naturidentische‹ Aromastoffe
7. Synthetische Stoffe mit stark naturfremder Molekülstruktur
Beispiele: Arylalkylsulfonate, Azofarbstoffe
8. Synthetische Stoffe mit extrem naturfremder Molekülstruktur
Beispiele: Polychlorierte Kohlenwasserstoffe

Neben solchen eher strukturorientierten Einstufungen der Veränderung von Stoffen wären auch noch andere Kriterien denkbar, die sich eher an verfahrenstechnischen Kriterien orientieren (z.B. kerntechnische Verfahren, physikalische Verfahren, anorganisch-chemische Verfahren, organisch-chemische Verfahren, biotechnologische Verfahren, gentechnologische Verfahren). Die zuerst beschriebene Kaskade der Eingriffstiefen hat hingegen den Vorteil, daß sie in einer interessanten Analogie zu einem Beurteilungsmodell von Stoffen steht, welches seit vielen Jahrzehnten existiert und sich in der Praxis

Die Analogie in der Vollwert-Ernährungslehre

ausgezeichnet zur Vorhersage von Qualitäten, bis hin zu gesundheitlichen Wirkungen, bewährt hat. Die Rede ist von der sog. Kollath-Tabelle der Vollwert-Ernährungslehre oder deren mannigfachen Abwandlungen, bei denen das Grundprinzip jedoch erhalten geblieben ist. Dieses Grundprinzip betrachtet, genau wie die oben aufgestellte achtgliedrige Kaskade der Eingriffstiefen, das Ausmaß von Veränderungen und Zurichtungen, die ein bestimmtes Lebensmittel von der Entstehung der primären Rohprodukte bis zum Verzehr durchlaufen hat. Es gilt hier der Grundsatz, daß ein Lebensmittel umso empfehlenswerter ist, je geringer der Grad an technischer Verarbeitung (in Küche oder Industrie) ist, den es erlitten hat. Auch hier sollen zur Verdeutlichung die wesentlichen Stufen mit der jeweiligen Empfehlung der Vollwert-Ernährungslehre und Beispielen aufgeführt werden:

1. Unveränderte Lebensmittel (›Besonders empfehlenswert‹)
Verarbeitungsverfahren: Waschen, Enthülsen (Orangen, Nüsse), Keimen.
Beispiele: Rohkost (Gemüse, Obst, Samen), Rohmilch, Quellwasser. Nicht immer ›ohne Gift‹ (z.B. Bohnen, Pilze).
2. Bearbeitete Lebensmittel (›Sehr empfehlenswert‹)
Verarbeitungsverfahren: Schneiden, Mahlen, Pressen, Fermentieren, Trocknen.
Beispiele: Vollkornmehl, Sauerkraut, kaltgepreßte Öle, Butter, Quark, Tees.
3. Erhitzte Lebensmittel (›Empfehlenswert‹)
Verarbeitungsverfahren: Erhitzen, Backen, Pasteurisieren.
Beispiele: Grützen, Breie, Brot, Gekochtes Gemüse, Obst, Eier, Fleisch.
4. Verarbeitete Lebensmittel (›weniger empfehlenswert‹)
Verarbeitungsverfahren: Sieben, Braten, Rösten, Extrahieren, Konservieren.
Beispiele: Auszugsmehle und -produkte, Konserven, H-Milch, Kochsalz.
5. Isolierte Lebensmittelsubstanzen, Fertigprodukte (›nicht empfehlenswert‹)
Verarbeitungsverfahren: Destillieren, Raffinieren.
Beispiele: Isolierte Zucker, Stärke, Proteine, Vitamine, Alkohol, Sojafleisch
6. Synthetische Nahrungs- und Genußmittel (›abzulehnen‹)
Verarbeitungsverfahren: Synthetisch hergestellt.
Beispiele: Synthetische Aromen, Farbstoffe, Süßstoffe.
7. Chemikalien, Chemikalienrückstände (›Strikt zu meiden‹)
Verarbeitungsverfahren: Synthetisch hergestellt.
Beispiele: Konservierungsmittel, Pestizidrückstände.

Vergleichbare Probleme: Zuordnung, Übergänge, Bewertung

Vergleichbar bei der Kollath-Tabelle und dem Versuch einer Einstufung des Zurichtungsgrades von chemisch-technischen Alltagsprodukten sind die immanenten Probleme: Die ›Zuordnung‹ eines bestimmten Stoffes in die richtige Kategorie, die ›Übergänge‹ zwischen den verschiedenen Kategorien, die meist fließend sind und schließlich die ›Bewertung‹ oder Empfehlung bzw. Ablehnung eines bestimmten Stoffes aufgrund der vorher definierten

Zuordnung. Gerade am Beispiel der Lebensmittel ergeben sich hier eine Reihe von methodischen, aber auch ganz praktischen rechtlichen Problemen. Nicht umsonst wird in der Rechtsprechung bei solchen Komplexen immer wieder zu wenig scharfen Kriterien wie dem ›Empfinden des überwiegenden Teils der Bevölkerung‹ oder zum sog. ›allgemeinen Sprachgebrauch‹ gegriffen.

Andere Methoden, bei denen gerade die ›Wertigkeit‹ von Lebensmitteln anhand ›objektiver‹ Methoden ermittelt werden soll (z.B. die ultraschwache Photonenemission[32]) oder die sog. bildgebenden Verfahren (Steigbildmethode, Tropfenbildmethode etc.) stecken entweder noch ganz in den Anfängen, haben nur einen begrenzten Aussagewert oder befinden sich noch in einem ungeklärten Raum zwischen plausibler Spekulation und wissenschaftlicher Akzeptanz.

Die energetischen und entropischen Vorteile der Sanften Chemie

Nicht umsonst ist die chemische Industrie heute der größte industrielle Primärenergieverbraucher. Die Inhaltsstoffe von Erdöl und Erdgas in die molekulare Form zu überführen, die durch den Gebrauchsnutzen eines Produktes vorgegeben ist, erfordert, wie auf den Seiten 55 bis 77 ausführlich dargestellt, zahlreiche Stufen chemischer Veränderung, von denen jede einzelne in der Regel einen erheblichen Energieaufwand erfordert, da die Stoffe ihre Umwandlung in andere chemische Spezies nicht freiwillig durchlaufen.

Die primäre Energiequelle der Sanften Chemie

Gelegentlich ist angesichts dieser Feststellung zu hören gewesen, es gebe doch heute eine ganze Reihe chemischer Verfahren, bei denen die chemische Reaktion zwischen den beteiligten Stoffen ganz ohne äußere Energiezufuhr und noch dazu unter ausgesprochen milden Bedingungen (drucklos, niedere Temperaturen etc.) stattfindet. Als Beispiele solcher Reaktionen wurden dabei genannt: die Chlorierung, Ethoxylierung oder Hydrierung organischer Verbindungen. Dieser Einwand ist leicht als Scheinargument zu entlarven. Es fällt sicher nicht schwer, eine chemische Reaktion ohne äußere Energiezufuhr ablaufen zu lassen, wenn ich Reaktionspartner wähle, die selbst so enorm reaktiv sind, daß bei ihrer Reaktion mit dem gegebenen Substrat sogar noch Energie frei wird. Der Haken an der Sache: die hochreaktiven Partner selbst - in den genannten Beispielen etwa Chlorgas, Ethylenoxid und Lithiumaluminiumhydrid[33] - bedürfen zu ihrer Darstellung selbst enormer Mengen an Energie, die sie dann natürlich teilweise als chemische Energie gespeichert haben und in einer Reaktion abgeben können.

Reaktionsenergie aus ›harten‹ Vorläufer-Chemikalien

Als weiterer Gesichtspunkt in energetischer Hinsicht kommt bei den Produkten der Harten Chemie auf Erdölbasis das Folgende hinzu. Diese fossilen Kohlenstoffverbindungen sind sicher Träger großer Mengen an chemischer Energie und stehen darin nicht hinter entsprechenden Naturstoffen wie Pflanzenölen zurück; sie gleichen einer gespannten Feder, bei deren Entspannung nutzbare Energie frei wird (wie man bei jeder Verbrennung von Erdöl wie Salatöl leicht feststellen kann). Der Unterschied besteht nur darin, daß diese gespeicherte chemische Energie aufgrund des nichtregenerativen Charakters des Erdöls nur *einmal* irreversibel zur Verfügung steht: die Feder läuft ab, und das war es dann.

Pflanzenstoffe: Energie-›Feder‹ wird stets wieder aufgezogen

Im Falle der nachwachsenden Rohstoffe ist zwar zunächst das gleiche Bild von der sich entspannenden Feder und der frei werdenden nutzbaren Energie gegeben, aber mit einem wesentlichen Unterschied: es gibt einen wohleingespielten, zuverlässig wirkenden und seit Jahrmillionen fehlerfrei arbeitenden Mechanismus, durch den die einmal entspannte Feder wieder gespannt wird. Dieser Mechanismus ist die photosynthetische Assimilation in den Pflanzen, bei welcher die einfachen Moleküle, die bei der ›Entspannung‹ des Naturstoffs im Verlauf des mikrobiologischen Abbaus entstanden sind (wobei das Freiwerden der Energie von den Mikroorganismen oder auch höheren Organismen selbst wieder zur Aufrechterhaltung ihrer Stoffwechselvorgänge und damit ihres Lebens genutzt werden), mit Hilfe der von der Sonne stammenden Energie wieder zu komplexeren Einheiten zusammengebaut werden, wodurch die chemische Feder wieder gespannt ist - und so fort. Die energetische Vergleichbarkeit zwischen Erdöl und Pflanzenstoffen ist also nur gegeben, wenn ich unzulässigerweise nur einen kleinen Ausschnitt im Lebenszyklus des betreffenden Produktes betrachte - unter Einbeziehung des gesamten Lebenslaufes kommt man zu dem Resultat, daß pflanzliche Stoffe im Gegensatz zum Erdöl einen dauerhaften Energiegewinn, etwa in Höhe ihrer jeweiligen Verbrennungswärme, erbracht haben.

Dieses Gesamtbild wird noch deutlicher, wenn man es, wieder mit Hilfe der fleißigen Rechner des UPI-Institutes, einmal in einen quantitativen Vergleich übersetzt. Der gesamte Energieeinfang der Biosphäre bis heute wird von den UPI-Wissenschaftlern mit etwa $6x10^{20}$ Tonnen Steinkohleeinheiten abgeschätzt. Demgegenüber ergibt ihre Schätzung, daß der gesamte bisherige Energieverbrauch der Menschheit seit dem ersten Auftreten des Homo sapiens etwa um den Faktor $2x10^{8}$, d.h. als um 200 Millionen mal geringer war! Und wie sehr hat der Energieverbrauch der Menschheit trotz dieses vergleichsweise winzigen Ausmaßes unsere Erde großflächig verwüstet! Wir sehen daraus: nicht nur in stofflicher, sondern auch in energetischer Hinsicht sind die Strategien der lebendigen Natur den Strategieen auch der leistungsfähigsten Naturwissenschaftler und Techniker weit und dazu wohl kaum einholbar überlegen.

Naturstrategien auch energetisch weit im Vorteil

Es war offensichtlich der entscheidende ›Kniff‹ der Evolution, bei der energetischen Versorgung der Stoffbildungsprozesse nicht auf interne, sondern auf eine externe Energiequelle zu setzen: auf die Sonne. Die Nutzung der Sonnenenergie hat unserem Globus trotz des genannten bisherigen gigantischen Energie- und Stoffumsatzes all die Folgen erspart, die mit einer globus-internen Energieerzeugung (gleich ob durch Kernenergie mit aus der Erde gewonnenem Uran oder durch Energiefreisetzung aus den fossilen Rohstoffen Kohle, Erdöl oder Erdgas) zwangsläufig und unvermeidlich verbunden sind: hohe Energieverluste in Form von Abwärme, große Störfallrisiken, unlösbare Entsorgungsprobleme, starke Abhängigkeit von Großversorgern, großflächige Schadstoffimmissionen, irreversible Eingriffe in den globalen Klimahaushalt etc.

Wir können uns daher drehen und wenden wie wir wollen: selbst bei einem stark verringerten Verbrauch der Menschheit an Energie und an Stoffen wird eine Zukunftsfähigkeit nur gegeben sein, wenn wir uns den genannten ›Kniff‹ der Evolution zu eigen machen und bereits mittelfristig praktisch nur noch die außerirdische Energiequelle anzapfen. Und wir brauchen dazu nicht einmal neue, wieder potentiell umweltschädliche und teure Technologien wie photovoltaische Solarzellen zu entwickeln: die beste Solarzelle, noch dazu autoregulativ, autark, dezentral und abfallfrei arbeitend, zudem von hohem ästhetischen Wert und direkt kompatibel zu unseren Freizeitinteressen, ist das grüne Blatt der Pflanze.

Sanfte Chemie und Entropie oder: Wie man Unordnung vom Globus fernhält

Der energetische Aspekt der Pflanzenchemie ist leicht für jeden Menschen einzusehen: jeder spürt die Energie der Sonnenstrahlen auf der Haut, nimmt das Freiwerden der chemisch gespeicherten Energie beim Verbrennen von Holz oder anderen organischen Stoffen wahr. Daß es hinter dem Phänomen Energie noch ein anderes wesentliches physikalisches Phänomen gibt - das der sogenannten Entropie - ist den wenigsten Menschen bewußt, obwohl dieses naturwissenschaftliche Prinzip unser Leben ebenso nachhaltig prägt wie die altvertraute Energie. Dies liegt wohl auch daran, daß wir als moderne Menschen gelernt haben, mit einem der wesentlichen Aspekte von Energie gedanklich vertraut umzugehen: mit der Tatsache, daß Energie nicht verloren gehen kann, sondern nur die Erscheinungsform wandelt. Von der Bewegungsenergie eines Fahrzeugs zur Wärmeenergie der Bremsen, von der potentiellen Energie des Wassers in einem Staubecken in die kinetische Energie des Abflußkanals und weiter zur elektrischen Energie des Kraftwerksgenerators erleben wir diese Energieumwandlungen unter dem Primat der Energieerhaltung.

Für die Entropie gibt es einen solchen einfachen Erhaltungssatz nicht. Und doch erleben wir ihr Wirken täglich und stündlich beinahe wie ein unerbittliches Diktat: In einem abgeschlossenen System nimmt die Entropie (oder, mit einem ungenaueren, alltagssprachlichen Begriff: der Grad an Unordnung) ständig zu. Die Kaffeetasse zerspringt ›von allein‹, die Scherben werden aber nicht von selbst wieder ganz; der Duft einer Rose verströmt im Zimmer, aber die Duftstoffe versammeln sich nicht wieder in den Rosenblättern; ein Tropfen Tinte breitet sich in einem Wasserglas auch ohne Rühren aus, aber nie werden wir erleben, daß die Tintenteilchen sich aus dem gleichmäßig gefärbten Wasser wieder zu einem Tropfen zusammenballen.

Unerbittlich zerstörend: das Gesetz der ›Zerstreuung‹

Die Welt steht unter dem ›Grundgesetz vom Niedergang‹, wie der Titel eines interessanten Buches das physikalische Phänomen der Entropie auch benennt.[34] Das Grundgesetz der Entropie ist ein Gesetz, das der Zerstörung von geordneten Strukturen immer den Vorzug vor der Bildung von Ordnung gibt. Es ist das universelle Gesetz der Erosion, Diffusion und Dissipation (Zerstreuung), das in scheinbarer Unerbittlichkeit dafür sorgt, daß die Berge langsam zu Geröll und Geröll schließlich zu Staub zerfallen; ein Gesetz, das dafür sorgt, daß der Kaffee selbst in der Thermoskanne unweigerlich langsam abkühlt, das aber auch bewirkt, daß die in Tschernobyl freigesetzten radioaktiven Stoffe, die innerhalb des Reaktors noch in einer relativ geordneten, lokalisierten Form vorlagen, sich nach dem Super-GAU bald über eine riesige Fläche verteilten. Das Grundgesetz vom Niedergang sorgt dafür, daß alle einmal geordneten Strukturen, von den fein geäderten Blättern der Bäume über die von uns geschaffenen Bauten bis zu den Leibern der Menschen selbst unweigerlich einmal zu Staub zerfallen. In einem nach außen abgeschlossenen System gibt es gegen diese Zerstörung, da sie einem unerbittlichen physikalischen Gesetz folgt, keinen Widerstand.

Das Wunder ›Biospäre‹: dem Niedergang zuwider

Und doch erleben wir auf unserem Globus - zu unserem Glück und als Grundvoraussetzung unserer Existenz und der Existenz allen Lebens auf der Erde - in jeder Sekunde auch das Gegenteil des Niedergangs: aus einem wenig gestalteten Samenkorn entsteht eine Blume von hoher Symmetrie und Ordnung, aus einem wenig strukturierten Laich entsteht allmählich ein komplex gegliederter Frosch, aus einfachen Holzstämmen entsteht ein durchgebildetes Möbelstück, aus dem Wirbel der zur Verfügung stehenden Buchstaben formt sich, wie bei der Entstehung dieses Buches, ein geordneter Text. Das ganze Treiben der belebten Natur und darüber hinaus das ganze Handeln der Wirtschaft ist offensichtlich darauf gerichtet, aus Ungeordnetem Geordnetes zu schaffen, aus dem Einfachen das Komplexe, aus dem zerstreuten Rohstoff das gegliederte Produkt. Es kann keinen Zweifel an der Allgemeingültigkeit des Grundgesetzes vom Niedergang geben und doch gibt es offenkundig ein Prinzip, das sich in der uns umgebenden lebendigen Natur wie in den Leistungen unserer Kultur und Technik diesem alles zerstreuen wollenden Zwang der Entropie widersetzt, ihm ein Grundgesetz der Neg-Entropie oder ›Syntropie‹ als Gegensatz zur Entropie entgegenstellt, ein ›Grundgesetz vom Aufstieg‹. Es war eine bewunderungswürdige verlegerische Idee, als der Hanser-Verlag 1989 zu gleicher Zeit neben dem Buch über das Grundgesetz vom Niedergang ein Buch über das Grundgesetz vom Aufstieg publizierte.[35]

Das Grundgesetz vom Aufstieg

Was hat es mit diesem Aufstieg auf sich? Liegt hier nicht eine Verletzung des Entropie-Gesetzes vor? Wie ist es möglich, daß es in einem Ozean des zwangsläufigen Niederganges offensichtlich Inseln des Aufstiegs geben kann? Woher rührt das Geheimnis unseres Lebens und Wachstums, wenn doch die Welt ohne Ausweg der Erosion preisgegeben ist? Wie werden in einer Welt gültiger Entropie-Gesetze aus Samen Bäume, aus Bäumen Häuser? Tatsächlich sind nicht etwa die Gesetze der Physik ausgehebelt - das Geheimnis der Syntropie besteht darin, daß unser Globus eben kein abgeschlossenes System ist, sondern ein System, das sich in jeder Sekunde eines mächtigen Zustromes ›von außen‹, von der Sonne, erfreuen kann. Dieses ständige ›Netto-Einkommen‹, das uns mit der Einstrahlung der Sonne auf unseren Globus ohne unser Zutun zuströmt, macht es möglich, daß die Erdoberfläche nicht längst zu Staub zerfallen ist.

Der aufbauende Zustrom von der Sonne

Es ist aber offensichtlich nicht allein der Energiezufluß von der Sonne, der den Aufstieg ermöglicht - schon unser Mond ist ein Gegenbeispiel und gleichzeitig ein deutliches Exempel dafür, wie auch unser Planet aussähe, wenn er nur den Gesetzen der Entropie unterläge - eine kahle Staubwüste, allenfalls gering strukturiert durch den gelegentlichen Einschlag von kraterbildenden

Meteoriten. Neben dem Zustrom an Energie von der Sonne als einem gigantischen Sender sind offensichtlich Empfangsorgane notwendig, durch welche diese Energie verwendet wird, um Wachstum und die Bildung geordneter Strukturen zu ermöglichen. Diese Antennen, die erst die Verwandlung des Zustroms in Ordnungsinseln ermöglichen, sind die pflanzlichen Organe zur Photosynthese.

Pflanzenblätter sind Antennen für Syntropie

Damit sind wir auch beim Zusammenhang zwischen Sanfter Chemie und Entropie: Die Nutzung der pflanzlichen Photosynthese schafft erst die ›Ausnahmesituation‹ Biosphäre, schafft eine Oase der Stabilität und des Wachstums in einer Wüste der Destruktion. Damit wird der im vorhergehenden Kapitel betrachtete Faktor ›Sonnenenergie‹ zu viel mehr als zum bloßen Lieferanten von Wärme: entscheidender noch als diese ist die Tatsache, daß jedes Quant sichtbaren Lichtes von der Sonne hier auf der Erde die Möglichkeit schafft, sich dem zerstörerischen Diktat des Grundgesetzes vom Niedergang in zeitlich und räumlich begrenzter Form zu widersetzen.

Der Rang einer solchen einfachen Erkenntnis für unser Weltbild und für unsere Handlungsalternativen kann kaum hoch genug eingeschätzt werden. Der grundlegende Unterschied zwischen Sanfter Chemie und Harter Chemie reduziert sich in dieser Hinsicht auf die Frage: Wie verhalten sich beide Arten, mit den Stoffen umzugehen, zu unserer entropischen Situation und zu unserem entropischen Schicksal?

Beantworten wir diese Frage zuerst in Bezug auf die Grundlagen der Harten Chemie. Hier liegt zunächst ein schneller Fehlschluß nahe: Erdöl als Grundstoff Harter Chemie ist selbst nach allen heute vorliegenden Erkenntnissen ein Folgeprodukt der pflanzlichen Photosynthese und damit für sich genommen eine Insel der stofflichen Ordnung, da seine Vorprodukte pflanzlicher und tierischer Art vor Jahrmillionen durch Photosynthese aus den stark ungeordneten, in der Atmosphäre und im Boden und Wasser zerstreuten Grundstoffen Kohlendioxid und Wasser zu komplexen Kohlenwasserstoffen aufgebaut wurde, die dann durch den geologischen Prozeß der Erdölbildung nur einen teilweisen Abbau erlitten.

Erdöl: dem Syntropie-Zyklus entzogen

Aber gerade durch diese Einbettung in Lagerstätten haben sich die Kohlenwasserstoffe des Erdöl dem jährlichen Zyklus der Syntropiebildung entzogen. Der erste wesentliche Schritt der Erdölverarbeitung in der Raffinerie ist nun die Bildung niedermolekularer Kohlenwasserstoffe, die statt der ursprünglich zahlreichen Kohlenstoffatome pro Molekül nur noch durchschnittlich vier Kohlenstoffatome enthalten. Dieses Ergebnis der ›Crack‹-Prozesse entspricht folglich bereits einer Zunahme von Entropie oder einer Abnahme des Ordnungszustandes. In den folgenden Schritten werden diese einfacheren Kohlenwasserstoffe dann mit den beschriebenen Methoden der Harten Chemie in zahlreichen Zwischenschritten wieder zu komplexen Gebrauchschemikalien aufgebaut. Dieser Aufbau erfolgt, wie dargelegt, nicht freiwillig, sondern nur unter dem Einfluß von sehr viel Energie.

In entropischer Hinsicht spielt sich bei dieser Synthese das Folgende ab: Der Ordnungszustand der Moleküle nimmt stark zu, während der

Ordnungszustand der Energieträger, die die notwendige Energie liefern, stark abnimmt. Werden als Energielieferanten wieder fossile Energieträger verwendet - wie es weit überwiegend der Fall ist - dann ist das letzte stoffliche Resultat der Energieerzeugung Kohlendioxid, Wasser und andere Bruchstücke mit sehr niedrigem Ordnungsgrad. Bilanziert man die Ordnungs*zunahme* der synthetisierten Moleküle gegenüber der Ordnungs*abnahme* der eingesetzten Energieträger, dann kommt man zu dem Ergebnis, daß einem geringen Maß an Ordnungsgewinn ein riesiges Ausmaß an Ordnungszerstörung gegenübersteht - allein aufgrund der Tatsache, daß die Syntheseenergie nicht von außerhalb der Biosphäre (wie bei der Photosynthese durch Sonnenenergie) sondern aus dem Bereich des Globus selbst stammt.

Massenhaft Zerstreuung - für ein wenig Strukturbildung

Anders ausgedrückt: wir verzeichnen eine starke Nettozunahme von Entropie bei jedem Syntheseprozeß der chemischen Industrie - und gegen diese physikalisch begründete Tatsache kommt auch eine noch so sehr gesteigerte Effizienz der Synthesemethoden nicht mehr an. Die Tatsache, daß wir das ursprüngliche Photosyntheseprodukt Erdöl millionenmal rascher verbrauchen, als es gebildet worden war, treibt uns unausweichlich in die Entropiefalle unserer modernen Zivilisation.

Selbst die grundsätzlich ja anerkennenswerten Bestrebungen zur Wiederverwendung und zum stofflichen Recycling der Produkte der Harten Chemie verschärft die entropische Misere nur noch mehr: für das Einsammeln der Folgeprodukte, den Transport zu den Wiederverwertungsanlagen und vor allem für den Recyclingprozeß selbst wird wieder ein enormes Ausmaß an Energie benötigt. Die Lieferung dieser Energie aus fossilen Energieträgern aber schafft, wie beschrieben, im Nettoeffekt ungleich mehr Entropiezunahme, als durch den Recyclingprozeß selbst an neuer Ordnung gebildet werden könnte. Diese entropische Falle aller modernen technischen Recyclingkonzepte ist noch viel zu wenigen Menschen bewußt und bedeutet zugleich, daß selbst solche Ansätze schließlich schon aus physikalischen Gründen in einer Sackgasse enden, da sie letztlich erbarmungslos dem Gesetz vom Niedergang ausgeliefert sind. Abhilfe käme aus dieser Sackgasse nur dann, wenn die zum Recycling aufgewendete Energie von der Sonne stammte - aber dann sollte man doch gleich die nichttechnischen Recyclingmethoden der Welt des Lebendigen einsetzen, wie es die Grundlagen einer Sanften Chemie ermöglichen.

Technisches Recycling: oft eine fatale Entropie-Falle

Sanfte Chemie baut nämlich auch in entropischer Hinsicht ganz auf die evolutionär eingespielten Prozesse, die es bis vor dem Eingreifen des Menschen ermöglicht haben, daß gigantische Stoffumsätze in der Biosphäre stattfinden, ohne daß es zu einer Netto-Vermehrung der Entropie auf dem Globus gekommen wäre. Das Ziel einer Sanften Chemie besteht darin, in letzter Konsequenz ausschließlich den Zustrom an Syntropie von der Sonne zu nutzen, um alle strukturbildenden Prozesse auf der Erde ablaufen zu lassen.

Ziel Sanfter Chemie: Nur Syntropiestrom der Sonne nutzen

Nicht umsonst nennt man den wesentlichen Schlüsselprozeß der Photosynthese ›Assimilation‹: das ›Aufsammeln‹ der in der Atmosphäre zerstreuten Kohlendioxidmoleküle und ihre Umwandlung in komplexe Pflanzenstoffe mit Hilfe des Sonnenlichtes. Nur eine solche Form der Produktion aller technischen und kulturellen Güter kann für sich den Anspruch erheben, die Menschheit in der Zukunft vor dem Mahlstrom der Entropie zu bewahren. Das letzte ›offenbare Geheimnis‹ der Sanften Chemie besteht folglich darin, die Erzeugung primärer Energie für alle Folgeprozesse möglichst ausschließlich dort zu belassen, wo sie über evolutionäre Zeiträume in bewährter Weise stattfand: auf der Sonne selbst. Welche Dramatik in dem entropischen Aspekt unseres zivilisatorischen Gebrauchs von Stoffen und Energie steckt, ist von dem Physiker Hans Peter Dürr, Träger des alternativen Nobelpreises, kürzlich in sehr einleuchtender Weise formuliert worden:

Nur Sonnen-Syntropie schafft stetiges, lebendiges Wachstum

»Wenn wir die Handlungsmöglichkeiten zukünftiger Generationen von Menschen nicht einengen und auch die Evolution des Lebens zu höheren Formen auf unserer Erde nicht gefährden wollen, so ist uns strenggenommen nur die Nutzung der uns täglich zufallenden Syntropie der Sonne erlaubt. Sie ermöglicht in der Tat stetiges Wachstum - und zwar genau nach der Art und Weise, wie wir es in der uns umgebenden Natur beobachten«[36]

Natürlich bleibt auch auf diesem Weg die Gültigkeit des allgemeinen Entropiegesetzes unangetastet: insgesamt nimmt die Entropie ständig zu. Der entscheidende Unterschied besteht nur darin, daß durch die fast ausschließliche Nutzung fossiler Stoff- und Energieträger auf der Erde auch hier eine starke Zunahme von Entropie stattfindet (schließlich ist die Zunahme des CO_2-Gehaltes der Atmosphäre nichts anderes als eine starke Entropiezunahme, war der in die Atmosphäre in Gestalt von CO_2 zusätzlich verteilte Kohlenstoff doch vorher Bestandteil relativ geordneter fossiler Kohlenstoff-Lagerstätten), während bei der ausschließlichen Nutzung des Syntropiestromes von der Sonne hier auf der Erde ein Entropiestillstand eintritt und nur auf der Sonne selbst eine starke Entropievermehrung durch die auf ihr (ohne unser Zutun und unabhängig von unserer ›Annahme‹ dieses Zustroms) stattfindenden Nuklearprozesse. Das Gesamtsystem Sonne-Erde unterliegt demgemäß den unabänderlichen Gesetzen der Physik.

Das ›Opfer der Sonne‹: ihr Abbau für unseren Aufbau

Anders ausgedrückt: die Sonne opfert sich für das Leben auf der Erde und gibt für unser Leben und Wachstum Tag für Tag ein Stück von ihrem Ordnungsvorrat hin. Sie tut dies allerdings unabhängig davon, ob wir dies Opfer auch nutzen wollen, und sie tut es seit Jahrmillionen und wird es voraussichtlich auch noch viele Jahrmillionen lang tun. Aber wir täten aus wohlverstandenem Eigeninteresse eben auch gut daran, dieses Opfer anzunehmen. Harte Chemie bedeutet, das Opfer der Sonne weitgehend auszuschlagen und in unverständlichem Hochmut an unserem eigenen (entropischen) Niedergang zu arbeiten.

Sanfte Chemie als Störfallvermeidung

Die Analyse der wesentlichen Teilschritte der Tätigkeit harter Chemie hat gezeigt, daß von der Gewinnung des primären Rohstoffes Erdöl bis zur schließlichen Erzeugung der gewünschten Gebrauchschemikalien eine endlose Kette von Vorgängen unvermeidlich ist, die im allgemeinen Sprachgebrauch recht verharmlosend als ›Störfälle‹ bezeichnet werden. Der Begriff ›Störfall‹ suggeriert den Menschen, daß es sich hierbei um seltene Ausnahmesituationen handelt. In Wirklichkeit finden jährlich Tausende von Zwischenfällen allein bei der Gewinnung und beim Transport von Erdöl statt, bei denen es jeweils in kleinerem oder größerem Umfang zur Emission von giftigen Substanzen in die Umwelt kommt.

Petrochemie: Störfall wird zum Normalfall

Auch bei den weiteren Verarbeitungsprozessen der Erdölfolgeprodukte ist der Störfall der Normalfall: zu aggressiv sind die verwendeten Zwischenprodukte, zu hoch ihr Risikopotential, zu gigantisch die umgesetzten Mengen, zu wenig fehlersicher die beteiligten Menschen, als daß dieses Risiko entscheidend gemindert werden könnte. Selbst die völlige mehrfache Einkapselung aller Chemieanlagen in gasdichte Containments nach dem Beispiel der fortgeschritteneren Atomreaktoren machen es unvermeidlich, daß dieses Containment Durchlässe zur Außenwelt besitzt: schließlich müssen die Rohstoffe irgendwie in die Anlage hinein- und die Reaktionsprodukte (einschließlich aller unerwünschten Nebenprodukte) irgendwie aus der Anlage herausgelangen, es müssen Transporte der Rohstoffe wie der Reaktionsprodukte zwischen verschiedenen Anlagen stattfinden usw.

Über die Risikopotentiale der Harten Chemie herrschen selbst in der skeptischer gewordenen Bevölkerung kaum ausreichende Vorstellungen. Was es bedeutet, daß weit über eine Million Tonnen des extrem giftigen Kampfgases Phosgen jährlich allein als Zwischenprodukt bei der Herstellung des Allerweltskunststoffes Polyurethan synthetisiert, zwischengelagert und umgesetzt werden, machen sich nur Wenige klar. Aus neueren Untersuchungen geht hervor, daß bei einem keineswegs auszuschließenden schweren Störfall in einer solchen Anlage etwa im Frankfurter Raum eine Zone mit einer Ausdehnung von bis zu hundert Kilometern Entfernung vom Werksgelände so stark verseucht würde, daß es zu Hunderttausenden von Todesfällen kommen könnte. Es stellt sich ernsthaft die Frage, ob ein solches Risiko in einem vernünftigen Verhältnis zu den Segnungen steht, die Polyurethan oder ein vergleichbarer chemischer Stoff für unsere Zivilisation selbst im günstigsten Fall bewirken könnte, zumal die technischen Funktionen in praktisch allen Anwendungsbereichen auch von harmlosen Stoffen aus dem Umfeld einer Sanften Chemie zur Verfügung gestellt weden könnten.

Organische Zwischenprodukte: tödliches Risiko

Daß solche Befürchtungen keineswegs aus der Luft gegriffen sind und nicht etwa eine unrealistische Konstruktion nur theoretischer Bedrohungen darstellt, belegen die zahllosen Störfälle der Chemischen Industrie fast täglich, auch wenn uns nur die ›großen Ereignisse‹ wie in Seveso, Bhophal, Schweizerhalle und Frankfurt längerfristig im Gedächtnis haften bleiben. Es kommt hinzu, daß aufgrund der Informationspolitik der Unternehmen und ungeachtet der gesetzlichen Informationspflichten längst nicht alle Störfälle auch öffentlich bekannt oder in ihrem Ausmaß ohne Verharmlosung dargestellt werden - ganz abgesehen von der Tatsache, daß auch außerhalb eines definierten Störfalls die Abgabe von Chemikalien an die Umgebung zum Normalfall gehört, wovon sich jeder überzeugen kann, der auf der windabgewandten Seite einer großen Chemiefabrik vorbeifährt (von den Anwohnern ganz zu schweigen).[37]

Sanfte Chemie löst dieses Problem nicht durch immer perfektere Isolation der Reaktoren von der Umwelt, sondern radikal an der Wurzel. Die Produktion pflanzlicher (und auch tierischer) Stoffe hat sich im Verlauf der Evolution des Lebendigen auf einen solchen Stand entwickelt, daß sie ohne jedes Störfallrisiko unmittelbar in der Umgebung anderer Lebewesen stattfinden kann, ohne diese dem Risiko auszusetzen, eines Tages von entweichenden Giftschwaden, lebensfeindlichen Niederschlägen, heimtückischen Zwischenprodukten etc. überrascht zu werden. Gemessen an der Leichtigkeit und Risikolosigkeit, mit denen chemische Synthese in der Natur stattfindet, sind auch noch so perfekt gestaltete, modernste Chemiefabriken nur ein armseliges Zeugnis menschlicher Überheblichkeit. Im Vergleich zur Zielsicherheit, mit welcher der einfachste Duftstoff in einem Pflanzenblatt synthetisiert wird, gleicht die chemische Synthese eines handelsüblichen künstlichen Aromastoffs dem Versuch, eine komplizierte Armbanduhr mit Hammer und Amboß herstellen zu wollen. Der extreme Störfall im Bereich der pflanzlichen Synthese ist der komplette Ernteausfall - bitter für den betroffenen Landwirt, im Einzelfall auch katastrophal für Menschen in Weltregionen ohne ausreichende Nahrungsmittelvorräte, aber ohne gravierende Folgen für die Umwelt. Und noch dazu ist ein solcher Störfall in keiner Weise geeignet, den erneuten Anbau in der folgenden Saison zu erschweren oder gar zu verhindern.

Chemie der Pflanzen: risikolos auch nah beim Menschen

Sanfte Chemie als Vermeidung von Sondermüll

Die Synthesemethoden der Harten Chemie nehmen sich in den Lehrbüchern stets als einfache, zielgerichtete Vorgänge aus, bei denen durch Einsatz geeigneter Ausgangsstoffe leicht, sicher und vollständig die gewünschten Endprodukte entstehen. Allenfalls werden in den eleganten Formelschemata, bei denen die Substanzen durch Reaktionspfeile verbunden sind, einige wenige Nebenprodukte angegeben, die außer den eigentlichen Zielchemikalien noch anfallen. Die Wirklichkeit sieht, wie am Beispiel einiger typischer Produkte auf den Seiten 66 bis 69 belegt werden konnte, ganz anders aus: Praktisch jede chemische Reaktion, vor allem im Bereich der organischen Chemie, liefert eine unübersehbar große Zahl von Nebenprodukten. Verbleiben diese Nebenprodukte im Endprodukt, so können sie dessen gewünschte Eigenschaften (Farbe, Schmelzpunkt, Beständigkeit o.ä.) mehr oder weniger negativ beeinflussen; nicht selten sind es gerade diese Nebenprodukte, die auch bei Vorhandensein in geringen Spuren die ungünstigen gesundheitlichen oder ökologischen Eigenschaften eines Produktes bewirken (Beispiel: unerwünschte Chloraromaten in Holzschutzmitteln, Dioxan in Shampoos).

Nebenprodukte: unvermeidlich, lästig und gefährlich

Meist wird in der Praxis ein Kompromiß geschlossen, der sich hauptsächlich an ökonomischen Gesichtspunkten ausrichtet: ist das Produkt zu stark verunreinigt, läßt es sich schlecht oder nicht verkaufen; treibt man einen hohen technischen Aufwand zur Beseitigung der Nebenprodukte, wird damit das eigentliche Zielprodukt erheblich verteuert und ggf. ebenfalls unverkäuflich. Der Kompromiß besteht also in der Praxis meist darin, daß man den größeren Teil der Nebenprodukte abtrennt, einen kleineren Teil der Nebenprodukte jedoch im Produkt beläßt. Dieser kleinere Teil kann immer noch aus

Hunderten oder gar Tausenden chemisch unterschiedlicher Einzelsubstanzen bestehen, die sich unterhalb einer gegebenen Mindestkonzentration jedoch eventuell einem analytischen Nachweis entziehen, ohne damit gleich unwirksam zu sein. Der größere Teil der Nebenprodukte wird in der Regel abgetrennt und entweder als Sondermüll entsorgt, für weitere Syntheseprozesse als Rohstoff benutzt oder direkt über eigens dafür geschaffene Produkte vermarktet.

Reaktionsverkettung verschärft Nebenprodukt-Probleme

Die Problematik der als Sondermüll zu entsorgenden Nebenprodukte wird in der Praxis noch dadurch verschärft, daß die gewünschten Zielprodukte typischer chemischer Verfahren nur in einer Aneinanderkettung zahlreicher Einzelreaktionen zu erhalten sind. Auf diese Weise werden die als Müll anfallenden Nebenprodukte, die vielleicht in einem der Teilschritte nur in geringerem Umfang anfallen, in der gesamten Lebenslinie des chemischen Produktes zu sehr großen Mengen aufsummiert. Leider gibt es praktisch keine Daten über das quantitative Ausmaß dieser Tatsache, aber die Analyse von Einzelprodukten (s. Beispiel roter Azofarbstoff mit der achtfachen Abfallmenge, bezogen auf das Endprodukt, allein in den beiden letzten von fast 15 Syntheseschritten) läßt vermuten, daß es sich dabei um ein nicht ohne Grund sorgfältig verschleiertes bzw. tabuisiertes Thema handelt.

Nicht nur in quantitativer Hinsicht, sondern auch hinsichtlich der toxikologischen und ökologischen Eigenschaften der einzelnen anfallenden Nebenprodukte bestehen im Bereich der Harten Chemie erhebliche Risiken. Es handelt sich ja schließlich bei diesen Chemikalien nicht um bewußt und zielgerichtet produzierte Stoffe, sondern um Produkte, die aufgrund der im Reaktionsgemenge vorhandenen Überschußenergie und der dadurch offenstehenden zahlreichen Reaktionspfade zufällig entstehen und in ihren Eigenschaften weitgehend ›hingenommen‹ werden müssen. Zwar läßt sich durch Änderung der Reaktionsbedingungen die Art der anfallenden Nebenprodukte in weiten Grenzen beeinflussen, aber eine am Ziel der Steuerung dieser Nebenproduktbildung ausgerichtete Reaktionsoptimierung bringt gleichzeitig wieder die Ausbeute des eigentlichen Zielproduktes in Gefahr. Insofern ist allenfalls ein Kompromiß erreichbar, der unter den offenstehenden Möglichkeiten nur den Charakter des kleineren Übels aufweist.

Welche Abfälle hinterläßt die Sanfte Chemie?

Im Gegensatz zu den ausgeklügelten und dennoch unbeholfenen Methoden der Harten Chemie mit ihrem in quantitativer und qualitativer Hinsicht erschreckenden Aufkommen an Sonderabfall hat sich im Verlauf des Evolutionsprozesses bei der natürlichen Synthese pflanzlicher und tierischer Stoffe ein bewunderungswürdiges Maß an Zielgerichtetheit, Vielfalt und Effizienz ausgebildet. Der entscheidende Effekt der Abfallvermeidung besteht dabei in der Tatsache, daß die Synthese von den einfachsten Ausgangsstoffen wie Kohlendioxid, Nitrat und Wasser bis zu den komplexesten Zielprodukten makroskopisch (von außen) gesehen in einem einzigen Schritt abläuft. Zwar ist es möglich, durch die biochemische Analyse der Elementarvorgänge zu zeigen, daß die Photosynthese der Pflanzenstoffe ebenfalls in einer hochkomplizierten Verkettung von Reaktionszyklen besteht, jedoch spielt diese Tatsache für den hier angestellten Vergleich zu den Methoden der Harten

Chemie keine Rolle, da keines der intermediär anfallenden Zwischenprodukte in aufwendig gesicherten Behältnissen zwischengelagert wird und auch nicht an die Umwelt abgegeben wird. Die Reaktion führt aus Sicht der Außenwelt in einem Schritt zum gewünschten Ergebnis, das als pflanzliches Stoffwechselprodukt direkt zur weiteren Nutzung zur Verfügung steht.

Selbstverständlich ist diese Art von Synthese im strengen Sinne nicht abfallfrei: die Pflanze produziert neben der uns für einen bestimmten technischen Zweck interessierenden Substanz immer auch noch eine große Zahl anderer Stoffe und zudem, als direktes Produkt des photosynthetischen Elementarprozesses, auch Sauerstoff. Der Charakter dieser Stoffe, die allenfalls aus dem Blickwinkel einer rein nutzenorientierten Verwendung eines einzelnen Pflanzenstoffes als ›Abfall‹ bezeichnet werden dürfte, unterscheidet sich jedoch radikal von den Abfallstoffen der chemischen Industrie: auch diese Substanzen sind, wie die von uns als solches angesehene Zielsubstanz (welche für die Pflanze selbst ja vielleicht nur eine ›Nebensache‹ darstellt), Ergebnis eines evolutionären Auswahl- und Anpassungsprozesses und sind daher wiederum integrierte Bestandteile eines stofflichen Kreislaufes.

Pflanzen-Synthese: auch beim Abfall vorbildlich

In den vergangenen Jahren ist von vielen Seiten auf den Vorbildcharakter der Naturprozesse, insbesondere im Hinblick auf die Vermeidung giftiger Abfallprodukte, beim ›Umgang der Natur mit Produktionsmitteln‹ hingewiesen worden. So hat beispielsweise das renommierte Institut für Umwelt- und Prognoseforschung UPI in Heidelberg in prägnanter und einleuchtender Weise auf den extrem nachhaltigen Umgang der Natur mit dem Produktionsmittel ›Wasser‹ hingewiesen:

»Das gesamte Wasser unseres Planeten [wurde] bisher schon 50.000 mal von Lebewesen aufgenommen, im Organismus als Pflanzensaft oder Blut umgewälzt und wieder ... ausgeschieden. Und natürliches Wasser ist auch heute noch genauso sauber und rein wie vor Milliarden Jahren. Wird es dagegen nur einmal zur Papierherstellung oder in der chemischen Industrie als Lösungsmittel verwendet, ergießt es sich als giftige, stinkende Brühe in einen Abwasserkanal und verseucht unsere Flüsse, das Grundwasser und die Meere.«[38]

In dem Maße, in dem die ungewollten, aber unvermeidlichen Hinterlassenschaften der Harten Chemie in Gestalt von Sonderabfällen zunehmend auf unlösbare Entsorgungsprobleme hinführen, wird das Grundprinzip der Sanften Chemie auch aus ökonomischen Erwägungen heraus immer interessanter.

Der fraktale Charakter der chemischen Synthese

Im Hinblicken auf die Nebenprodukte jeder chemischen Synthese ergibt sich noch ein besonderer Aspekt, aus dem sich Unterschiede zwischen den Produkten einer Harten und denen einer Sanften Chemie herleiten lassen und die mit besonders aktuellen Entwicklungen unseres modernen Wissenschaftsverständnisses verbunden werden können und hier ein interessantes neues Forschungsfeld eröffnen. Bei der Analyse von Naturprodukten wie von Produkten aus der chemischen Retorte stellt man, wie bereits erwähnt, neben einem oder wenigen Hauptinhaltsstoffen ein Spektrum von Nebenprodukten fest. Charakteristisch für diese Nebenprodukte ist in beiden Bereichen, daß bei einem einzelnen vorgegebenen Produkt die nachgewiesene Anzahl der Nebenbestandteile mit zunehmender Empfindlichkeit der Analyse ständig zunimmt. Findet man beispielsweise im Aromaextrakt einer Frucht bei einer groben Analyse eine Hauptkomponente, die etwa 90% der Gesamtmasse an Aromastoffen der Frucht ausmacht und mehrere Nebenkomponenten, die jeder für sich etwa im Bereich von 1-2% Massenanteil liegen, so ergibt eine Steigerung der Analysenempfindlichkeit um den Faktor 10 mehrere Dutzend ›Neben-Nebenbestandteile‹ mit Massenanteilen zwischen einem Zehntel Promille und einem Prozent. Hochauflösende GC-MS-Analysen von Fruchtaromen zeigen deshalb bereits ein verwirrendes Muster von Einzelstoffen, deren Massenanteile mehrere Größenordnungen überstreichen.

Je empfindlicher die Analyse, desto mehr Stoffe

Bei einigen Naturprodukten, die eine besonders große Handelsbedeutung besitzen, hat man Analysen der natürlichen Inhaltsstoffe mit nochmals stark gesteigerter Nachweisempfindlichkeit durchgeführt. Statt daß sich dabei, wie man vielleicht erwarten würde, eine obere Grenze der Zahl der zusätzlich nachgewiesenen Inhaltsstoffe ergab, stellte sich nochmals eine erhebliche Ausweitung dieses Spektrums um einige hundert unterschiedlicher Substanzen heraus, nun natürlich mit nochmals um ein oder mehrere Zehnerpotenzen niedrigerer Konzentration jeder neu gefundenen Substanz im Ursprungsprodukt. Es hat den Anschein, als ob eine obere Grenze für die Zahl der Inhaltsstoffe, die in minimalen Spuren vorhanden sind, nicht existiert. Anders ausgedrückt: Je genauer man hinschaut, umso größer wird die Zahl der gefundenen Stoffe.

Dieses Phänomen mit interessanten erkenntnis- und wissenschaftstheoretischen sowie sinnesphysiologischen Implikationen erinnert auf frappierende Weise an das seit einigen Jahrzehnten bekannte Phänomen der Fraktale in der Mathematik. Eines der bekanntesten Beispiele für solche fraktalen Strukturen ergibt sich etwa aus der Frage nach der Länge der Küste von Großbritannien. Ähnlich wie im vorgenannten Beispiel des Fruchtaromas hängt die gemessene Küstenlänge vom gewählten Maßstab der Messung ab und findet allenfalls in den Dimensionen der die Küste konstituierenden Einzelatome (aber vielleicht nicht einmal dort) eine obere Grenze. Auch hier gilt: je stärker vergrößert ich die Küstenlinie anschaue, um so mehr verästelt sich jede Bucht zu einer Folge von kleineren Einbuchtungen, jede Einbuchtung zergliedert sich in weitere Unter-Einbuchtungen usw., wodurch sich die Länge der Küstenlinie ständig weiter erhöht. Dabei sind die typischen Muster auch auf Ebenen extrem unterschiedlicher Vergrößerung einander verblüffend ähnlich (Selbstähnlichkeit).

Es hat also den Anschein, als ob die chemische Synthese ebenfalls einen fraktalen Charakter besitzt, als ob zu jedem synthetisierten Haupt-Stoff eine nicht endende Reihe von Neben-Stoffen hinzukommt. Für den Charakter der Naturprodukte ergeben sich aus dieser Tatsache eine Reihe von wichtigen Folgerungen. Zum einen ist es ein bekanntes Phänomen, daß der sensorische Charakter eines Naturstoffs nicht nur durch seine Hauptinhaltsstoffe bestimmt wird, sondern gerade durch das Spektrum der Nebenprodukte.

Hochspezialisierte Weinkenner sind bekanntlich in der Lage, aus diesem Spektrum winziger geschmacklicher Spurenbestandteile eines Weins nicht nur die Anbauregion, sondern den genauen Standort des Weinbergs und sogar das Anbaujahr herauszuschmecken. Ähnliches gilt in der Parfümistik, wo winzige Unterschiede im Spektrum der Nebengeruchskomponenten dem Kenner genaue Aufschlüsse über den besonderen Charakter eines speziellen ätherischen Öls aufzeigen. Auch im Bereich der natürlichen Farbstoffe tritt ein ähnliches Phänomen auf: Zwar wird der Grundcharakter der Farbe durch ein oder zwei Hauptinhaltsstoffe festgelegt (z.B. Alizarin beim Krapp), daneben treten jedoch zahlreiche (bzw. zahllose) Spurenbestandteile auf, die dem Farbstoff seinen physikalisch reinen Charakter nehmen und ihm eine unverwechselbare Nuance, einen völlig individuellen Charakter, eine Art von sensorischem ›Fingerabdruck‹ verleihen. In all den genannten Fällen, die sich im Bereich der Duft-, Geschmacks- und Farbstoffe, aber auch im Hinblick auf andere sensorische Phänomene wie Oberflächenstruktur etc. abspielen, haben wir es offenkundig mit fraktalen Phänomenen zu tun..

Nebenprodukt-spektrum und sensorische Qualität

Hier drängt sich eine Analogie zum Reich der Töne geradezu auf. Auch bei Musikinstrumenten bereitet es dem Kenner keinerlei Schwierigkeiten, beim Erklingen des Kammertons ›a‹ auf verschiedenen Instrumenten, das jeweilige Instrument trotz der Identität des Grundtons aus dem charakteristischen Spektrum an Obertönen sicher zu identifizieren. Kenner sind hier darüber hinaus wiederum in der Lage, nicht nur das Geigen-›a‹ vom Bratschen-›a‹ zu unterscheiden, sondern auch unterschiedliche Geigen anhand ihres spezifischen Klanges sicher zu identifizieren. Die jeweiligen Unterschiede bewegen sich dabei im Bereich der Obertöne in winzigen Dimensionen.

Auch synthetisch hergestellte Stoffe treten, wie erwähnt, nicht als Einzelsubstanzen, sondern als äußerst komplexes Gemisch verschiedenster Substanzen auf. Auch hier ergibt sich, je nach gewählter Synthesemethode und den jeweils eingehaltenen Syntheseparametern wie Druck, Temperatur, Zeit, Anwesenheit von Katalysatorstoffen etc., ein riesiges Spektrum von Produktbestandteilen, deren nachzuweisende Anzahl mit zunehmender Analyseempfindlichkeit ins Unermeßliche ansteigt. Besonders interessant wäre es in diesem Zusammenhang, das Nebenproduktspektrum eines in der Natur entstandenen Stoffes mit dem Spektrum eines synthetisch hergestellten, angeblich ›naturidentischen‹ Stoffes zu vergleichen. Ein solcher Vergleich wird unter anderem ergeben, daß bereits der Begriff des ›Naturidentischen‹ unzulässig ist, da allenfalls der oder die Hauptinhaltsstoffe identisch sind, jedoch bei den Spurenbestandteilen drastische Unterschiede vorhanden sind. Nur in einer Welt, in der zunehmend die feine Empfindlichkeit für differenzierte Sinneswahrnehmungen durch die Sinnesüberreizungen abgestumpft ist, spielen solche Unterschiede keine Rolle mehr. Es stellt sich die Frage, welche Konsequenzen sich aus einer solchen Vergröberung der Sinneswahrnehmungen in ästhetischer wie kultureller Hinsicht ergeben.

›Naturidentisch‹: ein sehr fragwürdiger Begriff

Sanfte Chemie als Prinzip der Kreislaufbildung

Abschließend und in einer Art Zusammenfassung der naturwissenschaftlich erfaßbaren Grundprinzipien einer Sanften Chemie muß noch einmal auf die Tatsache hingewiesen werden, daß die stofflichen Ergebnisse des pflanzlichen und tierischen Stoffwechsels, die im Rahmen einer Sanften Chemie zu chemisch-technischen Alltagsprodukten verarbeitet werden, Bestandteil perfekt geschlossener Stoffkreisläufe sind. Diese Tatsache ist allein dadurch belegt, daß jedes auf der Welt vorhandene Atom der Hauptelemente organischer Substanz wie Kohlenstoff, Sauerstoff, Wasserstoff im Verlauf der Evolution zahllose Male Bestandteil eines Organismus und seines Stoffwechsels gewesen ist (s. dazu die quantitativen Abschätzungen des UPI auf den Seiten 143/144). Gerade im Kontrast zu der Tatsache, daß jeder Bestandteil eines fossilen Rohstoffs seine Lebenslinie (jedenfalls in historisch relevanten Zeiträumen betrachtet) nur einmal durchlaufen kann und danach unwiderruflich von seinem Ursprungsort entfernt ist, zeigt den unerhörten Vorzug der Verwendung regenerativer Rohstoffe auf.

In einer Zeit, als die Welt den Menschen vielleicht noch als eine unendlich ausgedehnte und unerschöpfliche Sphäre erschienen sein mag, wird ein solcher Unterschied zwischen perfekter Kreislaufbildung einerseits und Produktion mit offenem Ende andererseits noch keine wichtige Rolle gespielt haben. Heute jedoch, wo uns die räumliche Endlichkeit unseres Globus mit jedem Tag mehr und mehr und auch immer schmerzlicher bewußt wird, erweist sich jede Stoffverwendungsmethode, die nicht zur stofflichen Quelle eine quantitativ und qualitativ adäquate stoffliche Senke anbietet, zunehmend als obsolet, da nicht nur die begrenzten fossilen Quellen (Erdöl, Erdgas, Kohle etc.) in ihrer Erschöpfbarkeit evident werden, sondern auch die stofflichen Senken (Deponien, Atmosphäre, Erde, Wasser) an die Grenzen ihres Aufnahmevermögens gelangen.

Endlichkeit des Globus macht Stoffkreisläufe nötig

Aus der Art und Weise, wie leicht und vollständig die von uns genutzten Stoffe in den globalen Stoffkreislauf zurückkehren, lassen sich wichtige Parameter für die Umweltverträglichkeit einer Substanz ableiten. Der Chemiker Müfit Bahadir hat in dieser Hinsicht auf einen wichtigen Unterschied im Umweltgefährdungsprofil von Naturstoffen einerseits und Synthesestoffen andererseits hingewiesen[39]:

»Jene Substanz ist für die Umwelt potentiell gefährlicher, die stark akkumuliert, aber nur wenig abgebaut wird, z.B. das Hexachlorbenzol, als eine typische Umweltchemikalie. Dagegen werden stark polare Naturstoffe wie das Cumarin nur mäßig akkumuliert und leicht abgebaut«

Der Hinweis auf einige exotische Naturstoffe, die in abgelegenen Nischen der Biosphäre produziert werden und ebenfalls relativ persistent (schwer abbaubar) sind, verfängt hier nicht: die überwältigende Hauptmenge der in der Biospäre natürlich synthetisierten Stoffe kehrt in kürzester Zeit in den Kreislauf zurück. Wäre dies nicht so, hätten sich im Verlauf der Evolution bereits gigantische Deponien von schwer abbaubaren Naturstoffen angehäuft, was ganz offensichtlich nicht der Fall ist.

Am Schluß dieser Betrachtung über den Kreislauf der Stoffe kann wieder das Wort eines Dichters stehen. Johann Wolfgang Goethe faßte seine Ansicht von den großen Kreisläufen der Natur in die Worte[40]:

»Denn die Natur wird allein verständlich, wenn man die verschiedensten isoliert scheinenden Phänomene in methodischer Folge darzustellen bemüht ist; da man denn wohl begreifen lernt, daß es kein Erstes und Letztes gibt, sondern daß alles in einem lebendigen Kreis eingeschlossen, anstatt sich zu widersprechen, sich aufklärt und die zartesten Bezüge dem forschenden Geiste darlegt.«

»Die Natur ist das Ideal. Das wahre Ideal ist möglich, wirklich und notwendig zugleich« [Novalis][41]

Entwurf von Forschungsgrundsätzen für eine Sanfte Chemie

Wenn hier der Versuch unternommen werden soll, einige Gedanken zu Forschungsgrundsätzen für eine Sanfte Chemie zu skizzieren, so ist sich der Verfasser des zwangsläufig rudimentären und fragwürdigen Charakters eines solchen Unternehmens wohl bewußt. Es kann auch nicht darum gehen, den gängigen Forschungsprinzipien etwa solche aus dem Bereich der Parawissenschaften anzugliedern, obwohl einige Übelwollende wohl nicht zögern werden, allein den Gedanken an die Notwendigkeit oder gar Möglichkeit einer Sanften Chemie in den Bereich der Fabeln oder gar halbokkulter Theorien zu verweisen.

Dabei geht es bei der Formulierung erweiterter Forschungsgrundsätze für eine Sanfte Chemie gerade nicht um ein Hinzunehmen aus dem Bereich des Irrationalen, sondern auch um die Entlarvung vieler Forschungsgrundsätze aus der Wurzel des Bacon oder des Descartes als eigentlich irrationale Denk- und Handlungsstrukturen. Wer sich das Weltbild eines Bacon oder Descartes im Licht heutiger Erkenntnisse ansieht, wird die Grenzen des ›Vernünftigen‹ in ihnen leicht erkennen. Wer gar die Wirkungen analysiert, welche die auf Baconscher Forschungsmethode aufgebauten Wissenschaften und Techniken maximalen Zwangs und weitestgehender Zurichtung auf den Zustand unserer Welt hatten und haben, wird wohl eher zu der Erkenntnis gelangen, daß die Befürworter eines ›Sanften Weges‹ der Entwicklung und Produktion heute die eigentlich ›Vernünftigen‹ zu sein scheinen, sind es doch letztere, die zuerst bereit und in der Lage waren, sich die Begrenztheit ihres Horizonts rückhaltlos zu vergegenwärtigen, die Komplexität des evolutionär Gewordenen in seinem ganzen Ausmaß zu erkennen, sich der brutalen Eingriffe in das noch nicht einmal Verstandene zu enthalten, die Vielfalt der Vernetzungen in der belebten und unbelebten Welt vorurteilslos und zurückhaltend zur Kenntnis zu nehmen und vor allem aus der Geschichte der Wissenschaften zu lernen, daß es so etwas wie eine ›wertfreie‹ Wissenschaft in völliger Unabhängigkeit von der geistigen, materiallen und sozialen Realität nicht geben kann.

Der Natur lauschen statt sie zu spalten

Nachwachsende Rohstoffe stehen im Zentrum der Konzeption einer Sanften Chemie. Wer nur diese Tatsache betrachtet, könnte aus ihr den Rückschluß ziehen, die Erforschung der Anwendungsmöglichkeiten dieser Naturrohstoffe könne doch nun der Einfachheit halber mit den bewährten

Methoden der Spaltung und Zurichtung in Baconscher Manier erfolgen. Dies wäre ein Irrtum mit tragischen Folgen. Die Stoffe der Natur wieder nur als ein menschlicher Erforschung, Zurichtung und Nutzung zugängliches und willfähriges Objekt ohne eigene Rechte zu betrachten, ginge an wesentlichen Ansätzen für eine Sanfte Chemie vorbei.

Die Eigenrechte der Natur respektieren

Aus den Darlegungen auf den Seiten 126 bis 129 ergeben sich vielmehr Eigenrechte der Natur selbst, die im Rang nicht hinter den Eigenrechten des Menschen zurückstehen. Dies gilt nicht zuletzt auch deshalb, weil sich gezeigt hat, daß eine Verletzung der Eigenrechte der Natur aufgrund der starken Verknüpftheit aller Teile der Welt in direkter oder indirekter Weise immer auch die Belange des Menschen, seine Rechte auf Unversehrtheit und intakte Umwelt, verletzen wird. Aus der Anerkennung dieser Eigenrechte der Natur ergibt sich die Verpflichtung des Forschers zu einer anderen Herangehensweise an die Natur mit dem Ziel ihrer Erkundung. Alte, vergessene Tugenden der Zurückhaltung, Bescheidenheit, sogar Erfurcht und Staunen müssen wiederbelebt werden, um an die Stelle der Besserwisserei, Unbedarftheit und Rücksichtslosigkeit zu treten, die sich zwangsläufig aus dem Baconschen Forschungskonzept ergeben und zu einer schwer zu überwindenden, da in der Regel unbewußten, Prägung fast aller naturwissenschaftlich ausgebildeter Forscher geführt haben.

Wieder liegen ideelle Quellen für das Einüben einer solchen Herangehensweise an die Natur auf dem Felde der Poesie. Goethe hat in seinem ›Faust‹ die Vergeblichkeit des Versuchs, die Natur ›durch mechanische Mittel zu reizen‹ und sie damit ihrer Geheimnisse zu berauben, auf die folgende unübertreffliche Weise formuliert, die nicht nur Weisheit, sondern auch viel kenntnisreiche Ironie aufweist:

»Geheimnisvoll am lichten Tag
Läßt sich Natur des Schleiers nicht berauben,
Und was sie deinem Geist nicht offenbaren mag,
Das zwingst du ihr nicht ab mit Hebeln und mit Schrauben«.[42]

Die Quellen für eine solche Einstellung Goethes zur Naturforschung liegen wiederum weiter zurück und lassen sich zumindest bis zu dem genialen Naturforscher und Arzt Paracelsus verfolgen, der die ›Sympathie‹, auch im Sinne von Mit-Erleben oder gar Mit-Erleiden, im Verhältnis des Forschers zum Gegenstand seiner Forschung auf seine eigenwillige Weise so formuliert hat:

Forschung als teilnehmende Beobachtung

»Haben wir einen Sinn auch, der fliegt aus uns und bleibt nit in uns, denn eine jegliche Vernunft ist einem Geist gleich: z.B. wenn ich gedenke, den Himmel zu erfahren, so ist mein Geist im Himmel. Zu erfahren die Kräuter, so ist mein Geist in den Kräutern. Nun sind Geist im Himmel, Geist in Kräutern, ebenso in der Luft, ebenso im Wasser; dieselben Geiste und mein Geist, die kommen zusammen.«[43]

Der Paracelsus-Forscher Walter Pagel hat diese Haltung einer ›teilnehmenden Beobachtung‹ des Paracelsus in die einfachere Formulierung gebracht, Wissen könne nur durch die Vereinigung mit dem Objekt und dessen Wissen erworben werden.[44]

Die Natur be-›wundern‹ statt sie zu verachten

Die Zu-Neigung, die sich aus einer anderen Stellung des Forschers zum Forschungsgegenstand ergibt, führt auch zu einer Umkehr des gewohnten Aktivitätsstromes in diesem Verhältnis. Ist es im konventionellen Sinne der Forscher, der die Randbedingungen für sein Experiment festlegt und aktiv die Fragen formuliert, die das Erkenntnisobjekt duldsam, passiv und ohne Ausweichmöglichkeit zu beantworten hat, so tut der Forscher der Zukunft gut daran, in einer Haltung der Bewunderung den Naturphänomenen gegenüberzutreten, in dem Sinne nämlich, daß ihm bewußt ist, daß bereits das ›Wunder‹ der Existenz eines Samenkorns himmelweit über die Fähigkeiten und Möglichkeiten hinausgeht, die er selbst besitzt. Er gewinnt dadurch zunächst eine passive Haltung der Wahrnehmung - ganz im Wortsinne, daß er die ihm entgegenkommenden Wahrheiten der Natur annimmt - die der Natur die Stellung einer aktiven Partnerin in diesem Gespräch ermöglicht.

Eine solche Haltung des Naturforschers wäre eben auch eine gute Übung zur Überwindung der Verachtung, die wir bislang als geistige Nachfolger des Bacon latent dem Erkenntnisobjekt entgegenbringen - eine Verachtung, die in ihrer Struktur derjenigen ähnelt, die sich aus den hinterlassenen Protokollen der Hexenprozesse im Verhältnis der verhörenden Inquisitoren zu den rechtlosen Verdächtigten nur zu leicht herauslesen läßt. Der Altmeister kritischer Wissenschaft, der Biochemiker Erwin Chargaff, hat für das notwendige andere Verhältnis des Wissenschaftlers zur Natur eine prägnante Formulierung gefunden:

»Man darf nicht Botanik studieren, um einen Baum zu machen, ja nicht einmal Virologie, um ein Virus zu erzeugen. Unsere Knoten werden immer gordisch bleiben; daher sollte Wissenschaft eine Anbetung der Natur und nicht ein Kampf gegen sie sein. Wir müssen es erlernen, mit Unlösbarkeiten zu leben, sonst ertrinken wir in der Trivialität unzähliger erklärbarer Winzigkeiten.«[45]

Der Natur vertrauen statt sie ersetzen zu wollen

Im Zusammenhang mit der Verachtung, die der Inquisitor dem Gegenstand seines peinlichen Verhörs entgegenbringt, steht auch ein anderes Phänomen moderner Naturforschung, das es zu überwinden gilt: das tiefe Mißtrauen gegenüber der Natur.

Stoffliche Vielfalt schätzen statt neuer Stoffmonopole

Die Vermeidung von Monostrukturen und Monokulturen bei der Umsetzung einer Sanften Chemie darf nicht erst mit der praktischen land- oder forstwirtschaftlichen und industriellen Umsetzung einsetzen, sondern sollte bereits in die gedanklichen Vorbereitungen eines entsprechenden Forschungsprogrammes hineingenommen werden.

Zusammenhänge möglichst bewahren (nicht ›isolieren‹)

Eine paradigmatische Grundhaltung moderner naturwissenschaftlicher Forschung besteht darin, durch Separation und Setzen von Randbedingungen zunächst das Phänomen in möglichst ›reiner Form‹ herauszupräparieren. Aber ähnlich wie in der Medizin sollte sich jeder Forscher klarmachen, daß der in einer solchen Form herauspräparierte Nerv durch den Vorgang selbst auch allen lebendigen Zusammenhang mit seiner natürlichen Umgebung - und damit natürlich auch das Leben selbst - verloren hat und die Frage erlaubt sein muß, ob das, was man da herauspräpariert vor sich hat, auch bei noch so sorgfältiger quantitativer Erfassung von Meßwerten Rückschlüsse auf die Eigenschaften und Funktionen des Objektes innerhalb seines lebendigen Organverbundes zuläßt.

Ist das ›Isolierte‹ noch das Wirkliche?

Gerade im Bereich der Chemie ist diese Sucht zu beobachten, als ersten Schritt bei der Untersuchung eines natürlichen Stoffgemisches gleich den Hauptinhaltsstoff in möglichst reiner Form darzustellen. Sicher gibt es für eine solche Handlungsweise zahlreiche gute wissenschaftliche Gründe: wäre der Stoff nicht rein dargestellt, könnte man keine genauen Aussagen über seine physikalischen und chemischen Eigenschaften wie Schmelzpunkt, Reaktionsfähigkeit, molekularer Aufbau etc. machen. Und dennoch sollte sich jeder Forscher darüber bewußt sein, daß er mit jedem Trennvorgang im Bereich der Naturstoffe einen folgenschweren Eingriff vornimmt. Es kann für ihn dabei gedanklich hilfreich sein, sich die mehrfache Bedeutung des für diesen Prozeß benutzten Fachbegriffs ›Isolieren‹ klarzumachen: indem er einen Stoff in reiner Form isoliert, schneidet er ihn von seiner natürlichen Umgebung ab und darf sich nicht wundern, wenn er sich als Folge dieser Isolation anders verhält als in seiner ursprünglichen Umgebung.

Eine solche Betrachtung hat Konsequenzen bis in den Bereich der Toxikologie. Es bereitet keinerlei Schwierigkeiten, für zahlreiche, auch häufig gebrauchte, Naturstoffe den Nachweis einer krebserzeugenden Wirkung im Tierversuch zu führen. Selbstverständlich werden zum Zwecke der Reproduzierbarkeit solche Tierversuche fast ausschließlich mit chemisch reinen Einzelsubstanzen durchgeführt - man will ja vermeiden, am Ende nur ›Dreckeffekte‹ gemessen zu haben. Und doch passiert es bei einer solchen Herangehensweise häufig, daß sich die reine Substanz des Hauptinhaltsstoffes eines Naturproduktes als krebserzeugend erweist, während dies ›in der Wirklichkeit‹, d.h. im komplexen Ganzen des Naturstoffs, keineswegs der Fall ist. Der Grund für diesen scheinbaren Widerspruch liegt in der Tatsache, daß im Gemisch der zahlreichen Inhaltsstoffe eines Naturstoffes häufig auch krebsverhindernde (anticarcinogene) Begleitstoffe vorkommen, die eine Aussage über die tatsächliche Wirkung des Naturstoffes viel weniger eindeutig machen, als es der Test mit der ›isolierten Substanz‹ suggeriert.

Ursachen und Folgen von Manipulationen bedenken

Fast reflexhaft denkt der moderne Naturforscher bei einem ihm vorliegenden Objekt bereits an die Möglichkeit, dieses in seinem Sinne und nach seinen Vorstellungen abzuändern. Die Folgen einer jeden Manipulation des Gewordenen sind auf den Seiten 129 bis 134 ausführlich dargestellt worden. Diese industrielle Seite des Problems der Zurichtung der Stoffe rekurriert jedoch auch auf ein Forschungsproblem.

In gewisser Weise erinnert die Handlungsweise vieler Naturforscher an ein Kind, das in noch ganz unverständigem Alter eine komplizierte elektrische Eisenbahn geschenkt bekommt und diese aus Unverstand zunächst einmal zerlegt, nicht bedenkend, daß es nicht in der Lage sein wird, die Einzelteile wieder zu einem funktionierenden Spielzeug zusammenzusetzen.

Originale Bedürfnisse erkennen und erfüllen

Eine wesentliche Crux moderner Naturforschung besteht darin, daß der erste Forschungsimpuls nur sehr selten etwas mit den wirklichen Bedürfnissen der Menschen zu tun hat, die später einmal Konsumenten des entsprechenden Forschungsergebnisses oder Produktes werden sollen. Es liegen so viele Schleier zwischen dem Forscher in seinem Laboratorium und dem Käufer eines Produktes, daß allein das Erkennen eines solchen Bedürfnisses meist nicht möglich wäre. Andere Gesichtspunkte: die Ertragsziele des Unternehmens, Karriereüberlegungen, wissenschaftliche Eitelkeit, der in einer Arbeitsgruppe eingefahrene Trott und ähnliche Motive sind viel bestimmender als die Befriedigung eines echten Bedarfs.

Freude am Phänomen: Forschung nach dem Bild evolutionärer Kreativität

Bei der Formulierung einer Rezeptur für ein Naturprodukt können manche der genannten Ansätze in die Praxis umgesetzt werden. Ein erster Hinweis besteht darin, daß man gut daran tut, Rohstoffe, zumal Naturstoffe, als ausgeprägte Individuen oder Persönlichkeiten zu behandeln. Die aus diesen Rohstoff-Persönlichkeiten ›komponierten‹ Rezepte sind dann wie gute Teams, die aus lauter kraftvollen Individuen bestehen. Man braucht ein ›persönlichkeitsbezogenes Management‹ bei der Rezepturentwicklung. Darin liegt zugleich eine Gewähr für ganzheitliches (In-Dividuelles) Arbeiten. Die ›Persönlichkeit‹ des Rohstoffes ist wichtiger als die zahlenmäßigen Produktdaten. Sehr schnell lernt man bei der Arbeit, die sich mehr auf die Phänomene konzentriert als auf die analytischen Daten, daß manche Stoffe eben einfach nicht miteinander ›können‹: Es kommt zu Ausflockungen oder anderen deutlichen Anzeichen für Unverträglichkeiten. Andere Stoffe wiederum unterstützen sich gegenseitig. Gerade bei der Bildung von Emulsionen aus Naturstoffen kann das beobachtet werden, wenn die Rezeptur zu einem Produkt führt, das aussieht und sich anfühlt ›wie Sahne‹.

Es kommt weiterhin natürlich auch auf die Mengenverhältnisse an: mancher Rohstoff beansprucht aufgrund seiner Individualität in einer Rezeptur ein Vorrecht und prägt die Gesamterscheinung des Produktes auch entsprechend, andere Rohstoffe treten eher unterstützend und helfend in den Hintergrund. Die Formulierung der Rezeptur wird auf diese Weise zu einer Art ›sozialem Prozeß‹. Anders ausgedrückt: In einer guten Rezeptur kommt es zum Zusammenschwingen aller Stoffe wie in einem Chor. Auch ein Vergleich mit einem guten Theaterstück wäre durchaus erhellend: der Chemiker ist wie ein Regisseur in einem Stück, in welchem ausgeprägte Charaktere sich zu einer eindrucksvollen, dramatischen Gesamtveranstaltung zusammenfinden.

Rezepturentwicklung: ein ›sozialer Prozeß‹

Die Orientierung an solchen sozialen Analogien fällt sicher den reduktionistisch ausgebildeten Naturwissenschaftlern der Jetztzeit sehr schwer. Sie sind es gewohnt, eher alle Erscheinungen zu reduzieren auf das, was man in exakten Zahlen messen und wägen kann. Goethe macht sich über eine solche Weltsicht des eingeschränkten Blickwinkels im Faust lustig:

»Was ihr nicht rechnet, gleubt ihr, sei nicht wahr,
Was ihr nicht wägt, hat für euch kein Gewicht,
Was ihr nicht münzt, das, meint ihr, gelte nicht«[46]

Ökonomische und soziale Grundlagen der Sanften Chemie

Betriebliche und gesellschaftliche Kosten Sanfter Chemie

Produkte der Sanften Chemie sind heute z.T. noch deutlich teurer als die entsprechenden Pendants aus den Retorten der chemischen Industrie. Diese Tatsache führt immer wieder zu der voreiligen Einschätzung, eine Konversion der chemischen Industrie, so wünschenswert sie aus ökologischer Sicht auch sein möge, werde an der Akzeptanz der Verbraucher scheitern: nur eine kleine Schicht von Verbrauchern werde bereit und in der Lage sein, die Produkte der praktischen Umsetzung der hier dargelegten Ideen zu bezahlen.

Eine solche Einschätzung beruht in vielerlei Hinsicht auf falschen Voraussetzungen. Tatsächlich sind nicht die Produkte der Sanften Chemie zu teuer, sondern die der Harten Chemie sind erheblich zu billig, da sie wesentliche Teile der ihnen zugrundeliegenden Kalkulation seit jeher ausgliedern und auf die Gesellschaft abwälzen.

Gerade in neuerer Zeit gibt es vermehrt Berechnungen der tatsächlichen Kosten, welche die Gesellschaft trägt, die aber in Wirklichkeit erst dadurch zustande kommen, daß Hersteller die von ihnen benutzten Umweltgüter kostenlos oder weit unter den realen Wiederbeschaffungskosten (falls eine Wiederbeschaffung auch langfristig überhaupt möglich ist) zur Verfügung gestellt bekommen. Neben anderen Autoren[47] hat auch hier das Heidelberger Umwelt- und Prognoseinstitut den Versuch unternommen, die Kosten der Umweltbelastung zu quantifizieren.[48] Sie sind dabei zu wirklich erschreckenden, aber völlig plausiblen Zahlen gekommen. So errechnen sie allein für die Bundesrepublik Deutschland Kosten der Umweltbelastung von 400 Milliarden DM pro Jahr. Umgerechnet auf den einzelnen Haushalt ergeben sich dadurch Belastungen jedes Haushalts von etwa 17.000 DM pro Jahr. Damit ist bereits heute eine Größenordnung erreicht, die einen hohen zweistelligen Prozentsatz des verfügbaren Einkommens eines jeden Haushalts ausmachen.

Chemische Produkte: heute bei weitem zu billig

An anderer Stelle errechnet das UPI, welche Preise für bestimmte besonders umweltrelevante Produkte erlöst werden müßten, um die bisherige gesellschaftliche Abwälzung der realen Kosten in den Produktpreis selbst einzubeziehen. Danach müßte beispielsweise chemischer Mineraldünger, der einen wesentlichen Anteil an der Verarmung des Bodenlebens und damit an der Verminderung der Bodenfruchtbarkeit hat und bei dessen Herstellung große Energiemengen aufzuwenden sind, die wiederum fossilen oder atomaren Quellen entstammen, statt 2 DM mindestens 23 DM kosten; ein Kilogramm Pflanzenschutzmittel statt 28 DM mindestens 830 DM, ein Liter Benzin mindestens 5,70 DM[49]

Daß die hierbei ermittelten Größenordnungen für die wirklich ›gerechten‹ Preise solcher Produkte mit Ansätzen anderer Art durchaus übereinstimmen, zeigen die Überlegungen des Umweltwissenschaftlers und Präsidenten des Wuppertal Instituts für Klima-Umwelt-Energie, Ernst Ulrich v. Weizsäcker, der konkrete Vorschläge zur Umstellung unseres Steuersystems gemacht hat, auf der Suche nach dem ›gerechten Preis‹

um auf diesem Wege zu einer wahrheits- und wirklichkeitsgemäßeren Preisbildung zu kommen. In einem Interview mit dem Industriemagazin führte er dazu aus:

»v.W.: ›Die ökologische Steuerreform soll die Staatseinnahmen insgesamt ja nicht erhöhen. Sie würde dazu führen, daß im Laufe von 20 bis 30 Jahren die Preise für Naturverbrauch ungefähr der ökologischen Wahrheit entsprächen.‹ I.M.: ›Wie weit sind denn heute die Preislisten für Energie, Wasser, Luft, Boden und Rohstoffe davon entfernt?‹ v.W.: ›Zur Zeit sind die Kosten noch um den Faktor fünf bis zehn zu niedrig angesetzt.‹«[50]

Einen speziellen Ansatz verfolgt Friedrich Schmidt-Bleek im Wuppertaler Institut mit seinem ›Konzept der Stoffströme‹. Nach seiner Auffassung bringt

»schon die Frage, warum die Preise heute nicht ›die ökologische Wahrheit‹ sagen ... die Suche nach einem ökologischen Maß einen Schritt weiter. Traditionell bestimmen die Kosten für Kapital und Arbeit weitgehend den Preis einer Ware oder Dienstleistung. Die Kosten für die benötigten Rohstoffe machen zumeist nur einen Bruchteil des Endpreises aus. ... Diese Unterbewertung der Rohstoff-‹Produktivität‹ ist ein wesentlicher Grund, warum Umweltnutzung sich nicht im Preis niederschlägt. Mein Vorschlag ist, den Stoffverbrauch zur Basis für ein Maß der Umweltnutzung zu machen - genauer gesagt, einen erweiterten Rohstoffbegriff zu schaffen, der alle Stoffströme von der ›Wiege‹ eines Produktes, etwa dem Bergbau, bis zur ›Bahre‹, der Entsorgung, einschließt. ... Unser Ausgangspunkt ist die Behauptung: Die Stoffströme, die der Mensch in Bewegung setzt, sind die wichtigsten Verursacher von Reaktionen der Ökosphäre auf menschliches Wirtschaften«[51].

Öko-Kosten ›von der Wiege bis zur Bahre‹ berücksichtigen

Der gedankliche Zusammenhang mit dem Konzept der Produktlinienanalyse (siehe Seite 55 bis 57) liegt auf der Hand. Allerdings bleibt bei einer solchen Analyse der Stoffströme noch die Frage, mit welchem Malus-Faktor man einen nichtregenerativen Ausgangspunkt des Stoffstroms (etwa Erdöl) gegenüber einem regenerativen Ausgangsstoff (wie Pflanzenöl) belegt, um die prinzipielle Begrenztheit des ersteren in eine zukunftsorentierte Bewertung einzubeziehen. Überhaupt fällt auf, daß diese Kardinalfrage bei fast allen modernen ökologischen Bewertungsinstrumenten weitgehend ausgeklammert wird - sicher nicht zuletzt aufgrund der damit verbundenen methodischen (und vielleicht auch ideologischen) Probleme.

Aus solchen Überlegungen zum ›wahren‹ Preis von Gütern wird deutlich, daß die etwas teureren Produkte der Sanfte Chemie heute nicht etwa zu hohe Preise aufweisen, sondern, durch eine weitergehende Internalisierung von Umweltkosten als bei konventionellen, nur deutlich näher an den tatsächlich gesellschaftlich notwendigen Preisen liegen. Im Zuge einer weitergehenden Ökologisierung der Wirtschaftsprozesse wird sich die Preisschere folglich immer weiter zugunsten konsequent ökologisch formulierter Produkte schließen. Eine solche Bewegung ist, wenn auch langsam, bereits in den letzten Jahren erkennbar: die immer höheren Aufwendungen, die gerade bei der Herstellung und Verarbeitung chemischer Produkte zur Störfallvorsorge, zum Gewässerschutz, Immissionsschutz, zur Deponierung von Sonderabfällen etc.

Sanfte Chemie bezieht Öko-Kosten weitgehend ein

aufgewendet werden müssen sowie der tendenziell steigende Preis für den Primärgrundstoff Erdöl, führen bereits jetzt zu einer allmählichen überproportionalen Steigerung der Preise für Chemieprodukte. Bis zum ›gerechten Preis‹ im Sinne v. Weizsäckers oder des UPI-Instituts ist es aber immer noch ein sehr weiter Weg.

Mit fortschreitender Annäherung der Preise chemischer Produkte an die wirklichen Gesamtkosten werden sich sehr einschneidende Umwälzungen in unserem Wirtschaftssystem ergeben. Im Bereich vieler Verbrauchsprodukte, vom Waschmittel über Textilien und Kunststoffprodukte bis zu den Treibstoffen, wird es zu enormen Umstellungen im Verbraucherverhalten kommen, da nicht zu erwarten ist, daß die verfügbaren Einkommen mit den überproportional steigenden Preisen gerade der Produkte auf industriell-chemischer Basis Schritt halten werden. Es ist damit zu rechnen, daß die höchsten Preissteigerungen gerade im Bereich der heutigen besonders umweltbelastenden Billigprodukte eintreten werden.

Gerechtere Preise verändern Konsumverhalten

Allein dieser Effekt wird vielen Auswüchsen der heutigen Wegwerfmentalität einen wirksamen Riegel vorschieben. Statt billiger Plastik-Spielsachen, die mechanisch kaum ein Jahr überstehen, werden vermehrt langlebigere Spielwaren aus Naturstoffen gekauft werden. Statt Billigtextilien aus Kunstfasern, die mit jedem Modeschwenk im Müll oder in der Altkleidersammlung landen, werden wieder mehr haltbare, weniger verschmutzungsempfindliche und damit waschmitteleinsparende Textilien aus Naturfasern gekauft werden. Die Beispiele lassen sich beliebig fortsetzen. Allen ist gemeinsam, daß sie insgesamt ohne Dirigismus von oben und ohne ideologische Verbrämung zu einer starken Verminderung des exzessiven Konsumverhaltens führen werden. Wer einen solchen, durch gerechtere Preise der Produkte erzwungenen Verzicht auf Tausenderlei Überflüssigkeiten oder Wegwerfprodukte als einen Verlust an Lebensqualität beklagt, greift womöglich zu kurz: sind es doch gerade die Folgen der allgemeinen Umweltbelastung, die in den vergangenen Jahrzehnten für Millionen Menschen drastische Verschlechterungen der wichtigsten Voraussetzungen für Lebensqualität verursacht haben: Gesundheit, reine Luft, sauberes Wasser, schmackhafte Lebensmittel, intakte Lebensräume, behagliche Wohnumwelt, Abwesenheit chronischer, umweltbedingter Krankheiten.

Die Prognose einer unausweichlichen Verringerung der Intensität der Stoffströme in unserer Gesellschaft deckt sich heute mit den Voraussagen und Forderungen vieler vorausschauender Wissenschaftler. Dazu noch einmal Friedrich Schmidt-Bleek vom Wuppertal Institut:

»Wie weit müssen wir die Entmaterialisierung treiben, um weltweit die Wirtschaft so zu transformieren, daß sie für diese Erde auf Dauer tragbar wird? ... Die Anforderungen an die Entmaterialisierung sind erheblich, aber schwer zu beziffern. Sicher ist, daß die Ökosphäre bereits destabilisiert ist, daß wir also weltweit die Stoffströme tatsächlich reduzieren müssen ... Ein erster Schritt wäre es, die Stoffströme global zu halbieren. ... Nur ein Zehntel der Stoffströme, die wir heute bewegen, sind mit ökologischer Stabilität und gleichem Recht aller Menschen an den Reichtümern dieser Erde verträglich.«[52]

Sanfte Chemie unter sozialem Gesichtspunkt

Niemand wird bestreiten wollen, daß es heute fast nirgendwo auf der Welt mehr Freude macht, Land- oder Forstwirtschaft zu betreiben. Drückende Überproduktion, ermüdende Monokulturen, abwechslungsarme Fruchtfolgen, ständiger Umgang mit harten Chemikalien in Form von Mineraldünger, Herbiziden, Insektiziden, Fungiziden etc., hilflose Abhängigkeit von den Entscheidungen ferner Bürokraten und nicht zuletzt ein katastrophaler Verfall der Preise haben dem ursprünglich so harten, aber oft doch befriedigenden Arbeiten mit den lebendigen Chemieretorten der Pflanzenwelt jeden Reiz genommen.

Neue Chancen: die Sanfte Chemie und ihre Rohstofflieferanten

Die Umsetzung der Ideen einer Sanften Chemie könnte hier eine wirkliche Wende bedeuten. Die Verlagerung vieler Syntheseprozesse aus den hochtechnisierten Anlagen der chemischen Industrie auf die Äcker und in die Wälder, unter Berücksichtigung einer möglichst großen Vielfalt und kontrolliert biologischer Methoden, könnte neben allen positiven ökologischen Auswirkungen auch bedeuten, daß Land- und Forstwirtschaft einen neuen Stellenwert in der Gesellschaft erhalten.

Die Nutzung der vollen Vielfalt (mit einem neuen Begriff: Biodiversität) bringt es dabei mit sich, daß von diesem neuen Aufschwung die gebeutelten Land- und Forstwirte nicht nur in den Industrienationen profitieren, sondern überall auf der Welt. Allein die Abkehr von den zunehmenden Monokulturen in den Schwellenländern und der Übergang zu der enormen Vielfalt pflanzlicher Produkte, die Sanfte Chemie nicht nur fordert, sondern auch ermöglicht, könnte der katastrophalen Bodenerosion Einhalt gebieten. Allerdings genügt es nicht, diese Form der Erosion zu bekämpfen, sondern auch die soziale Erosion in den betreffenden Ländern gerade im Bereich der Landbevölkerung. Neue Strukturen des Welthandels mit land- und forstwirtschaftlichen Produkten sind zu schaffen, wobei die regionale und qualitative Diversität das Durchbrechen der fatalen Welthandelsmonopole für wichtige nachwachsende Rohstoffe (Naturkautschuk, Pflanzenfette etc.) erleichtern.

Von der Lean zur Clean Production: Arbeitsplätze und Sanfte Chemie

Ein gelegentlich gegen die Ideen der Sanften Chemie vorgebrachtes Argument lautet: Sanfte Chemie vernichtet Arbeitsplätze, sowohl in der chemischen Industrie als auch im daran angeschlossenen produzierenden Gewerbe. Genau das Gegenteil ist richtig: es werden neue Arbeitsplätze geschaffen werden, je weiter die Konversion der chemischen Industrie hin zu einer nachhaltigen Nutzung der Stoffe voranschreitet. Dies betrifft eben nicht nur die Landwirtschaft: für Visionen von einer Verwirklichung des Morgenthau-Planes durch die Hintertür der Sanften Chemie kann keine Rede sein. Die Verarbeitung der Naturprodukte erfolgt nämlich bei Berücksichtigung aller hier dargelegten Prinzipien nicht in so extremer Arbeitsteiligkeit und minimierter Produktionstiefe, wie das augenblicklich der Fall ist. Die nicht wenigen funktionierenden Betriebe, in denen bereits seit vielen Jahren der Versuch unternommen wird, die Grundlagen der Sanften Chemie in die Praxis umzusetzen

(s. dazu vor allem das Kapitel »Zukunftsmodell: Sanfte Chemie in der Praxis« von Seite 159 bis 172), beweisen, daß hier eine Vielzahl interessanter, gut bezahlter Arbeitsplätze geschaffen werden konnte.

Sanfte Chemie schafft neue, interessante Arbeitsplätze

Wenn der Vorsitzende des Deutschen Gewerkschaftsbundes auf dem Deutschen Umwelttag 1992 in Frankfurt in einer Podiumsdiskussion darauf hingewiesen hat, daß wir in unserer Arbeitswelt nicht eine Perfektionierung der ›lean production‹ (›schlanke Produktion‹ mit extremer Ausschöpfung aller Produktivitätsreserven) brauchen, sondern vielmehr den energischen Aufbau einer ›clean production‹ (d.h. einer umwelt- und gesundheitsverträglichen Produktion vom Arbeitsplatz über den Verbraucher bis hin zu den Auswirkungen auf den gesamten Globus), dann ist damit auch ein Anknüpfungspunkt für eine sozialverträgliche Umsetzung der Prinzipien Sanfter Chemie gegeben. Leider sind gerade in Deutschland die Spitzen der Gewerkschaft im Bereich der Chemie sehr eng mit den Leitungen der großen Chemiekonzerne verbunden und wirken hier eher so, daß der Status quo der ökologischen Wirkungen chemischer Produktion nach den Methoden der klassischen Harten Chemie wenig hinterfragt wird. In den kleineren Betrieben selbst, die Produkte der Sanften Chemie herstellen, hat sich jedoch gezeigt, daß gerade auch eine engagierte gewerkschaftliche Interessenvertretung für die Belange der Beschäftigten in fruchtbarer Weise zu verbinden ist mit dem Engagement für eine Sanfte Chemie - auch aus der Erkenntnis heraus, daß hier nicht nur zukunftssichere Arbeitsplätze geschaffen wurden, sondern auch die Möglichkeiten für ein besonders hohes Maß an Eigenverantwortlichkeit, Verständnis für die betrieblichen Zusammenhänge, sowie gute Voraussetzungen für eine Identifikation mit den lokalen und globalen Zielen der Unternehmen.

Transparenz, Vielfalt, Glaubwürdigkeit: Sanfte Chemie und Verbraucher

Auch im Bereich des Verbraucherschutzes gibt es ein sehr hohes Maß der Übereinstimmung zwischen den Interessen der Konsumenten und den Zielen einer Sanften Chemie. Je transparenter die Produktlinien und je detaillierter die Informationen über die Zusammensetzung der chemisch-technischen Alltagsprodukte gestaltet sind, um so leichter lassen sich die Ziele des Verbraucherschutzes umsetzen. Es bedarf dazu sicher noch einer erheblichen Entwicklung, insbesondere im Bereich der Warentests. Zwar gibt es seit etlichen Jahren verdienstvolle Institutionen, die sich die Berücksichtigung der ökologischen Auswirkungen von Produkten in besonderem Maße zur Aufgabe gemacht haben (z.B. Öko-Test), aber immer noch stehen bei Warentests die rein quantitativ-technischen Gesichtspunkte sowie die Produktpreise im Vordergrund. Wo ökologische Fragen berücksichtigt werden, geschieht dies eher am Rande und noch dazu ohne ganzheitlichen Frageansatz, sondern lediglich im Hinblick auf die Einhaltung von Emissions-Grenzwerten etc.

Die Auswirkungen der gesamten Produktlinien werden demgegenüber im allgemeinen nach wie vor recht fern von den täglichen Lese- und Mediengewohnheiten der meisten Verbraucherinnen und Verbraucher erarbeitet und publiziert. Positive Ausnahme ist hier vor allem die Verbraucherinitiative mit Hauptsitz in Bonn, die mit einer pfiffigen Öffentlichkeitsarbeit immer wieder den Finger in die Wunden unserer chemisierten Konsumgesellschaft legt, ohne allein der Versuchung zu verfallen, sich auf den ›Schadstoff der Woche‹ zu beschränken. Ein anderes Beispiel ist die Stuttgarter Arbeitsgruppe für Verbraucherfragen, die sich nicht nur um einen ganzheitlichen Ansatz zur Verbraucheraufklärung bemüht, sondern in diesem Zusammenhang auch immer wieder die Frage nach dem ideellen Hintergrund stellt, aus dem heraus sich die konkrete Praxis der Warenproduktion schließlich gestaltet.

Produkte Sanfter Chemie: auch neue Handelsstrukturen nötig

Ein weiterer Gesichtspunkt beim Zusammenhang zwischen den Grundlagen, Methoden und Zielen Sanfter Chemie einerseits und Verbraucherfragen andererseits liegt in den Handelsformen der chemisch-technischen Alltagsprodukte. Diese sind in ihrer wirtschaftlich stark auf wenige riesige Anbieter konzentrierten Form mit deren charakteristischen preisaggressiven Großflächenmärkten für die Umsetzung von Ideen einer Sanften Chemie in der Handelspraxis, trotz mancherlei positiver Ansätze bei Unternehmen wie Tengelmann und Obi, noch wenig qualifiziert. Für die Umsetzung von Verbraucherinteressen haben sich deshalb die Handelsstrukturen im Bereich des Naturkost- und Naturwarenmarktes bis hin zu den biologischen Baumärkten eher bewährt, selbst wenn es auch dort mannigfache Hemmnisse z.B. in Gestalt von mangelhafter Warenkenntnis, fluktuierendem Personal etc. gibt. Eine Renaissance wird sich bei der stark steigenden Nachfrage nach Produkten der Sanften Chemie auch im Bereich des Facheinzelhandels einstellen: der fachlich qualifizierte Holzhandel, der sich stark für Produkte mit ökologisch einwandfreier Produktlinie öffnet, ist dafür ein aktuelles Beispiel. Auf diese Weise entsteht ein neues Bild der Vielfalt und Dezentralität des Handelsgeschehens, in dem sich die Vielfalt und dezentrale Erzeugung der Rohstoffe der Sanften Chemie in erfreulicher und hoffnungsweckender Weise widerspiegelt.

Zukunftsmodelle: Sanfte Chemie in der Praxis

Die Praxis einer Sanften Chemie ist noch jung. Obwohl bereits vor einigen Jahrzehnten, vor allem im Bereich der Landwirtschaft, Ansätze zu einer kritischen Sicht der Bedingungen und Folgen Harter Chemie entwickelt wurden, bedurfte es erst der Umweltbewegung der 70er und 80er Jahre dieses Jahrhunderts, um Gedanken an eine konkrete praktische Alternative zu den Verfahren und Produkten der konventionellen Chemie auf breiterer Front wirksam werden zu lassen. Heute sind zwar auf sehr vielen Feldern solche Alternativen erarbeitet und auf den Markt gebracht worden, aber die daran beteiligten Unternehmen sind noch relativ jung und von bescheidener Größe. Dennoch kann festgestellt werden, daß all diese ersten Ansätze zu einer Realisierung Sanfter Chemie in der Praxis gezeigt haben, daß eine Konversion in nahezu allen wesentlichen Lebensbereichen möglich ist - vom biologischen Anbau von Lebensmitteln über Farben, Lacke, Klebstoffe, Produkten zur Körperpflege, Wasch- und Reinigungsmittel bis hin zu Baumaterialien und Textilien. Selbst im Bereich als besonders fortschrittlich geltender Werkstoffe gibt es erste Ansätze, die überzeugend demonstrieren, daß auch chemisch-technische Produkte mit sehr hoher Beanspruchung durchaus auf der Basis der in diesem Buch beschriebenen Prinzipien hergestellt werden können.

Beispiele zeigen: Konversion ist möglich

Die Praxis der Sanften Chemie kann in diesem Buch nur in einer kurzen Skizze dargestellt werden. Zu allen aufgezählten Bereichen sind jedoch Bücher in Vorbereitung, die im gleichen Verlag wie das vorliegende Buch erscheinen werden und jeweils für sich die konkreten Alternativen ausführlich aus der Sicht derer behandeln werden, die als Pioniere auf ihrem Gebiet gelten können und viel dazu beigetragen haben, daß heute schon über ein ganzes Spektrum realisierter Beispiele berichtet werden kann.

Naturfarben als Kernimpuls der Sanften Chemie

Eine der heute wichtigsten Produktgruppen im Bereich praktischer Sanfter Chemie sind die Farben und Anstrichstoffe auf der Basis natürlicher Rohstoffe. In Europa, wo diese Produkte ihren Ausgang nahmen, werden heute schätzungsweise bereits Farben und Lacke im Wert von 100 Millionen DM nach den Grundsätzen Sanfter Chemie hergestellt, auch wenn einige der hier mitgezählten Produkte noch mit mehr oder weniger fragwürdigen Kompromissen behaftet sind, indem sie noch teilweise Inhaltsstoffe enthalten, die aus den Retorten der Harten Chemie stammen.

Warum gerade Farben als Angelpunkt?

Es ist kein Zufall, daß gerade die Farben zu den wichtigsten ersten Produktgruppen gehören, in denen Sanfte Chemie in die Praxis umgesetzt wurde. Zwei

Farben: dem Menschen besonders nahe

Gründe sind hauptsächlich maßgebend für diese Tatsache: zum einen gehören Anstrichstoffe zu den Produkten, die in der unmittelbaren Lebensumgebung des Menschen angewendet werden und daher eine direkte Wirkung auf ihn ausüben; das Beispiel der Holzschutzmittel hat gezeigt, daß es hier über Jahrzehnte zu massenhaften akuten ud chronischen Vergiftungserscheinungen gekommen ist. Aber auch Anstrichmittel ohne biozide Wirkstoffe geben eine Fülle chemischer Stoffe an die Umgebung ab (Lösemittel, Weichmacher, Kunstharzmonomere), die vom menschlichen Organismus aufgenommen werden und als stark naturfremde Chemikalien Schäden verursachen können.

Der zweite Grund für die vorrangige Stellung der Farben liegt darin, daß in diesem Bereich die negativen Auswirkungen der Produktionsverfahren zur Herstellung der wesentlichen Inhaltsstoffe auf die Umwelt am ehesten erkennbar geworden sind. Eine kürzlich erfolgte Zusammenstellung des Informationsdienstes Chemie und Umwelt (ICU) belegt, daß bei der besonders

Abb.12: Produktlinie Chlorchemie: Farben stets dabei

(Quelle: »Informationsdienst Chemie und Umwelt«, 8/92, Seite 7)

Stoffgruppe	eingesetzte Chlormenge	wichtigste Folgeprodukte
Chlorbenzole	80.000 t	Farbstoffe, Pestizide, Lösemittel, Pharmaka u.a.
Chlortoluole	31.000 t	Farbstoffe, Pestizide
Chlormethylbenzole	71.000 t	Farbstoffe, Pharmaka, Duftstoffe
Chlorphenole	eingestellt, aber Weiterverarbeitung von importiertem 2,4-Dichlorphenol	Farbstoffe, Pestizide
Chlorcarbonsäuren	keine Angaben	Herbizide
Chlorbutene	44.000 t	Polychloropren (Kautschuk)
Chlorparrafine	29.000 t	Schmieröle, Flammschutzmittel, Lackbindemittel
Chlorcyan	ca. 35.000 t/58.000 t (unklar)	Kunstharze, Pestizide, Farbstoffe, u.a.
Phosphattrichlorid	44.000 t	Weichmacher, Pestizide
Phosphor-sulfochlorid	keine Herstellung, aber Verbrauch; Menge unklar, aber über 1.000 t	Pestizide

umweltbelastenden Chemie auf der Basis chlorierter Zwischenprodukte fast alle eingesetzten Stoffgruppen in irgendeiner Weise als Vorprodukte für wesentliche Inhaltsstoffe von Farben und Lacken auftauchen.

Bei den wenigsten der hier aufgezählten Zielprodukte findet sich Chlor als Bestandteil in organischer Bindung wieder. Dies vermag jedoch nicht zu trösten, da das Chlor der Zwischenprodukte ja irgendwo geblieben sein muß. In jedem Fall ist damit belegt, daß wesentliche Inhaltsstoffe gerade von Farbenprodukten heute zwangsläufig die Nutzung der Chemie der organischen Chlorverbindungen nach sich zieht - mit allen Folgen für Ökologie und Gesundheit, die in zahllosen kritischen Publikationen zum Thema Chlorchemie inzwischen erwiesen wurden.

Abgesehen von diesen, für sich schon genügenden äußeren Motiven gibt es auch noch einen ganz anderen Grund, der Farben als Thema für die Sanfte Chemie besonders interessant macht. Es waren nämlich die Fabriken zur Herstellung synthetischer Farben, die in den Jahren um 1860 den Grundstock der späteren industriellen Chemiegiganten bildeten. Allein die drei Großen der heutigen deutschen Chemieindustrie - Bayer, BASF und Hoechst - sind damals als Unternehmen gegründet worden, die mit der Herstellung synthetischer Farbstoffe den damals vorherrschenden Naturfarbstoffen innerhalb weniger Jahre die Existenzgrundlage entzogen und auf der Basis der ungewöhnlichen Machtstellung, die ihnen das bald errungene Quasimonopol verschaffte, die Kraft zum Aufbau einer ganzen neuen Industrie erwarben. Interessanterweise waren diese jungen Farbenfabriken am Anfang durchaus in der Positon eines Davids gegen den Goliath der mächtigen, international verflochtenen Kolonialwarengesellschaften, über die ein wesentlicher Teil des weltweiten Handels mit natürlichen Farbengrundstoffen lief. In kurzer Zeit wurde aus dem David dann selbst ein Goliath, und die Machtstellung der Kolonialwaren-Handelsgesellschaften war bald gebrochen. Es ist wie eine Spiegelung dieses historischen Ablaufs, wenn heute ausgerechnet die Naturfarbenhersteller gegen die Giganten der Chemieindustrie antreten, wiederum in einer Position der wirtschaftlichen Schwäche, aber ideeller und konzeptioneller Stärke[1].

Farbenfabriken als Wurzeln der Chemiegiganten

Andererseits ist aus dieser historischen Konstellation durchaus verständlich, daß die erfolgreichen Bestrebungen der Naturfarbenhersteller zur Herstellung konkreter sanfter Alternativen zu den Farben der Harten Chemie der Chemieindustrie ein besonderer Dorn im Auge sind. Anders wäre kaum zu verstehen, daß sowohl Einzelvertreter der konventionellen Farbenindustrie als auch die gesamte Branche, vertreten durch ihren Fachverband bzw. dessen Tochterunternehmen für Öffentlichkeitsarbeit, keinen Aufwand und keine Mühe scheuen, das Konzept der Naturfarbenhersteller zu verteufeln, um zu verhindern, daß Selberstreicher und vor allem professionelle Verarbeiter von Farben und Lacken weiter zu den Naturfarben abwandern.[2] Die Umsatzanteile, die den konventionllen Farbenherstellern durch das Auftreten der Naturfarben verlorengegangen sein mögen, könnten allein keine ausreichende Erklärung für die Mühe und Aggressivität des Auftretens beim Deutschen Lackinstitut und anderen sein. Es geht wohl eher darum, daß die konventionelle Farbenindustrie als

Sanfte Farben: ein Dorn im Auge der Industrie

ein mächtiger und historisch zentraler Teil der Chemieindustrie erkennt, daß mit dem Infragestellen von Farben aus dem Reservoir der Harten Chemie auch die Axt an die Wurzel der gesamten Chemieindustrie gelegt sein könnte, was es natürlich mit aller Macht - im Wortsinne - zu verhindern gilt.

Beispiele für sanfte Farben und Anstrichstoffe

Naturfarben entstehen aus dem Bemühen, die großen ökologischen Probleme zu meiden, die sich bei den konventionellen Anstrichstoffen vor allem aus der Verwendung und Verarbeitung fossiler Grundstoffe ergeben (s. Seiten 77-81 bzw. 101) Folglich konzentrieren sich die Bemühungen der Naturfarbenhersteller stark auf den Bereich der organischen Inhaltsstoffe von Farben und Anstrichmitteln. Solche organischen, d.h. kohlenstoffhaltigen Inhaltsstoffe spielen bei allen 4 Hauptgruppen von Farbenkomponenten eine wesentliche Rolle: bei den *Bindemitteln* sind es vor allem die weit überwiegend auf Erdölbasis hergestellten Kunstharze (Polyurethane, Polyacrylate, Polystyrol-Butadien-Polymerisate, Alkyde, Phenolharze etc.), bei den *Lösemitteln* die rein erdölabhängigen Testbenzine, Isoparaffine, Glycole etc.; bei den *Pigmenten* die Azopigmente und andere organische Pigmentgruppen, bei den *Additiven* die organischen Biozide als Holzschutzwirkstoffe oder Konservierungsmittel, die Weichmacher, Entschäumer, Emulgatoren, Verlaufshilfen etc.

Farbenrohstoffe: Natur biete gute Alternativen

Für alle genannten organischen Chemikalien gibt es im Bereich der organischen Naturstoffe ausgezeichnet geeignete Alternativen, die es gestatten, Naturfarben mit weitgehend vergleichbaren anstrichtechnischen Qualitäten aus Regenerativrohstoffen zu produzieren: Im Bereich der Bindemittel die pflanzlichen Harze, Öle und Wachse; im Bereich der Lösemittel die pflanzlichen etherischen Öle sowie den Gärungsalkohol, im Bereich der Pigmente die pflanzlichen Farbstoffe, im Bereich der Hilfsstoffe die pflanzlichen Verdickungsmittel und Emulgatoren, natürliche Einweißstoffe wie Casein, pflanzliche Duftstoffe usw. Auf der Basis dieser Naturstoffe entstehen, teilweise unter zusätzlicher Verwendung von mineralischen Komponenten[3] wie Kreiden, Erd- und Mineralfarben, Quelltonen, Titandioxid, Gesteinsmehlen, die anwendungsfertigen Naturfarben, die heute auch in ihrer leichten Verarbeitbarkeit und Dauerhaftigkeit hinter den konventionellen Produkten nicht oder nicht wesentlich zurückstehen.

Die reichhaltige Palette der Naturfarbenprodukte

Die Palette der aus solchen Rohstoffen hergestellten Produkte ist heute bereits eindrucksvoll und umfaßt von den grundierenden Imprägnierungen und Lasuren auf Naturharzöl-Basis sowie Wachsbalsamen für Holz über Klar- und Decklacke unterschiedlichster Art vor allem Wand- und Deckenfarben als leicht verarbeitbare Naturharzöl-Dispersionen, Wandlasur-Pflanzenfarben bis hin zu den Kinder- und Künstlermalfarben mit Farbpigmenten auf der Basis pflanzlicher Farbextrakte. Sie reicht bis in Nachbargebiete, beispielsweise bei Bodenbelagsklebern, Polituren, Pflegemitteln usw. Mit dem Sortiment der führenden Naturfarbenhersteller bleibt nahezu kein Bereich der Oberflächenbehandlung unabgedeckt. Allenfalls bei Oberflächen mit extrem starker physikalischer, chemischer oder biologischer Beanspruchung (Automobillacke, Innenbeschichtungen von Chemikalienbehältern, Bootslacke etc.) gibt es noch keine vollständig befriedigenden Lösungen, auch wenn sogar hier einzelne Anwendungsbeispiele beweisen, daß die den konsequenten Naturfarben gezogenen Grenzen viel weiter reichen, als gemeinhin angenommen wird.[4]

Die Leitfunktion der Naturfarben erweist sich auch daran, daß in den vergangenen Jahren zusätzlich zum ausschließlichen Einsatz nachwachsender Rohstoffe als Lieferanten des organisch gebundenen Kohlenstoffs die Produktlinien dieser Rohstoffe im Detail weiter verbessert wurden. Als Beispiel dafür sei der wichtige Naturfarben-Rohstoff Leinöl herangezogen. Leinöl, das bei Zutritt von Sauerstoff auf Oberflächen zu elastischen Filmen trocknet und, eingezogen in offenporige Materialien wie Holz, diese in der Tiefe wasserabweisend schützt, stammte bei den Naturfarbenherstellern ursprünglich aus den üblichen Lieferquellen des Weltmarktes, vor allem aus Kanada und Argentinien. Die anstrichtechnische Qualität dieser Leinölsorten war ausgezeichnet, und an ihrer Eigenschaft als rein regenerative Rohstoffe konnte kein Zweifel bestehen. Dennoch blieb im Sinne einer konsequenten Umsetzung der Grundsätze einer Sanften Chemie unbefriedigend, daß nur unzuverlässige Daten über die Anbaumethoden und den dabei praktizierten Chemikalieneinsatz aus den Lieferländern vorlagen. Zudem wurde die ökologische Bilanz des Rohstoffeinsatzes durch die Tatsache gestört, daß der Rohstoff in Gestalt der Leinsaat über Tausende von Kilometern transportiert werden mußte, obwohl Öllein auch unter mitteleuropäischen Klimabedingungen mit sehr gutem Erfolg angebaut werden kann.

Verbesserungen der Produktlinie von Naturfarben

Konsequenz aus dieser Analyse war für den führenden deutschen Naturfarbenhersteller ein mehrjähriger Umstellungsplan, an dessen Ende die ausschließliche Verwendung von Leinöl aus regionalem Anbau in dichtem Umkreis um den Produktionsstandort der Farben stehen sollte. Durch intensive Beratungen mit Landwirten aus der Region wurde es möglich, einen regionalen Vertragsanbau von Öllein auf einigen hundert Hektar Fläche zu initiieren. Eine zusätzliche Besonderheit erhielt das Modell noch dadurch, daß gleichzeitig mit der Umstellung von überseeischem auf regionalen Anbau auch ein zunehmender Anteil von Leinerzeugung nach kontrolliert-biologischen Grundsätzen erreicht werden konnte. Als wichtiger Schlußbaustein in diesem Projekt konnte noch eine kleine regionale Ölmühle gewonnen werden, welche die regional erzeugte Leinsaat auf besonders schonende Weise (ohne jeden Einsatz von petrochemischen Extraktionsmitteln) abpreßt, eine Mehrfachpressung durchführt, bei der die Erstpressungen als Diätleinöl vermarktet werden können und zusätzlich die einfache Rückführung der wertvollen eiweißreichen Preßrückstände in den landwirtschaftlichen Stickstoffkreislauf in Form von ausgezeichnetem Viehfutter ermöglicht wird. Eine Übersicht über die verschiedenen Produktlinien von der anfänglichen Weltmarktware bis zum schließlichen regionalen kontrolliert-biologischen Anbau (kbA) gibt die Abb. 13.

Rohstoffe aus kontrolliert biologischem, regionalem Anbau

Abb. 13: Produktlinie Leinöl aus verschiedenen Anbauarten

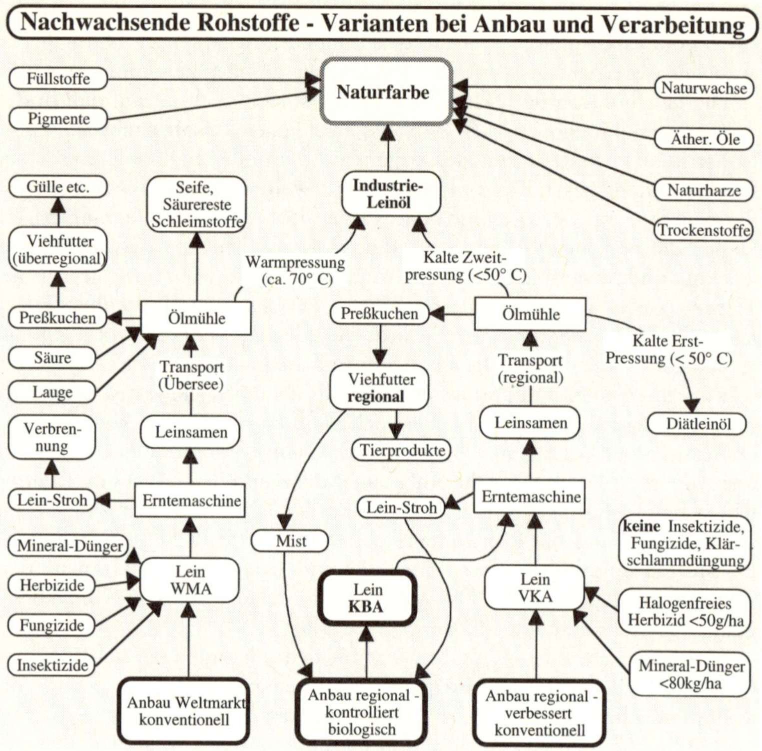

Jenseits von Mineraldüngung und Pestiziden: Sanfte Landwirtschaft, Sanfter Pflanzenschutz

Durch das Beispiel des kontrolliert biologisch erzeugten Leinöls bei den Naturfarben ist eine gute Überleitung zum Bereich der Landwirtschaft ohne Harte Chemie gegeben. Die Vermeidung synthetischer Dünge- und Pflanzenbehandlungsmittel hat eine mindestens ebenso lange Tradition wie die Naturfarben und ist im Ursprung auch aus ähnlichen Motiven praktiziert worden (s. Seiten 99/100). Heute stellt der biologische Landbau, der sich einen solchen Verzicht auf Produkte der Harten Chemie zum Grundsatz gemacht hat, einen bereits recht bedeutsamen und weiter stark wachsenden Anteil der Landwirtschaft dar. Statt auf Mineraldünger und synthetische Spritzmittel setzt die biologisch-organische oder biologisch-dynamische Landwirtschaft auf eine Pflege und Belebung der Bodenfruchtbarkeit, auf einen vielgliedrigen Fruchtwechsel, auf den Einsatz natürlicher Pflanzenbehandlungsmittel, auf eine möglichst weitgehende Schließung von Stoffkreisläufen einschließlich des Stickstoffkreislaufes und andere Maßnahmen eines Sanften Landbaus.

Die Produkte der biologischen Landwirtschaft genießen heute eine sehr breite Akzeptanz bei der Bevölkerung und haben das enge Beziehungsgeflecht der ›Bio-Szene‹ in mancher Hinsicht bereits nach außen durchbrochen. Gerade das starke Wachstum in diesem Bereich hat nicht selten zu Strukturproblemen geführt, beispielsweise dann, wenn nicht ausreichende Kontrollen bei einigen schwarzen Schafen zur Aufdeckung von ›Bio-Lügen‹ führten, aber auch, wenn es zu wechselnden Phasen zeitweiliger Verknappung wie zeitweiligen Überangebots kam. Für eine stetig wachsende Zahl von Landwirten, die in einer immer weiter fortschreitenden Industrialisierung und Chemisierung ihrer Arbeit, in der extremen Abhängigkeit von kaum beeinflußbaren staatlichen und weltmarktpolitischen Entscheidungen keine Zukunft mehr sahen, ist der biologische Landbau heute zu einer neuen Lebensperspektive geworden. Und immer mehr Verbraucher wollen heute bei ihren wichtigsten Grundnahrungsmitteln, aber auch bereits bei Genußmitteln wie Kakao, Zucker, Tee und Kaffee, die Gewißheit haben, daß ihre Ernährung nicht auf Kosten von Umweltzerstörung oder sozialer Pression stattfindet.

Bio-Landbau: Perspektiven für Landwirte und Verbraucher

Selbst im Bereich des Gartens stoßen die früher bedenkenlos eingesetzten chemischen Präparate, die sich trotz relativ kleiner Flächen und Aufwandsmengen in der Gesamtbilanz zu einem nicht unwesentlichen Umsatzanteil der Pestizid- und Düngemittelindustrie summieren, bei immer mehr Klein- und Hobbygärtnern auf unverhohlene Skepsis. Auch hier wird daher vermehrt zu biologischen Pflanzenpflegepräparaten gegriffen, in der Gewißheit, daß das selbstgezogene Gemüse dann sicher nicht durch weitere Chemikalienrückstände belastet ist, als das infolge der allgemeinen Umweltbelastung ohnehin bereits der Fall ist. Allerdings lauern auch auf diesem Felde die Fallstricke der Pseudo-Bio-Masche: Vollsynthetische Pyrethroide werden aufgrund ihrer entfernten Ähnlichkeit mit bestimmten natürlichen Wirkstoffen des Pflanzenreichs unter Täuschung der Verbraucher als biologische Produkte ausgelobt und teuer verkauft.

Auch im Kleingarten wird umgedacht

Sanfte Naturkosmetik: Vertraute Naturstoffe statt Bioschwindel

Ähnlich wichtig wie die Farben und Anstrichstoffe sind sowohl in qualitativer als auch in quantitativer Hinsicht die Kosmetika sowie die Produkte zur Körperpflege und Körperreinigung. Ursprünglich ganz im kultischen Bereich angesiedelt und unter Einsatz kostbarer Naturstoffe, ist die Kosmetik gerade in den letzten Jahrzehnten zu einer milliardenschwerden Industrie geworden, die in nicht unerheblicher Weise durch den Einsatz chemischer Grundstoffe wie Emulgatoren, Konservierungsmittel, Farb- und Duftstoffe, Lichtschutzfilter etc. zu einem sehr wichtigen und renditeträchtigen Absatzmarkt der chemischen Industrie geworden ist.

Kosmetik: heute ein Zweig der chemischen Industrie

Auch hier bedurfte es erst eines allmählichen Bewußtwerdens der Verbraucherinnen und Verbraucher, die jahrzehntelang den Verlockungen der aufwendigen Werbekampagnen der kosmetischen Industrie bedenkenlos gefolgt waren und die mit den Produkten verkauften Illusionen von Schönheit, Alterslosigkeit, Erotik und Attraktivität verinnerlicht hatten. Erst in den letzten Jahren ist vielen Verwendern von Kosmetika, nicht zuletzt auch durch den zunehmenden Druck auf die Kosmetikindustrie zur Deklaration der Inhaltsstoffe der Produkte, aufgegangen, daß die meisten der von ihnen verwendeten Produkte in wesentlichen Teilen auf Rohstoffen der chemischen Industrie basieren, darunter einige, die in den allerengsten Bezirk der harten

Abb. 14: Produktlinie eines ›nativen Tensids‹

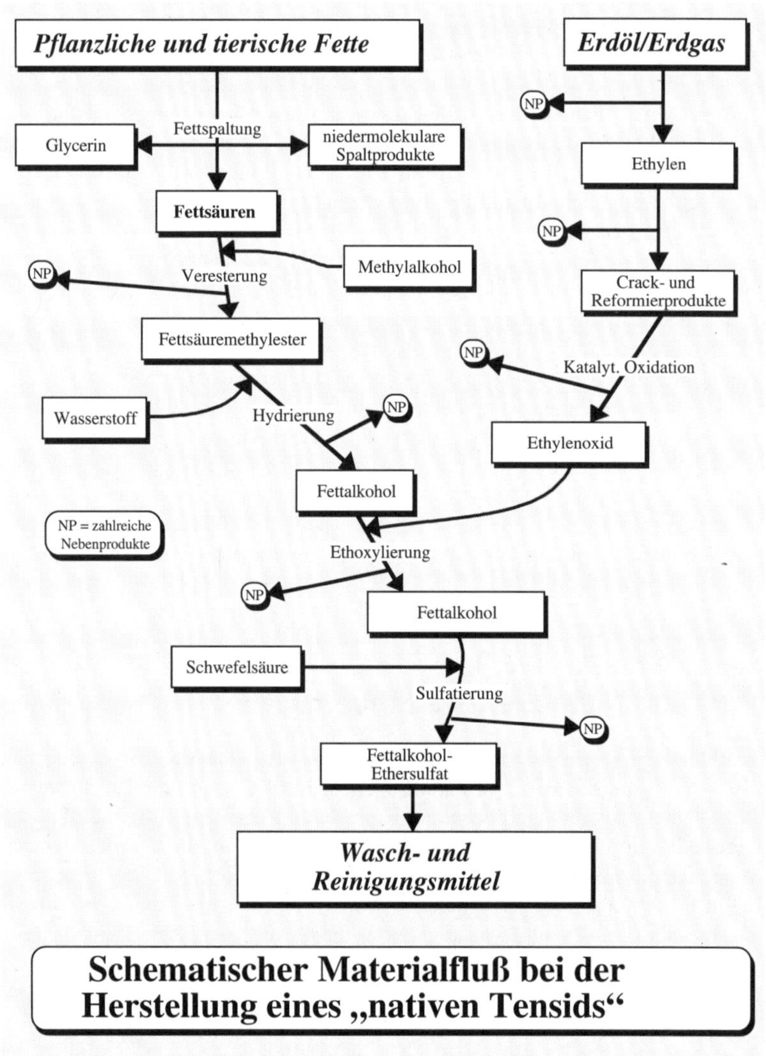

Chemie gehören (ethoxylierte Tenside und Emulgatoren, synthetische Konservierungsstoffe und UV-Filtersubstanzen etc.)

Naturkosmetika gehören daher ebenso wie Naturfarben zu den Bereichen einer Sanften Chemie, die in den vergangenen Jahren eine besonders dynamische Entwicklung erlebten. Statt Paraffin-Kohlenwasserstoffe werden pflanzliche Öle und Bienenwachs eingesetzt, statt synthetischer Duftstoffe natürliche ätherische Öle. Wo immer möglich und verfügbar, sollten bei einer konsequenten Naturkosmetik pflanzliche Rohstoffe aus kontrolliert biologischem Anbau eingesetzt werden.

Naturkosmetik: Vorsicht vor den ›Grauzonen‹

Leider gehört der Bereich der Naturkosmetik trotz - oder vielleicht auch gerade wegen - des offenkundigen Erfolges zu den Branchen, in welchen die Grenzen zwischen Sanfter und Harter Chemie besonders häufig und zum Nachteil von Klarheit und Wahrheit verwischt werden. Gern werden hier teilsynthetische Emulgatoren mit erheblichen Anteilen von petrochemischen Kohlenstoffquellen als ›Tenside auf Kokosfettbasis‹ oder noch schneller als ›Palmöltenside‹ deklariert. Nur der kundige Verbraucher wird hinter einer solchen Bezeichnung ein Tensid aus der chemischen Industrie vermuten, das zwar das Kokosfett durchaus zu seinen Stammvätern zählt (wenn auch aus einem völlig konventionellen Anbau ohne Rücksicht auf ökologische Qualität), das aber ebenso von der Familie der Petrochemikalien abstammt, wie die graphische Darstellung der Produktlinie eines solchen ›nativen Tensids‹ in Abb. 14 belegt.

Auch bei den Konservierungsstoffen, Duftstoffen und UV-Filtersubstanzen verbergen sich hinter wohltönenden Bezeichnungen wie ›besonders hautschonend‹, ›hypoallergen‹, ›nach dem Vorbild der Natur‹ oder den beliebten Vorsilben ›Bio-‹ oder ›Natur-‹ nicht selten gewöhnliche industrielle Grundstoffe, die mit den Prinzipien der Sanften Chemie wenig gemein haben. Hier gilt es aufzupassen, auf einer lückenlosen Volldeklaration zu bestehen und diese Deklaration aufmerksam und kritisch zu hinterfragen.

Unverzichtbar: Lückenlose Volldeklaration

Naturtextilien: auf dem Weg zu einer lebendigen ›zweiten Haut‹

Die biologischen Prinzipien, die bei der Hautpflege und bei den Kosmetika zu beachten sind, haben auch den konsequenten Naturtextilien in den vergangenen Jahren einen kometenhaften Aufstieg beschert. Zu rasch war die Euphorie und Modernitätssucht nach dem 2. Weltkrieg, bei welcher nur das Nyltest-Hemd als aktuell galt, einer Ernüchterung gewichen. Zwar haben die Textilien auf der Basis von Kunstfasern tatsächlich den Vorteil, weniger zu knittern, aber dieser Pflegevorteil wird durch eine große Zahl von Nachteilen im Tragekomfort wieder zunichte gemacht. Es hat sich gezeigt, daß Kunstfasertextilien nur schwer in der Lage sind, die Funktion einer ›zweiten Haut‹ zu erfüllen, die erst die Grundlage für die gewünschte Behaglichkeit eines

Ernüchterung bei Kunstfasern

Kleidungsstückes liefert. Es kommt hinzu, daß bei der Synthese der Nylon-Grundchemikalien weltweit in gigantischen Mengen ein äußerst wirksames Treibhausgas, Distickstoffmonoxid, in die Atmosphäre entlassen wird - mit sehr ungewissen Folgen für unser Weltklima. Andere Kunstfasern sind in ihrer Produktlinie, zusätzlich zu ihrer zumeist gegebenen Abhängigkeit vom Erdöl als Primärrohstoff, ebenfalls mit all den Mängeln und ökologischen Risiken behaftet, die auf den Seiten 55 bis 77 z.B. anhand des Polymethacrylats und des Polyurethans aufgezeigt wurden. Dort, wo als Grundstoff zwar pflanzliche Rohstoffe verwendet werden, diese jedoch durch einen aufwendigen und abfallintensiven Zurichtungsprozeß laufen (beispiel: Viscose), ist Skepsis angebracht: es ist zu fragen, ob die dadurch gewonnenen technologischen Vorteile nicht in einer Gesamtschau aus ökologischen Belastungen und Verlust an positiven Eigenschaften der Originalfaser insgesamt zu einem eher negativen Bild führt. Zumindest sollte den Anmerkungen praktisch aller Kleidungsverkäufer mit Mißtrauen begegnet werden, die auf Nachfrage zum Thema ›Viscose‹ fast immer zu Protokoll geben, dies sei doch ebenfalls ein Produkt auf rein natürlicher Basis.

Ökologische Risiken bei Kunstfasern aus Erdöl

Auch der Bereich der Naturtextilien im engeren Sinne steckt jedoch nach wie vor voller Fallstricke. Gerade hier genügt ein Verweis auf die natürliche Herkunft der Faser (Wolle, Seide, Baumwolle, Leinen etc.) nicht. Zu groß können die Umweltbelastungen bei der Erzeugung der Rohfaser sein: von dem hochkonzentrierten Pestizidbad, durch das australische Schafe regelmäßig zur ›Entwesung‹ geschickt werden, über den massiven Einsatz an synthetischen Pestiziden beim mittelasiatischen Baumwollanbau bis zum Einsatz von Totalherbiziden in der ersten Wachstumsphase von Faserlein reichen hier die ökologischen Belastungen - und sie enden dort keineswegs, hat die chemische Industrie doch keine Mittel und Wege gescheut, den Naturfasern ihre natürlichen, nicht immer den Zwängen der Schnellebigkeit angepaßten Eigenschaften durch zahllose Appreturen, Oberflächenbeschichtungen, Tränkungsmittel sowie Produkte zur Erleichterung der schnellen maschinellen Weiterverarbeitung auszutreiben. Auch bei der chemischen Ausrüstung von Wolle gehen mit der garantiert mottenechten Behandlung und dem chemischen Verfilzungsschutz nicht selten die positiven ökologischen und Trageeigenschaften des vermeintlichen Naturtextils verloren. Es kommt hinzu, daß es für diese ganzen chemischen Ausrüstungsstoffe und Anbauhilfen keinen Deklarationszwang gibt und der arglose Verbraucher eventuell erst durch eine massive Allergie beim Tragen der Kleidung auf das Problem aufmerksam wird.

Auch bei Naturfasern: Produktlinie genau prüfen

Eine weitere Einschränkung gegenüber der naheliegenden Empfehlung zum Tragen von Naturtextilien ist die Tatsache, daß auch reine Naturtextilien heute noch überwiegend mit synthetischen Farbstoffen gefärbt werden. Dies stellt in mehrerlei Hinsicht ein großes ökologisches, aber auch ein toxikologisches Problem dar. Über die extrem abfallreiche Herstellung der meistverwendeten Farbstoffgruppe, der Azofarben, wurde bereits auf den Seiten 77 bis 81 ausführlich berichtet. Es kommt hinzu, daß bei der Applikation der synthetischen Farben auf die textilen Fasern große Mengen an synthetischen

Naturtextilien mit Azofarben: auf Dauer nicht tragbar

Reststoffen ins Abwasser gelangen können. Als dritter Gesichtspunkt ist zu beachten, daß gerade die Azofarben nicht nur für die Textilarbeiter beim industriellen Färben selbst[5], sondern auch für die Träger der so gefärbten Kleidung ein Risiko darstellen, da eine große Zahl dieser Azofarben im Kontakt mit der Haut direkt krebserzeugende Wirkung aufweist oder ebenfalls krebserzeugende Abbauprodukte hinterläßt.

Neue Impulse zur Qualifizierung der Naturtextilien

Allerdings können alle diese Erscheinungen keineswegs als grundlegender Einwand gegen das Prinzip der Naturtextilien geltend gemacht werden. Gerade in den letzten Jahren hat es erhebliche Anstrengungen gegeben, die Produktlinie ›Naturtextil‹ im Sinne einer konsequenten Sanften Chemie zu qualifizieren. Beispiele dazu sind der kontrolliert ökologische Anbau von Baumwolle, die Gewinnung von Wolle ohne Pestizidbäder (immerhin hat es doch bis vor ein paar Jahrzehnten eine jahrtausendelange erfolgreiche Tradition der Schafzucht und Wollgewinnung gegeben), der Einsatz von Naturfarben zur Textilbedruckung und last not least die zunehmende Verwendung von Pflanzenfarben zur Textilfärbung. Insbesondere auf letzterem Gebiet besteht jedoch noch erheblicher Forschungs- und Entwicklungsbedarf für die Sanfte Chemie, ist doch auf dem Felde der Textilfärbung mit Pflanzenfarben die Entwicklung der Färbeverfahren in der zweiten Hälfte des vergangenen Jahrhunderts mit dem Aufkommen der synthetischen Textilfarben praktisch zum gewaltsamen Abbruch gekommen. Waren es früher einige Dutzend aufeinanderfolgende Schritte, mit denen Baumwolle mit dem Rot aus der Krappwurzel gefärbt wurde, so könnten heute einfachere, energie- und wassersparende Verfahren zur Pflanzenfärbung von Textilien entwickelt werden. Immerhin sind pflanzengefärbte Textilien heute bereits in größerem Angebot erhältlich, wo noch vor wenigen Jahren das Tragen pflanzengefärbter Kleidung allenfalls das Privileg von strebsamen Hobbyfärbern und Volkshochschulkursteilnehmern war. Die Literatur zu diesem Thema, soweit sie das Selberfärben betrifft, ist entsprechend reichhaltig.[6]

Pflanzenfarben werden salonfähig

Seit vielen Jahren, beginnend lange vor dem boomartigen Anwachsen der Naturtextilwelle und bevor die großen Publikums- und Ökozeitschriften sowie die Ratgeberliteratur sich des Themas anzunehmen begannen, steht im übrigen eine kleine Zeitschrift mit bescheidener Auflage ganz im Dienst des Themas der menschengemäßen und umweltgerechten Bekleidung: ›Mensch und Kleidung‹[7]. Hier findet man Gesichtspunkte, die über schnelle modische Begleiterscheinungen hinausgehen und das ökologisch sinnvolle Bekleidungsstück auch als eine Angelegenheit von kulturellem Rang behandeln und würdigen, wenn auch gelegentlich in etwas altbackenem Stil, der aber doch überzeugender ist als die raschen Katastrophenmeldungen aus dem Bereich der Textilanalytik, mit der so manche große Publikumszeitschrift einmal einen ›Aufmacher‹ produziert, um das Thema dann wieder der Vergessenheit anheimzugeben.

Lebenswerte Hüllen: Baustoffe und Wohnmaterialien aus Sanfter Chemie

Auch die ›Dritte Haut‹ wird ökologisiert

Neben den Produkten für die Pflege der ›ersten Haut‹ (den Kosmetika und Körperpflegemitteln), den Materialien der ›zweiten Haut‹ (Textilien und Bekleidung) spielt vor allem auch die sogenannte ›Dritte Haut‹ des Menschen bei einer konsequenten ökologischen Gestaltung der Lebenswelt eine entscheidende Rolle. Die Rede ist von den Baumaterialien, die uns Menschen sowohl in unserem privaten als auch beruflichen Leben, sowohl am Tage als auch vor allem in der Nacht, umgeben und nicht immer die Fähigkeit zum Aufbau einer lebensfördernden, behaglichkeitsstiftenden und gesunderhaltenden Hülle des Menschen besitzen. Es wundert deshalb nicht, daß eine der ältesten Bewegungen im Bereich des stark praxisorientierten Umweltschutzes, die sogenannte baubiologische Bewegung, bereits Ende der 60er Jahre ihren Anfang nahm. Ungeachtet der Tatsache, daß diese Bewegung in ihren Anfängen nicht ohne obskure Begleiterscheinungen auftrat und gelegentlich dem Verlauf von Wasseradern auf einem Baugrundstück mehr Bedeutung zumaß als den chemischen Schadstoffen am Bau, hat sie sich doch das bleibende Verdienst erworben, zahllose Menschen für die gesundheitliche und ökologische Bedeutung der gebauten Wohnumwelt sensibilisiert zu haben.

Baubiologie als Fundament der Sanften Chemie

Schon früh war in den baubiologischen Empfehlungen zur Auswahl von Baumaterialien die Tendenz erkennbar, möglichst natürliche Baustoffe mit geringem Zurichtungsgrad zu verwenden[8]. Wenn sich auch manche der anfangs vorgetragenen Thesen nicht halten ließen, so hat die baubiologische Bewegung doch auch in dieser Hinsicht viele Grundgedanken der Sanften Chemie vorbereitet. Heute hat der Markt für baubiologische Dämmstoffe, Bodenbeläge, Raumtextilien, Ausbaumaterialien wie Faser- und Gipskartonplatten, Tapeten, Farben, Klebstoffe, Massivholzmöbel etc. allein in Deutschland ein Umsatzvolumen von sicher etlichen hundert Millionen DM erreicht und ist damit auch für konventionelle Anbieter zunehmend interessant geworden. Wir finden hier ein interessantes Beispiel, wie eine Bewegung innerhalb von nur zwei Jahrzehnten alle Stadien von anfänglicher Verspottung über erbitterte Bekämpfung, dann zunehmende Akzeptanz bis hin zur Ausbildung eines stabilen, dynamisch wachsenden Marktes durchlaufen hat. Zwischenzeitlich sind nicht nur Hunderte von Einfamilienhäusern nach weitgehend baubiologischen Prinzipien gebaut worden, sondern auch eine größere Anzahl von Gewerbebauten, Wohnsiedlungen mit über hundert Wohneinheiten, Schulen, Kindergärten etc.[9]

Reinheit ohne optische Tricks: Sanfte Wasch- und Reinigungsmittel

Auch die Wasch- und Reinigungsmittel haben einen wesentlichen Anteil an der Ausbildung eines größeren Umweltbewußtseins in den 70er Jahren gehabt. Hier waren es die Schaumteppiche auf den Flüssen, die vielen Verbrauchern klarmachten, daß auch solche scheinbar harmlosen Haushaltsprodukte in der Massierung zu erheblichen Umweltproblemen führen können. Folglich findet man heute kaum noch ein Produkt der Wasch- und Reinigungsmittelindustrie, bei dem nicht in irgendeiner Form ein besonders vorteilhaftes Umweltprofil ausgelobt wird. Zwar hat sich tatsächlich beispielsweise die biologische Abbaubarkeit der eingesetzten Tenside verbessert, aber nach wie vor beherrschen Tenside auf petrochemischer Basis nach dem Vorbild des ›Arbeitspferdes der Tensidindustrie‹, LAS (Lineares Alkylbenzolsulfonat) die Rezepturen (siehe Seite 83 bis 85).

Schaumberge wecken Umweltschützer auf

Seit etwa zehn Jahren sind auch einige kleinere Anbieter mit Wasch- und Reinigungsmitteln auf den Markt gekommen, die sich bei der Auswahl ihrer waschaktiven Substanzen und bei der Formulierung ihrer Produkte an ähnlichen Ideen wie denen der Sanften Chemie orientierten. Dies wird daran deutlich, daß als wichtigstes Tensid die Seife, zunächst in der Form traditioneller Talg-Kokos-Seifen, später vorwiegend Pflanzenseifen, eingesetzt wurde. Als Argument für den Einsatz der Seife wird dabei neben der leichten Abbaubarkeit sowohl unter aeroben (sauerstoffreichen) als auch anareoben (sauerstoffarmen) Bedingungen die Tatsache hervorgehoben, daß zwischen dem ursprünglichen Rohstoff Pflanzenfett und der waschaktiven Substanz Seife nur ein chemischer Prozeß von vergleichsweise geringem Zurichtungsgrad, eben die alkalische Verseifung liegt. Die Kohlenstoffketten der ursprünglichen Fettsäuren bleiben bei diesem Prozeß erhalten, es findet lediglich eine Spaltung im Bereich der relativ schwachen Esterbindung an das Glycerin statt.

Pflanzenseifen: vernachlässigte Produkte Sanfter Chemie

Eine wichtige Neuerung bei der ersten Formulierung solcher alternativer Seifenwaschmittel lag jedoch auch darin, daß die bei den konventionellen Vollwaschmitteln gegebene Mischung aus waschaktiven Substanzen, Enthärterstoffen und Bleichchemikalien aufgetrennt wurde, so daß je nach Wasserhärte und Verschmutzungsgrad eine individuelle Minimaldosierung mit möglichst geringer Gewässerbelastung möglich wurde, während bei den Vollwaschmitteln völlig unabhängig von der tatsächlichen Wasser- und Waschgutsituation immer das - häufig völlig unnötige - Maximum an gewässerbelastenden Substanzen zum Einsatz kam. Wieder ist hier eine ähnliche Entwicklung wie bei vielen anderen ›Alternativprodukten‹ der letzten Jahre zu beobachten gewesen: nachdem die konventionelle Waschmittelindustrie das Baukastenprinzip anfangs als waschtechnisch unrichtig und beim Verbraucher undurchführbar belächelte und bekämpfte, gehören heute Baukastenprodukte großer konventioneller Anbieter - obwohl wesentlich inkonsequenter zusammengesetzt als die ›echten‹ Baukästen - zu den am intensivsten und mit großem Aufwand beworbenen Produkten im Waschmittelmarkt überhaupt.

Ökologische Optimierung von Baukasten-Waschmitteln

In späteren Entwicklungsschritten wurde das Prinzip des Waschmittelbaukastens in waschtechnischer Hinsicht wie in Bezug auf die ökologische Optimierung der Produktlinie, wieder durch sehr kleine Anbieter, weiter verbessert. Der erste Schritt dabei war, durch den Einsatz von leicht löslichen Kaliseifen statt der sonst eingesetzten festen Natronseifen Waschmittel in flüssiger, jedoch hochkonzentrierter Form anzubieten. Damit wurde den Seifenwaschmitteln auch der immer bedeutsamer werdende Bereich der energiesparenden und faser- und farbschonenden Niedertemperaturwäsche zugänglich, bei denen die Pulverwaschmittel auf Seifenbasis wegen der schlechteren Löslichkeit der festen Seifen zu Anwendugsproblemen geführt hatten.

In einem zunächst letzten Schritt wurde dann, wiederum von einem sehr kleinen Anbieter, statt der bislang zum Einsatz gekommenen Pflanzenfette aus anonymen Weltmarktquellen eine Serie von Wasch- und Reinigungsmitteln eingeführt, bei denen die zur Herstellung der Seife verwendeten Fette (z.B. Kokosfett, Sonnenblumenöl) aus einem kontrolliert biologischen Anbau stammen.

Diskussionsstand und Perspektiven einer Sanften Chemie

Sanfte Chemie im Widerstreit der Meinungen

Aus den Hunderten von Publikationen in Zeitungen, Zeitschriften, Büchern sowie Rundfunk- und Fernsehsendungen, die sich in den vergangenen zehn Jahren mehr oder minder ausführlich mit dem Thama ›Sanfte Chemie‹ auseinandergesetzt haben, kann hier nur eine kleine Auswahl vorgestellt werden, wobei der Schwerpunkt ganz bewußt auf diejenigen Publikationen gelegt wurde, die sich skeptisch, stark kritisch oder auch ausgesprochen ablehnend mit dem Thema befaßten.

Sanfte Chemie ist nicht nur ein Thema für den Intellekt, sondern auch für die Sinne. Es lag daher nahe, daß ein Magazin wie GEO zu den ersten gehörte, die sich ausführlicher und in reich bebilderter Form mit dem Thema ›Sanfte Chemie‹ befaßten. Jürgen Neffe hat für seinen Artikel ›Sanfte Chemie. Vorwärts zurück zur Natur?‹[1] vor allem eine Reihe von kleineren Herstellern - von Naturfarbenfabriken bis zu Produzenten von Bio-Waschmitteln - aber auch deren großindustrielle Pendants besucht und berichtet ausführlich und bebildert von den dort vorgefundendenen Rohstoffen und Unternehmensphilosophien. Insgesamt überwiegt in dem Artikel die Skepsis gegenüber der Möglichkeit, Sanfte Chemie zu einem neuen industriellen Paradigma auszugestalten:

›Sanfte Chemie‹ in der Zeitschrift ›GEO‹

»Obwohl also die prinzipielle Machbarkeit der Sanften Chemie für einige Teilbereiche dokumentierbar ist, lassen die akuten Umweltprobleme sich mindestens in absehbarer Zeit dadurch nicht aus der Welt schaffen. ... Produkte wie Transformatorenöle, Isolatoren für elektrische Leiter, Fotomaterialien, Tonbänder oder Desinfektionsmittel werden sich mit Sanfter Chemie wie der heute praktizierten nicht ersetzen lassen.«

Mehr realistische Perspektiven meint Neffe in der Großindustrie zu erkennen, vor allem dort, wo diese sich zunehmend biotechnologischer und gentechnischer Verfahren bedient. Aber er identifiziert sich auch nicht mit der von ihm zitierten Aussage des Hoechst-Forschungsleiters Heinz Harnisch. Dieser hält

»die Sanfte Chemie nur für eine Modeerscheinung wie den ökologischen Landbau, von der in zehn Jahren vielleicht schon keiner mehr redet.«

Sanfte Chemie: nur eine Modeerscheinung?

Wie zu erwarten war, hat sich diese Prognose alles andere als bewahrheitet: der ökologische Landbau erfreut sich einer breiten Akzeptanz - wie nie zuvor - bis in die Reihen der großen Markenartikler von Babynahrung, und die im Jahre 1986 noch sehr zarten Keimlinge praktizierter Sanfter Chemie sind heute zu gesunden Pflänzchen herangewachsen. Dabei ist die Einschätzung Neffes durchaus richtig, daß bei weitem noch nicht alle notwendigen chemisch-technischen Alltagsprodukte mit den Mitteln der Sanften Chemie hergestellt werden können. Aber er stellt bei dieser zutreffenden Analyse auch zu wenig in Rechnung, daß sich hier viele Milliarden von Arbeitsstunden forschender Chemiker auf Seiten der Harten Chemie seit deren Entstehung vor über Hundert Jahren einerseits und vielleicht bislang einige Hunderttausend Forschungsstunden bei den in der Sanften Chemie tätigen Labormitarbeitern andererseits gegenüberstehen. Hier gibt es für die Sanfte Chemie noch sehr viel aufzuholen, bevor man die tatsächlich in ihr steckenden Potentiale im Vergleich zum Status quo der konventionellen Chemie fair beurteilen könnte.

Chemieunfälle am Rhein 1987 - neuer Stoff für Diskussionen

1987 entwickelte sich dann zum großen Jahr der Diskussion um die Sanfte Chemie. Kein Wunder, stand doch die Öffentlichkeit ganz unter dem Schock der großen Serie von Chemieunfällen am Rhein, von den katastrophalen Brandfolgen Ende 1986 im Sandoz-Werk Schweizerhalle bei Basel, die sich noch hunderte Kilometer rheinabwärts auswirkten, bis zu den zahlreichen Störfällen mit ›Rheinalarm‹, mit denen deutsche Chemiefabriken die unselige Serie in Gang hielten. Es zeigt sich, daß nach solchen Unfällen eine gewisse selbstkritische und nachdenkliche Note in die Äußerungen der führenden Branchenvertreter kommt, die aber nach kurzer Zeit, wenn die Medien sich anderen Themen zugewandt haben, meist rückstandslos verdunstet ist.

Diskussion in der Öko-Presse über Sanfte Chemie

Besonders im Bereich der stärker auf ökologische und Naturschutz-Themen ausgerichteten Presse wurde nun das Interesse an der Sanften Chemie belebt. Die Zeitschriften Öko-Test und ›natur‹ brachten ausführliche Berichte über Konzeption und beginnende Praxis Sanfter Chemie[2] - mit deutlich stärkerer Sympathie für diese Ideen als GEO ein Jahr zuvor, und skeptischer im Hinblick auf die Nebenwege, auf denen sich die chemische Industrie mittels Bio- und Gentechnologie aus der Diskussion um eine Konversion ihrer Produktlinien herauszustehlen sucht. Auch die Diskussionsforen innerhalb der ökologischen Bewegung begannen sich nun stärker mit dem Thema auseinanderzusetzen; das Organ der Arbeitsgemeinschaft Ökologischer Forschungseinrichtungen (AGÖF) widmete dem Thema ›Sanfte Chemie‹ einen ganzen Schwerpunkt[3].

Aber auch Publikationen, die sonst eher dem Mainstream der konventionellen Chemie folgen, sahen sich genötigt, Sanfte Chemie zu thematisieren. Die Erkenntnis, daß zumindest eine Wahrnehmung, wenn auch nicht die inhaltliche Akzeptanz, dieses Themas unausweichlich geworden war, dokumentiert sich am nachdrücklichsten in der Tatsache, daß das führende deutschsprachige Fachlexikon der Chemie, der ›Römpp‹, im 1987 in 8. Auflage neuerschienenen Band 5 das Stichwort erstmals aufnahm[4]. Die Passage sei hier vollständig zitiert:

Sanfte Chemie als Stichwort im Standard-Chemielexikon

»Sanfte Chemie. Mitte der 80er Jahre aufgekommenes Modewort, hinter dem sich sehr unterschiedliche (u. z.T. unrealist.) Vorstellungen verbergen. Als ›S.C.‹ könnte man die Chemie bei tiefen Temperaturen (Raumtemp. u. darunter) verstehen - diese aber verlangt sehr reaktive Spezies, deren Reaktionsbereitschaft durch Energiezufuhr auf anderem als therm., aber auch nicht sehr ›sanften‹ Wege herbeigeführt werden muß (Strahlung, Strom,

Katalysatoren). Als ›S.C.‹ könnte man andererseits Prozesse verstehen, bei denen ausschließlich nicht-gefährliche Stoffe zum Einsatz kommen u./od. keinerlei Abfall- od. Nebenprod. entstehen bzw. ausschließlich solche, die vollkommen wiederverwendet werden können.«

Der Inhalt des Stichworts läßt noch sehr wenig ernsthafte Auseinandersetzung mit den damals bereits umfangreich publizierten Vorstellungen von einer Sanften Chemie erkennen, und man hat den Eindruck, der ungenannte Autor sei der Meinung, spätestens mit der Folgeauflage des ›Römpp‹ werde sich die weitere Behandlung dieses ›Modewortes‹ von allein erledigt haben. Es kam aber anders: mit der bislang neuesten Auflage des Römpp, deren betreffender Band 1992 erschien, hatte sich sogar eine erhebliche Ausdehnung im Umfang des Stichworts und eine deutliche Verschiebung im Akzent der Darstellung ergeben[5]:

Nächste Römpp-Auflage: ›Sanfte Chemie‹ noch immer präsent

»Sanfte Chemie. Begriff aus der Politik, der ungefährliche chem. Verf. u. Prod. bezeichnen soll. Fälschlicherweise wird s.C. mit ›natürlicher Chemie‹ u. den Naturstoffen gleichgesetzt u. in Gegensatz gesetzt zu der ›unnatürlichen‹, ›synthet.‹, ›anthropogenen‹ od. ›industriellen‹ Chemie u. ›künstlichen‹ od. ›anthropogenen‹ Stoffen. Insbes. wird auch die sog. ›Chlor-Chemie‹ als ›harte‹ u. damit anscheinend gefährliche Chemie der s.C. gegenübergestellt. Kritikpunkte an der Chlor-Chemie sind zum einen die Gefährlichkeit einiger Chlor-Verb (s. Dioxine), zum anderen waren Wirkungen bei den Unfällen in Seveso 1976 und Schweizerhalle 1986 ganz od. z.T. auf Chlor-Verb. zurückzuführen. Chlor-Verb. gehören einer Vielzahl von Verb.-Klassen an; erwartungsgemäß unterscheiden sich ihre physiolog. Wirkungen - z.T. sogar innerhalb einer Klasse - erheblich. Eine pauschale Verurteilung von Chlor-Verb. od. anderen Stoffgruppen mit gefährlichen Vertretern (z.B. der Proteine, s. Toxine, Gifte u. Toxikologie) würde viele harmlose u. nützliche Stoffe betreffen. In der Natur sind viele gefährliche Stoffe wie Chlor-Verb., Nitro-Verb., Schwefel-Verb., Alkaloide u.a. weit verbreitet, da sie natürlicherweise von Lebewesen als auch durch abiotische Vorgänge gebildet werden, z.B. jährlich mehrere Millionen Tonnen Methylchlorid [Science 249 (1990) 160-162)]. Viele biogene Naturstoffe werden als Toxine, Antibiotika, Allelopathika (s.a. Ökomone) erzeugt, um andere Organismen einschließlich des Menschen zu schädigen. Im Gegensatz dazu werden in der (dtsch.) chem. Ind. keine Stoffe hergestellt, die den Menschen schädigen sollen.

Auch die s.C. im Sinne milder Reaktionsbedingungen führt nicht unbedingt zu ungefährlichen Stoffen. So können unter normalen Lebensbedingungen - d.h. bei Körpertemp., unter Normaldruck u. in Gegenwart natürlicher Katalysatoren (s. Enzyme) - Proteine wie das Botulinustoxin (s. Botulismus) gebildet werden, die giftiger sind als z.B. 2,3,7,8-Tetrachlordibenzo[b,e][1,4]dioxin, das giftigste Dioxin« - Als Literatur wird angegeben: »Bild der Wissenschaften H.9 (1990); Eilingsfeld: Der Sanfte Wahn, Mannheim 1989; Nachr. Chem. Techn. Lab. 38 (1990) 250f., 262 f.; Wasser, Luft, Boden (1989) H.1-2, 10f.«

Zwar ist auch in diesem zweiten Artikel noch keine rückhaltlose Bekannt- oder gar Freundschaft des Autors mit den Grundlagen der Sanften Chemie zu erkennen, doch immerhin werden sowohl Notwendigkeit wie Bemühen erkennbar, sich mit dem Thema weiterhin auseinanderzusetzen. Sehr interessant ist es jedoch, die beiden, nur 5 Jahre auseinanderliegenden Textfassungen, genauer miteinander zu vergleichen. Für die inhaltliche Bewertung der Stichworte kann auf die Darlegungen im Kapitel ›Wissenschaftliche Grundlagen der Sanften Chemie‹ des vorliegenden Buches verwiesen werden.

Trotz allem: ›Römpp‹ für Sanfte Chemie eine Fundgrube

Im übrigen kann den Herausgebern des so traditionsreichen wie verdienstvollen, in der aktuellen 9. Auflage 6bändigen wissenschaftlichen Standard-Nachschlagewerkes für die Chemie ohne weiteres attestiert werden, daß es auch für kritische Chemiker und Freunde der Sanften Chemie durch seinen Faktenreichtum, seine Übersichtlichkeit und die Prägnanz der Beiträge eine sehr lohnende Quelle ist. Daß im Zuge einer breiteren gesellschaftlichen Akzeptanz der Ideen einer Sanften Chemie in Folgeauflagen die eine oder andere tendenziöse Aussage im Sinne der überkommenen Wissenschaftsparadigmen einer erheblichen Überarbeitung und Ergänzung bedürfte, bleibt dessenungeachtet anzumerken. In dieser Hinsicht könnte sich der »Römpp« ein Vorbild nehmen an der neuesten Auflage des »Umweltlexikon«, das von der renommierten Umweltgruppe »Katalyse« herausgegeben wird (Köln: Kiepenheuer und Witsch 1993). In diesem aktuellen Lexikon wird das Stichwort »Sanfte Chemie« ausführlich und mit zahlreichen interessanten Querverweisen auf andere Stichworte behandelt. Dabei orientiert sich diese Abhandlung des Stichwortes an dem Bemühen, der Ganzheitlichkeit, Zukunftsgerichtetheit und Vielfarbigkeit des Konzepts einer Sanften Chemie gerecht zu werden. (s. dazu ausführlicher weiter unten).

Die auf diese Weise weiter um sich greifende Diskussion über Sanfte Chemie machte es auch für die oberste Interessenvertretung der Chemiehersteller, den ›Verband der Chemischen Industrie‹ (VCI) unabweisbar, sich zu diesem Thema zu äußern. Wir zitieren hier aus einem längeren Interview, das die Süddeutsche Zeitung Anfang 1987 mit dem VCI-Hauptgeschäftsführer Wolfgang Munde, führte[6]:

Verband Chemischer Industrie: »Natur ist für uns Vorbild«

»*SZ*: Was halten Sie von einer Fortentwicklung Ihrer Branche zur ›Sanften Chemie‹? *Munde*: Bisher fehlt mir dazu eine komplette Definition. Wenn darunter zu verstehen ist, schnellere Abbaubarkeit, schnelleres und besseres Recycling, wenn Bio-Akkumulation verringert wird und die Entsorgung erleichtert, bewegen wir uns auf diesem Wege, auch weil wir, was wir lange Zeit nicht bemerkt haben, jetzt besser wissen, daß unsere Arbeit auch Ängste erzeugt. ... *SZ*: Mit Sanfter Chemie ist auch gemeint, die Natur stärker zum Vorbild zu nehmen. Sie macht ihre Synthesen katalytisch, ohne hohe Drücke oder hohe Temperaturen. *Munde*: Auch auf diesem Wege sind wir. Wir nehmen an, daß der Verbrauch von Naturstoffen sich in der chemischen Industrie in den nächsten fünf Jahren vervielfachen wird. Wir würden aber riesige Probleme haben, wollten wir ohne Synthesen - zum Beispiel der Petrochemie - alle Kunststoffe herstellen, die wir benötigen.«

Auffällig gerade in diesem Interview ist der durchaus nachdenkliche Unterton. Angesichts der zahlreichen Störfälle, die seinerzeit fast täglich die Medien beschäftigten, glaubte sich die Verbandsvertretung der Chemischen Industrie wohl nicht in einer Position der Stärke, die es ihr erlaubt hätte, wie noch kurz zuvor jeden Gedanken an die Änderung des Grundkonzeptes der chemischen Industrie im Sinne einer Sanften Chemie als schon im Ansatz lächerlich und diskussionsunwürdig wegzuwischen. Es ist deshalb um so interessanter, wie führende Repräsentanten der Harten Chemie nach der sich nun anschließenden Phase ›medialer Erholung‹ mit dem Thema wieder meinten umgehen zu können: In der alten Schlagetot-Manier.

Die Reaktionäre schlagen zurück: »Der Sanfte Wahn«

Den Vogel in der kritischen Auseinandersetzung mit den Ideen der Sanften Chemie nach dieser Manier schießt ein Buch ab, das auch in seinen anderen Kapiteln selbst für alternativen Bestrebungen ansonsten eher abgeneigte Zeitgenossen nur schwer erträglich ist: ›Der Sanfte Wahn‹ von Heinrich Eilingsfeld, einem Chemiker beim Chemieriesen BASF, erschienen 1989[7]. Bereits die Kapitelüberschriften dieses Werks sprechen für sich: ›Ökologismus - Hysterie einer unmündigen Gesellschaft‹ - ›Sanfte Chemie - ein ideologischer Wahnwitz‹ - ›Politischer Aktionismus ›nach Sandoz«. Man kann sich des Eindrucks nicht erwehren, daß hier die unbelehrbaren Hardliner der Chemieindustrie, wie Hoechst-Chef Hilger, sich einmal einen Scharfmacher gesucht und ihn ein Auftragswerk haben schreiben lassen, in dem die ganze Wut über die Tatsache, daß sich das Bewußtsein in der Bevölkerung gegenüber den Risiken der Harten Chemie im Gefolge der einstmals verlachten ›grünen Spinner‹ gewandelt hat, herausgewürgt werden sollte. Eilingsfeld wendet sich schließlich mit seinem Buch ausdrücklich an jeden, »den das übliche [soll heißen: kritische] Denkschema über Umwelt und Gesellschaft nicht befriedigt.«

Immerhin ist Eilingsfeld ehrlich genug, bereits im Vorwort unzweideutig Position zu beziehen:

Die Umweltdiskussion - eine »ideologische Fehlleitung«?

»Dies ist eine politische Schrift, sie wendet sich gegen den Ökologismus, die Ideologie der Umweltschutzbewegung. Sie geht von der Überzeugung aus, daß nur der massive [!] Einsatz von und die Weiterentwicklung von Technik das Überleben der Menschheit in Würde und Freiheit sichern. ... Die Fehlleitung der öffentlichen Diskussion über Umweltfragen erfolgt zum großen Teil durch ideologisch orientierte ›Experten‹. ... Nicht Umdenken, nicht eine neue Umweltethik, permanent neue Gesetze und Umerziehung eines ganzen Volkes können helfen, sondern nur die Fortsetzung des bisherigen Weges. ... Das Umweltschutzgehabe in der Bundesrepublik ist dem Wissenstand unangemessen. Der Umweltaktionismus ist zum großen Teil ökologisch, wirtschaftlich, sozial und naturwissenschaftlich sinnlos. Die Pogromstimmung gegen die Technik breitet sich wie eine ansteckende Krankheit aus.«

Zur Sanften Chemie schreibt Eilingsfeld dann unter vielen anderen Schmähungen das Folgende:

»Da die Formulierung der ›Sanften Chemie‹ auf der festgefügten gesellschaftlichen Lehre des Neomarxismus beruht, ist es prinzipiell sinnlos, mit Logik eine Kritik der ›Sanften Chemie‹ zu versuchen. Vom Standpunkt des

Chemikers ist sie ein ideologischer Krampf. ... ›Sanfte Chemie‹ meint auch den Kleinbetrieb, da der Großbetrieb zwangsläufig Herrschaftsstrukturen enthält. ... Die Chemie soll zum Gegenstand des Klassenkampfes gemacht werden und die angebliche Vergewaltigung der Natur durch Chemie beendet werden. ... Die Einführung des Begriffes ›Sanfte Chemie‹ ist die Folge einer Ideologie und steht völlig konträr zum chemischen Wissen.«

Zum Freiburger Öko-Institut führt der Autor noch aus:

Öko-Institut: Nur »Mäntelchen der Wissenschaft«?

»Jede Ideologie versucht, sich das Mäntelchen der Wissenschaftlichkeit umzuhängen. Für den Ökologismus liefern in erster Linie die Ökoinstitute die ›wissenschaftlich fundierte‹ ideologisch-politische Munition. Sie bestimmen heute in unserer Gesellschaft im Namen der Wissenschaft mit pseudo- und transwissenschaftlichen Argumenten die öffentliche Ökologie-Diskussion. Die geballte Kraft der Wissenschaft aber steht untätig da und harrt der Dinge, die noch kommen werden. Wie ist es möglich, daß die Naturwissenschaften eine ideologisierte ›unabhängige Wissenschaft‹ neben sich tolerieren?« [S.77].

Man kann sich angesichts solcher Formulierungen des Verdachts nicht erwehren, der Autor träume hier von der Vorstellung, das ganze Problem der leidigen Umweltdiskussion sei dadurch ein für allemal zu lösen, daß die ›geballte Kraft der Wissenschaft‹, statt ›untätig dazustehen‹, den ungezogenen Öko-Kritikern einfach den Hintern versohlte. - Offenkundig war dieses Buch, in dem Eilingsfeld mit der Dampframme philosophiert, selbst seinen konservativen Fachkollegen peinlich, denn es ist in keiner renommierten Wissenschaftszeitschrift ernsthaft zustimmend rezensiert worden.

Den Reigen der kritischen Darstellungen mit Eilingsfelds »Wahn«-Buch zu beenden, wäre unfair. Es gibt auch andere Positionen kritischer Art aus den Reihen der Fachvertreter, die nicht durch besondere innere und äußere Distanz zur chemischen Industrie aufgefallen sind, die sich aber dennoch nicht zu den an Volksverhetzung grenzenden Tönen eines Eilingsfeld hinreißen lassen. Wie wohltuend wirkt neben solchen Haßtiraden beispielsweise die Auseinandersetzung des ehemaligen DFG-Präsidenten Hubert Markl mit der ›Natürlichkeit der Chemie‹[8]:

Ungleich differenzierter: »Über die Natürlichkeit der Chemie«

»Es wird heute oft gefordert, die künftige technische Chemie solle eine ›Sanfte‹ Chemie sein, die naturverträgliche Produkte erzeugt und ihre Abfälle auf möglichst natürlichem Wege und möglichst vollständig entsorgt. Sehr schön! Aber diese natürliche Chemie gibt es in Wirklichkeit längst: nämlich in den biologisch-chemischen Produktionsprozessen. ... Der Übergang von einer ausschließlich oder überwiegend ›harten‹ klassisch-technischen Chemie zum flexiblen Einsatz biochemisch-biologisch - und das heißt auch: gentechnisch [!] - gesteuerter Produktions- und Abbauprozesse eröffnet die Chance, die unabsehbare Vielfalt chemischer Verfahren zu nutzen, die die evolutionären Erfindungen natürlicher Chemie der Lebewesen in ihren genetischen Anlagen auf Vorrat halten. ... Es gibt so wenig ein Leben ohne Risiken, wie es eine Produktion ohne Abfall oder einen Energieumsatz ohne Entropiezunahme gibt. ... Nicht weniger Chemie, sondern besseres Verständnis der chemischen Grundlagen unseres Daseins und der Möglichkeiten, die sie uns bieten, muß daher das Ziel sein.«

Vieles an diesen Forderungen wirkt wie eine geistige Parallele zu den in diesem Buch vorgebrachten Ideen. Markl bleibt aber in einem inneren Widerspruch verhaftet: einerseits kann er die ›Härte‹ der konventionellen Chemie nicht leugnen, andererseits versucht er, eine neue, ›humanistische‹ Rechtfertigung eben dieser Chemie dadurch zu suggerieren, daß er den - unbestreitbaren und hier ständig herangezogenen - chemischen Charakter der Naturprozesse innerhalb und außerhalb der Organismen in geradezu paracelsischer Manier betont.

Nicht nur aus dem industriellen oder akademisch-professoralen Lager gab es, nachdem sich die Aufregung um Sandoz wieder etwas gelegt hatte, Stellungnahmen zur Sanften Chemie mit leichter Tendenz zum Roll-back. Als Beispiel für eine zumindest vorübergehende betontere Distanzierung zur Sanften Chemie auch im Bereich der Autoren aus der Ökologiebewegung kann der Artikel von Uwe Lahl und Barbara Zeschmar-Lahl über ›Chemie und Natur‹ aus dem Jahr 1988 gelten[9]:

Skeptische Töne - anfangs auch aus dem alternativen Lager

»Eine Gruppe von Chemie-Kritikern setzte als Zielvorstellung die ›Sanfte Chemie‹. Als ›erste Morgenröte‹ dieses Weges werden Produkte aus den Töpfen der Naturfarbenhersteller oder der Hersteller alternativer Waschmittel angeführt. ... Gerade die Naturfarbenhesteller vertreten konsequent die Auffassung, daß man ›die Produktion der entscheidenden Substanzen ... den Pflanzen selbst überlassen‹ soll. So wichtig die Arbeiten und Anstrengungen der Naturfarbenhersteller auch einzustufen sind, die Zielvorstellung einer über ›sanfte‹ Reaktionsbedingungen begrenzten Chemie stellt wohl kein geeignetes Instrument der Chemiepolitik dar. Immerhin gehören die wohl giftigsten Stoffe, die wir bis heute kennen, nicht zu den ›gewaltsam‹ erzeugten Chemikalien, sondern zu den Naturstoffen ... Hinzu kommt, daß das skizzierte Konzept der Sanften Chemie ungeeignet ist, den komplexen Organismus chemische Industrie zu reglementieren. Genaugenommen käme dieses Konzept, das haben die Verantwortlichen der chemischen Industrie folgerichtig erkannt, einem weitgehenden Syntheseverbot gleich und hätte damit letztlich die Schließung der Chemiefabriken zur Folge. So wenig sinnvoll die Zielvorstellung Sanfter Chemie in der beschriebenen Form ist, so wenig klar ist das zukünftige Schicksal des politischen Begriffs ›Sanfte Chemie‹. Es ist offen, ob sich in Zukunft auch modifizierte und praktikablere Konzepte unter diesen etablierten und eingängigen Begriff werden subsummieren lassen.«

Komplexität als Wert an sich?

Die Feststellung Lahl/Zeschmars, Sanfte Chemie werde der Komplexität der Chemieindustrie nicht gerecht, wird nicht näher begründet. Komplexe Organismen sind allerdings auch die Fabriken zur Herstellung von Atomwaffen, und dennoch wird niemand ernsthaft behaupten, gerade diese Komplexität stehe einer Abschaffung der Massenvernichtungswaffen grundsätzlich entgegen oder schließe ihre Konversion hin zu friedlicheren Produkten aus. Immerhin geht es mit dem Konzept der Sanften Chemie nicht um die Schließung der Chemiefabriken: Bei der Aufarbeitung und Modifikation der Naturstoffe bleiben noch massenhaft ›chemische Aufgaben‹, die sich sicher nicht selten auch auf bereits vorhandenen Anlagen bearbeiten lassen.

Die Ausstattung beispielsweise der etwas größeren Naturfarbenhersteller mit Produktionsmaschinen unterscheidet sich nicht grundsätzlich von den Produktionsmaschinen in der konventionellen Lackindustrie (daß diese Tatsache allerdings nicht in jeder Hinsicht ein Beleg für den bereits erreichten Stand an ›Sanftheit‹ der Verfahren darstellt, hat Mins Minssen in seinem weiter oben zitierten Essay über die ›miserable‹ Natur sehr bedenkenswert ausgeführt).

Daß gerade der zuvor zitierte kritische Chemiker Uwe Lahl seine sehr distanzierte Haltung gegenüber einer an den Grundlagen sanfter Technologie orientierten Chemie nach dem Vorbild der Natur in den 5 Jahren seit dem Erscheinen des Buches nicht unwesentlich korrigiert hat, wird erkennbar, wenn man sein aktuelles Thesenpapier für ein ›Institut für naturnahe Stoffe und Verfahren‹ betrachtet (s. Seite 184/185).

Eine weitere kritische Auseinandersetzung eines führenden Mitinitiators und Repräsentanten der Ökologiebewegung findet sich in dem neuen Buch von Rainer Grieshammer zum Thema Chemie und Umwelt aus dem Jahr 1993[10]. Dort heißt es unter anderem:

»Eine besondere Rolle spielen [im internationalen Rohstoffhandel] die ›Naturstoffe‹ (wie z.B. bestimmte Aromastoffe, Farbstoffe, Arzneimittel, Insektizide), die sozusagen die ›Feinchemikalien‹ oder ›Spezialprodukte‹ unter den Nachwachsenden Rohstoffen darstellen. Die seit den 80er Jahren bis heute geführte Diskussion um ›Sanfte Chemie‹ oder ›Naturstoffchemie‹ bezog sich eher auf diesen Typus Nachwachsender Rohstoffe, ging aber in der Argumentation weit über die bloße Rohstoffbasis hinaus ... [Es folgt eine längeres Zitat aus von Gleich 1991]. Die Widerlegung dieses auf den ersten Blick attraktiven Leitbilds erfolgt am Beispiel von Pyrethrum und Baumwolle.«

Gefahr von Monokulturen - ein schlagendes Argument?

Die Beispiele, die Grießhammer dann im Folgenden anführt, sind vollkommen zutreffend, und er hat alle Freunde der Sanften Chemie auf seiner Seite, wenn er gegen den monokulturellen Anbau von Baumwolle oder Pyrethrum mit enormem Einsatz von künstlicher Bewässerung, Mineraldünger, synthetischen Pestiziden und ausbeuterischen Strukturen gegenüber den Landarbeitern zu Felde zieht. Aber eine ›Widerlegung‹ des Konzeptes der Sanften Chemie kann gerade in solchen Beispielen nicht gesehen werden: es gibt inzwischen Baumwolle aus kontrolliert ökologischer Erzeugung, bei welcher die zu Recht kritisierten ökologischen Folgen konventionellen Baumwollanbaus nicht auftreten, und die Kritik am Einsatz der Pyrethroide bezieht sich hauptsächlich nicht auf den Naturstoff Pyrethrum, sondern - wiederum ganz zu Recht - auf die vollsynthetischen Analoga des Pyrethrums wie Permetrin, bei denen noch dazu die leichte Abbaubarkeit des ursprünglichen Naturstoffs durch Einführung von Chloratomen in organischer Bindung beseitigt wurde - ein klassisches Produkt der Harten Chemie.

Zudem läßt Grieshammer bei seiner im Ansatz völlig berechtigten Kritik an einem unbedarften, auf Weltmonopolen aufbauenden Konzept ›Nachwachsende Rohstoffe‹ zwei Dinge außer Acht: Das Konzept der Sanften Chemie geht über das Thema Nachwachsende Rohstoffe weit hinaus, es bezieht beispielsweise die von Grießhammer sehr stark favorisierte Produktlinienanalyse ein - und zum zweiten: auch Grießhammer läßt die Frage unbeantwortet, woraus die nach seinen Vorschlägen ›entschärften‹ und insgesamt in der Menge reduzierten Produkte der Harten Chemie in einigen Jahrzehnten, nach dem Ende des Auslaufmodells Petrochemie, eigentlich gefertigt werden sollen? Es ist schade, daß ein so brillanter und für die Chemiekritik äußerst verdienstvoller Kopf wie Rainer Grießhammer sich nicht stärker mit den Protagonisten einer Sanften Chemie zusammentut, um dieses Konzept weiter zu qualifizieren (ein enormes Arbeitsfeld, auch für die bewundernswürdige Arbeitsfrequenz eines Grieshammer), statt das Konzept nur bruchstückhaft wahrzunehmen und mit ungeeigneten Einzelbeispielen für ›widerlegt‹ zu halten.

Auch eine ›entschärfte‹ Petrochemie hat keine Zukunft

Abschließend für die eher ablehnenden Stellungnahmen zum Konzept der Sanften Chemie noch ein aktuelles Beispiel der kritischen Auseinandersetzung über den Begriff der ›naturfremden Struktureinheit‹, der in der gedanklichen Erarbeitung der Fundamente einer Sanften Chemie eine wichtige Rolle spielte. Da diese ›Naturfremdheit‹ in der kritischen Chemiediskussion auch von Vertretern von Greenpeace immer wieder vorrangig am Beispiel der chlorierten organischen Substanzen festgemacht wird, hat der Bayer-Abteilungsleiter Klaus Naumann sich in seinem Artikel ›Die Chlorchemie der Natur‹ näher befaßt in dem Versuch, diese Chlorchemie als etwas für die Natur völlig Normales und Weitverbreitetes darzustellen. In diesem Artikel findet sich auch ein Seitenhieb auf die Sanfte Chemie, indem es dort heißt[11]:

»Eine derzeitige ›naturphilosophische‹ Richtung lehrt, daß sich die besondere Reaktivität des Chlors in entsprechend naturgefährlichen Eigenschaften der Produkte auf der Basis Chlorchemie wiederspiegelt [folgt Zitat A. v. Gleich 1991 in ›Wechselwirkungen‹]. Deshalb sollte nur eine ›Sanfte Chemie‹ oder ›natürliche Chemie‹ zugelassen werden, aus der das Element Chlor rigoros ausgeschlossen wird. In der Liga der politischen Elemente (einer neuen Gruppe des Periodensystems!) wie Plutonium, Uran, Cadmium und Blei ist nun auch das Chlor aufgestiegen. Mit einem solchen Element werden Emotionen erzeugt.«

Chlor - nur ein ›politisches Element‹ ?

In letzter Zeit ist, verglichen mit den oben zitierten Beispielen, auch innerhalb der Ökologiebewegung wieder eine stärkere Annäherung an die Grundideen einer Sanften Chemie festzustellen. Dies mag daran liegen, daß sich, auch im Licht der nicht abreißenden Störfälle, die Erkenntnis durchsetzt, daß es mit einer bloßen ›Entschärfung‹ der schlimmsten Produktilinien der Harten Chemie nicht getan sein kann. Ein Beispiel dafür ist der Artikel ›Sanfte Chemie‹ in der aktuellen Auflage des Umweltlexikons der Katalyse-Umweltgruppe[12]. Der Artikel soll, als Pendant zum entsprechenden Stichwort im Römpp, hier im vollständigen Wortlaut wiedergegeben werden:

›Sanfte Chemie‹ als Stichwort im Umwelt-Lexikon

»Sanfte Chemie: Neuer Begriff für ein grundsätzlich neues Verständnis der Stoffe, mit denen der Mensch konfrontiert wird. S. fragt zuerst nach den gesellschaftlichen und ökologischen Zielen der Produktion und versucht, von der Natur zu lernen. S. ist die logische Konsequenz des ›Respekts vor dem

Lebendigen‹. Keine Gentechnik, keine ›harte‹ Biotechnologie, keine Monokultur und brutal gewinnorientierte Biomasse-Produktion. Nachwachsende Rohstoffe nur im System des ökologischen Landbaus. Gewinnung und Verarbeitung dezentral, sozial- und umweltverträglich. S. verwendet deshalb entweder naturnahe, ›evolutionserprobte‹, möglichst wenig ›zugerichtete‹ Stoffe und Stoffgemische: Naturfarben, Lacke und Holzschutzmittel aus pflanzlichen Farbstoffen, Wachsen, Harzen, Ölen, Duftstoffen, ungiftigen Mineralien usw. Biologische Pflanzenschutzmittel wie die Extrakte aus den Samen des Neem-Baumes, die die Nachteile chemisch synthetischer Pestizide vermeiden, oder auch chemisch synthetischer Stoffe, die nicht naturfremd sind, bei deren Herstellung, Gebrauch und Entsorgung Umweltprobleme nicht zu erwarten sind. Beispiele sind biologisch abbaubare Kunststoffe oder Polyhydroxybuttersäureester (PHB). PHB kann mit Hilfe von Bakterien (Alkaligenes eutrophus) aus Stärke, Zucker oder Altpapier hergestellt werden und zerfällt im Boden wieder zu 3-Hydroxybuttersäure, einem natürlichen Bestandteil im Säugetierstoffwechsel (8-10 mg/100 ml Blut). Stoffe sind ›sanft‹, wenn sie in der Natur auch sanft abgebaut und reintegriert werden. Ein mögliches Ausschlußkriterium ist die ›natufremde Struktureinheit‹ S. versucht darüber hinaus, die chemikalienorientierte Blickverengung zu überwinden unnd die ›Biographie‹ der Stoffe ganzheitlich zu bewerten. Positive Beispiele existieren im Nahrungsmittelbereich (Vollwertkost), Pharmasektor (Homöopathie, Phytomedizin), in der Kosmetik und Körperpflege, bei naturnahen Textilien und biologischen Baustoffen. Forschungsansätze sind: - Evaluation natürlicher Problemlösungen in den Bereichen Kleben, Farben, Dispergieren, Abwehren u.a., - Weiterentwicklung bekannter naturnaher Verfahren, - Optimierung der ökologischen und sozialen Verträglichkeit nachwachsender Rohstoffe, - Erweiterung der Rohstoffbasis durch gezielte Forschung und - Nutzung der Rohstoffe anderer Bereiche, z.B. Stroh, Sulfat-Lignin, Biomasse u.a.«

Beispiele für Produkte der Sanften Chemie

Abschließend zu diesem Abschnitt über die öffentlichen Auseinandersetzungen um die Sanfte Chemie sei noch erwähnt, daß in letzter Zeit auch die Wirtschaftspresse sowie die entsprechenden Fachsendungen in Funk und Fernsehen zunehmend ausführlich und positiv berichten. Es ist sicher Ausdruck eines wesentlichen Durchbruchs der Ideen zu einer Sanften Chemie gerade in breiteren und die ökonomischen Geschicke der Welt stark beeinflussenden Kreisen, daß die führende Wirtschaftszeitschrift ›capital‹, zusammen mit der renommierten internationalen Umweltschutzorganisation World Wide Fund for Nature (WWF) und beraten von einer unabhängigen Experten-Jury, den Leiter eines Unternehmens für Produkte der Sanften Chemie im Oktober 1992 zum Öko-Manager des Jahres kürten und gleichzeitig in ihrer Zeitschrift ausführlich über die Unternehmenskonzeption des so ausgezeichneten Betriebes berichteten[13]. Auch in der eher mittelständisch orientierten Zeitschrift ›impulse‹ sind in den letzten Jahren wiederholt Beispiele konsequenter Ökologie und Sanfter Chemie in sehr positiver Weise portraitiert worden[14]

Auch die Wirtschaftspresse hat die Sanfte Chemie entdeckt

Zusammenfassende Gegenüberstellung von Sanfter und Harter Chemie

Die Grundprinzipien sowohl der konventionellen Harten Chemie als auch der zukunftsorientierten Sanften Chemie sind nicht in wenige Worte zu fassen. Dennoch soll als ein Abschluß der detaillierten Analyse beider Positionen in diesem Buch, und sicher nicht ohne die Absicht, das darin enthaltene Plädoyer für eine Sanfte Chemie zu bekräftigen, der Versuch einer Gegenüberstellung gemacht werden. Um der möglichst großen Konkretheit, Prägnanz und Übersichtlichkeit willen ist diese Gegenüberstellung am Beispiel der organischen Inhaltsstoffe von Naturfarben einerseits und konventionellen Synthesefarben andererseits entwickelt worden. Sie bedient sich einer tabellarischen Zusammenstellung und der Bewertung der Einzelpositionen mit einem einfachen System von »- -« über »-« als Merkmale starker oder mittlerer negativer Auswirkungen sowie der eher neutralen Bewertung »0« bis hin zu den positiven Benotungen »+« und »++«. Der Autor ist sich der in solcher Darstellungsweise innewohnenden Problematik bewußt: Zum einen ist jedes rasterartige Schema dieser Art nichts anderes als ein Schatten von abstrakten Koordinaten, den der Cartesianismus über die Wirklichkeit wirft, zum anderen sind die verteilten Noten Ausdruck einer ganz subjektiven Einschätzung, die noch dazu unweigerlich von der jeweiligen persönlichen Interessenlage des Benotenden abhängt.

Dennoch soll eine solche Darstellung (Abbildung Nr. 15 auf S. 184) hier als abschließende Übersicht gebracht werden; die Begründung jeder einzelnen Position findet der Leser an den entsprechenden Stellen des Buches.

Sanfte Chemie in den 90ern: Fortschreitende Akzeptanz

Von der Randerscheinung zur Forschungs- und Produktionspraxis

Die Prognose sei gewagt: noch vor der Jahrtausendwende werden sich die Ideen einer Sanften Chemie - ob in der hier vorgestellten Form oder in anderer Weise - von ihrer früheren Stellung als einer eher belächelten Randerscheinung der chemiepolitischen Diskussion zu einem Feld ausgedehnter Forschungs- und Anwendungspraxis entwickelt haben. Die Anzeichen dafür mehren sich, daß nicht nur die bislang beteiligten kleineren Alternativunternehmen von der ideellen, praktischen und auch wirtschaftlichen Tragkraft der Sanften Chemie überzeugt sind, sondern zunehmend auch große Firmen - nicht unbedingt aus dem Bereich der Chemieindustrie selbst, sondern eher bei bisherigen Nutzern konventioneller chemischer Produkte, die sich mit dem Einsatz Sanfter Chemie eine Stärkung ihres ökologischen Profils versprechen, aber auch die Sicherung ihrer Unternehmen gegenüber den zunehmenden behördlichen Umwelt- und Sicherheitsauflagen sowie den steigenden Haftungsrisiken gesundheitlicher Art anstreben.

Abb.15: Tabellarischer Vergleich der ökologischen Auswirkungen von Produkten Sanfter und Harter Chemie

Petrochemie oder Pflanzenchemie als Farben-Rohstoffbasis?

Öko-Vergleich der Anstrichstoff-Hauptkomponenten: Bindemittel, Lösemittel, organische Pigmente, Additive)

Kriterium	**Synthet. Farben**	**Note**	**Naturfarben**	**Note**
a) Basis-Rohstoff				
Herkunft	Erdöl	--	Pflanzen	++
Entstehung	nicht erneuerbar	--	erneuerbar	++
Verfügbarkeit	sehr begrenzt	--	unbegrenzt	++
Globale Verteilung	sehr ungleich	--	weitgehend gleichmäßig	++
Verfügungsgewalt	Monopolkonzerne	--	regionale Erzeuger	++
Toxikologie	sehr giftig	--	wenig oder nicht giftig	+
Ökologie	sehr umweltschädlich	--	unschädlich	++
b) Stoffaufbau (Synthese)				
Grundprinzip	chem. Synthese	--	Photosynthese	++
Syntheseort	chem. Reaktor	--	Pflanzenteile	++
Produktionsart	zentralistisch	--	dezentral	++
Energieaufwand	sehr hoch	--	niedrig	++
Energiequelle	Erdöl, Kohle, Atomkraft	--	reine Sonnenenergie	++
Chem. Strukturen	sehr naturfremd	--	sehr naturnah	++
Verfahrenskontrolle	aufwendig	-	selbstregulierend	++
Störfallrisiko	sehr hoch	--	kein Risiko	++
Störfallfolgen	z.T. katastrophal (Bhopal)	--	keine	++
Sicherungsaufwand	sehr hoch	--	sehr gering	++
Fehlerfreundlichkeit	sehr gering	--	sehr gut	++
Emissionen	hoch	--	keine	++
Abfallmenge	sehr hoch	--	kein Abfall	++
Abfallarten	z.T. hochgiftig	--	(Sauerstoff)	++
Gesellschaftl. Folgekosten	sehr hoch	--	gering	++
c) Produktgebrauch				
Chemikalienemission	z.T. sehr hoch	--	keine	++
Atmungsfähigkeit	meist ungünstig	-	meist günstig	+
Geruch (Löse- u. Hilfsmittel)	aufdringlich künstlich	--	angenehm natürlich	++
Farbwirkung	grell, unharmonisch	--	lebendig, harmonisch	++
Tastgefühl	abweisend, glatt	--	tastsympathisch	++
Elektrostatische Aufladung	meist hoch	-	meist gering	+
Raumklima	oft ungünstig	-	sehr positiv	++
Verarbeitbarkeit	gut bis sehr gut	++	gut	+
Haltbarkeit	gut	+	gut	+
d) Entsorgung				
Biolog. Abbaubarkeit	z.T. sehr schlecht	-	vollständig	++
Abbaugeschwindigkeit	z.T. sehr langsam	-	sehr rasch	++
Atmosphärenbelastung	Treibhauseffekt	--	keine (Kreislauf)	++

Neue Forschungsansätze zur Sanften Chemie

Ein aktuelles Beispiel für eine Form von Akzeptanz, welche vor wenigen Jahren noch kaum vorstellbar gewesen wäre, sind die Bestrebungen der Regierung des Bundeslandes Bremen zur Errichtung eines »Institut für naturnahe Stoffe und Verfahren«. Die Initiative für diese Gründung geht zurück auf eine Koalitionsvereinbarung der Bremer Landesregierung vom 11.12.1991 und hat ausdrücklich die »wissenschaftliche Unterstützung der ökologischen Konversion« zum Ziel.

In einem Hearing, das die Bremer Landesregierung zu diesem Zweck am 16. April 1993 in Bremen veranstaltete, wies der weiter oben bereits zitierte Chemiker Uwe Lahl, heute Staatssekretär im Beremer Umweltministerium, auf die wesentlichen ökologischen Vorteile hin, die sich mit einer künftig stärkeren Nutzung naturnaher Stoffe und Verfahren verbinden. Die dabei benutzten Argumente schließen sich an die vorliegende Argumentation für eine Sanfte Chemie nahtlos an.[15] Tatsächlich ist die Begrifflichkeit, die der geplanten Institutsgründung zugrundeliegt, wohl noch eher geeignet, das wesentliche Ziel Sanfter Chemie zum Ausdruck zu bringen, sie ist allerdings auch weniger prägnant. - In einem Thesenpapier zur Institutsgründung hat der Autor, der als externer Experte zu dem Hearing geladen war, den Forschungsbedarf in einem speziellen Bereich der Praxis Sanfter Chemie ausführlich dargestellt.[16]

Sanfte Chemie = Nutzung naturnaher Stoffe und Verfahren

Besonders interessant gestaltete sich das Hearing an der Stelle, als ein Vertreter der Fa. Daimler Benz von den Erfahrungen seines Unternehmens mit dem konsequenten Einsatz nachwachsender Rohstoffe bei der Herstellung z.B. von Formverkleidungen, nicht nur für Automobile, sammeln konnte. Tenor des Berichtes war, daß neben den zahlreichen ökologischen Vorteilen z.B. von naturfaserverstärkten Naturstoffen (als Pendant zu den konventionellen glasfaserverstärkten Kunstharzen) besonders die ausgezeichneten *technischen* Eigenschaften (geringeres spezifisches Gewicht, höhere Schlagzähigkeit, geringere Abrasion der Werkzeuge etc.) hervortraten. Besonders bemerkenswert ist, daß Daimler-Benz, ansonsten nicht gerade bekannt für besonders konsequente Einbeziehung ökologischer Prämissen, bei dem genannten Projekt sogar eine strikte Regionalisierung anstrebt: die Fasern für die naturfaserverstärkten Werkstoffe sollen bei einer Produktion in Europa aus Flachs gewonnen werden, im Zweigwerk Brasilien hingegen aus der dort verfügbaren Kokosfaser.

Faszinierende Perspektiven: Naturfaserverstärkte Naturwerkstoffe

Auch an anderer Stelle werden frühe Ideen zur Sanften Chemie inzwischen aufgegriffen Ein Beispiel ist das Forschungsprojekt der Bundesforschungsanstalt für Züchtungsforschung, die sich in einem auf mehrere Jahre angelegten Projekt mit einer Reihe von Wissenschaftlern um neue Perspektiven für den Anbau von Färbepflanzen in Deutschland bemüht - also Pflanzen, die seit fast 50 Jahren zu den ersten Lieferanten für Produkte der Sanften Chemie in Gestalt von Mal-, Kinder- und Wandfarben gehören.

Die Vision von einer Welt mit ausgeglichener Stoffbilanz

Die Stoffbilanz unseres Globus gerät aus den Fugen, weil Naturwissenschaften und Technik - insbesondere die Verkehrstechniker und die Chemiker - es nicht geschafft haben, Verfahren zu entwickeln, bei denen die Stoffe im Kreis laufen und die notwendige Energie nicht durch Verbrennung fossiler Kohlenstoffträger erzeugt wird. Das Konzept der Sanften Chemie könnte eine Lösung dieses Dilemmas bieten und die stoffliche und energetische Bilanz unserer Welt wieder ins Lot bringen, ohne das erreichte kulturelle und zivilisatorische Niveau der Menschen zu gefährden. Noch viel Arbeit liegt vor denjenigen, die in Konzeption, Forschung, Entwicklung, Produktion, Handel, Verarbeitung und Verbrauch mithelfen, ein solches Konzept zu verwirklichen. Die Früchte dieser Arbeit werden eher die Kinder und Enkel der Beteiligten ernten können als diese selbst. Und doch ist es eine Arbeit, an die alle Kraft hinzugeben sich lohnt. Schließlich geht es nicht um ein Geringes, sondern um die langfristige Überlebensmöglichkeit der Menschen in einer Welt, welche sich immer deutlicher als ein endlicher, verletzlicher Organismus erweist.

Umwandlung von Harter in Sanfte Chemie braucht Zeit

Kein Freund der Sanften Chemie hängt der Illusion an, daß der gigantische Umwandlungsprozeß von der Harten zur Sanften Chemie in kurzer Zeit zu bewältigen sein wird. Niemand wird auch so hochmütig sein zu behaupten, dieser Prozeß müsse genau so ablaufen, wie er hier zu skizzieren versucht wurde. Allein: es kommt darauf an, daß mit Zielstrebigkeit und Mut ein Weg eingeschlagen wird, der uns so rasch als irgend möglich von den überholten Produktlinien und den auslaufenden fossilen Rohstoffquellen wegführt. Der Weg kann wohl kaum ernsthaft hinführen zu einem bis ins Letzte perfektionierten technischen Stoffrecycling - schon die erwähnten entropischen Hindernisse stehen entgegen. Der Weg kann nur führen zu einer Chemie mit Stoffströmen, die sich bereits über kurze Zeiträume in ausgeglichenen Bilanzen von Produktion, Konsumption und Dekomposition gestalten. Warum wollen wir als Chemiker und Techniker nicht von unserem offensichtlich gescheiterten Hochmut Abschied nehmen, Stoffproduktion besser erledigen zu können als die Natur? Warum wollen wir nicht die Richtung einschlagen, die ihre Bewährungsprobe nicht erst noch zu erbringen hat, sondern über Jahrmillionen erfolgreich war - der Weg der naturnahen Stoffe und Verfahren, der Weg der Sanften Chemie? Viel wird noch zu ringen sein um die Details der Ausgestaltung dieses Weges. Wesentlich ist, daß *jetzt* die richtigen Entscheidungen getroffen werden und immer mehr Menschen - Forscher, Produzenten und Verbraucher - zu handeln beginnen im Sinne einer Sanften Chemie.

Entscheidungen für den Sanften Weg müssen jetzt getroffen werden

Mit einem solchen Handeln, das den Ausstieg aus dem Raubbau an fossilen Rohstoffen und den Einstieg in den nachhaltigen Gebrauch regenerativer Rohstoffe bedeutet, würde die chemische Industrie auch erst dem Verfassungsauftrag des neuen Grundgesetzartikels 20a gerecht werden. Diese Erweiterung des Grundgesetzes, wenn auch im Zuge endloser Verhandlungen zwischen den politischen Parteien in Deutschland in der gemeinsamen Verfassungskommission von Bundestag und Bundesrat stark verwässert, fordert dennoch unmißverständlich eine Abkehr von der Überziehung des Stoffkredits auf Kosten unserer Kinder und Enkelkinder[17]:

»Der Staat schützt auch in Verantwortung für die künftigen Generationen die natürlichen Lebensgrundlagen im Rahmen der verfassungsmäßigen

Ordnung durch die Gesetzgebung und nach Maßgabe von Gesetz und Recht durch die vollziehende Gewalt und die Rechtssprechung.«

Die Verfahrensweisen und Produkte der Harten Chemie sind nicht geeignet, diesem neuen Verfassungsauftrag gerecht zu werden. In über hundertjähriger Praxis hat sie bewiesen, daß sie nicht in der Lage ist, Verantwortung für künftige Generationen zu tragen. Sie ist zudem hauptsächlich daran beteiligt gewesen, die natürlichen Lebensgrundlagen durch die immer weiter fortgeschrittene Chemisierung der Umwelt zu gefährden.

Harte Chemie: unfähig zur Verantwortung für künftige Generationen

Ist eine Umkehr überhaupt noch möglich? Der hier bereits des öfteren zitierte Otmar Wassermann ist nicht ohne Optimismus angesichts des zunehmenden Widerstands, den jüngere Chemiker auch innerhalb der großen Chemiebetriebe gegenüber der noch herrschenden Fraktion der harten Betonköpfe entwickeln[18]:

»Dies bestätigt meine Hoffnung, daß ein Wertewandel in der Chemie möglich ist. Er wird um so schneller erreicht werden, je mehr kritische junge Wissenschaftler in der chemischen Industrie arbeiten. ... Innerhalb der nächsten zwei Jahrzehnte [dürfte] eine junge Generation verantwortungsfähiger Chemiker(innen) heranwachsen, die enorme Veränderungen durchsetzt. Sie wird neue Produkte und Produktionslinien entwickeln, die naturnah sind und kaum mehr Rückstände erzeugen.«

Nach zwanzig Jahren Arbeit an den Ideen und der Praxis einer Sanften Chemie kann der Autor heute feststellen: Sanfte Chemie ist noch weit davon entfernt, zum Mainstream der Chemie geworden zu sein. Aber eine rasch wachsende Zahl von Wissenschaftlern, Unternehmern und Verbrauchern hat sich ihre Ideen in der einen oder anderen Form zu eigen gemacht und handelt nach ihnen. So findet der als Eingangsmotto zu diesem Buch zitierte Ausspruch des Novalis auch für den Bereich der Sanften Chemie seine Bestätigung: Auch wenn ›manche tauben Körnchen‹ unter den vorliegenden Ideen-Sämereien der Sanften Chemie gewesen sein mögen - viele Samen sind bereits aufgegangen und lassen darauf hoffen, daß wir auf dem Weg sind, von den lebendigen Zinsen dieses herrlichen Globus zu leben und daß wir uns allmählich abgewöhnen, sein Kapital aufzuzehren.[19]

Der Sanften Chemie gehört die Zukunft

Ouvertüre zu einem neuen Zusammenklang der Stoffe

1 ›Sanfte Chemie‹ in: ›Römpps Chemielexikon‹ (8. Aufl. Bd. 5 [1987] S. 3679f. und 9. Aufl. Bd. 5 [1992] S.3987f.). S. dazu die ausführliche Analyse der beiden Artikel im letzten Kapitel (S. 173 - 187)

2 Der Versuch einer kurzen Definition des Begriffs ›Harte Chemie‹ findet sich auf Seite 18/19.

3 Interessanterweise ändern sich Inhalte und Diktion dieser Parolen seit 100 Jahren kaum: immer wieder versprechen die Propagandisten der Harten Chemie den Menschen das baldige Ende des Hungers auf der Welt, die endgültige Ausrottung der schlimmsten Krankheiten, einen ungeahnten Zugewinn an Lebensqualität. Eine nachweisbare Tatsache auf diesem Feld ist die starke Zunahme der menschlichen Lebenserwartung - allein diese ist nicht hauptursächlich den Segnungen der Chemie geschuldet, sondern eher den Fortschritten der Hygiene und medizinischen Versorgung. Dabei soll nicht geleugnet werden, daß manches ›feinchemikalische‹ Präparat, vom Narkosemittel bis zum Ovulationshemmer, in einer fairen Güterabwägung vielleicht mehr Nutzen als Schaden gestiftet hat. Es fällt allerdings auf, daß gerade in letzter Zeit Produkte mit unerwartet positiver Perspektive für schwerwiegende Krankheiten Naturstoffe oder naturnahe Stoffe waren (Beispiele: der Eibenrinden-Inhaltsstoff Taxol als bemerkenswertestes Krebsmedikament der letzten Jahre, aber auch die verblüffende Renaissance des von einem Weidenrinden-Wirkstoff abgeleiteten Aspirins als Medikament zur signifikanten Verminderung der Wahrscheinlichkeit von Koronarinfarkten.

4 Roald Hoffmann: Die Chemie zwischen Natur und Ideal. Spektrum der Wissenschaft, April 1993, S.68-77. Hoffmann fährt dabei fort: »In unserem unermüdlichen Streben die Natur zu vervollkommnen ..., verändern wir seit Jahrhunderten so viel an unserer Welt in einem solchen Ausmaß, daß wir das eigene Nest verunreinigt und merklich störend in die großen Kreisläufe dieses Planeten eingegriffen haben. Wir müssen uns der Einsicht stellen, daß die natürliche Evolution viel zu langsam voranschreitet, um mit den von uns verursachten Veränderungen fertig zu werden.«

5 Vergleiche dieser Art sind auch andernorts angestellt worden - und kamen im Ergebnis zu keinen anderen Schlüssen, als sich im Verlauf des vorliegenden Plädoyers für eine Sanfte Chemie entwickeln werden. So schreibt der Ministerialdirigent im Umweltministerium Schleswig-Holstein, Wolf von Osten, zum Thema: »Überhaupt fällt der Vergleich der industriellen Produktionsgesellschaft mit der Produktionsgesellschaft der Natur eher bescheiden für erstere aus, betrachtet man Aufwand und Ergebnis im Vergleich.« [Wolf von Osten in: Steger (Hg.) Chemie und Umwelt, Berlin 1991, S.57-73]

6 Roald Hoffmann im vorangehend zitierten Artikel: Die Chemie zwischen Natur und Ideal.

7 Im Artikel »Chemie« in: Römpp Chemielexikon 9. Aufl. Bd. 1 (1989) S.637.

8 so in dem Werk von Walter Greiling mit dem bezeichnenden Titel: »Chemie erobert die Welt«. Zu diesem aufschlußreichen Werk Ausführlicheres auf S.46-47.

9 Nach dem Standard-Nachschlagewerk der Chemie ist »die Chemie diejenige Wissenschaft, die sich mit folgendem beschäftigt: 1. den chemischen Elementen in freiem oder gebundenem Zustand; 2. den Reaktionen, Umsetzungen, Umwandlungen und Wechselwirkungen der chemischen Elemente und ihrer Verbindungen; 3. der Bestimmung, Steuerung und Voraussage, Deutung und Auswertung (durch direkte oder indirekte Methoden), Anwendung und den Mechanismen der unter 2. aufgeführten Prozesse; 4. den Grunderscheinungen und Kräften der Natur hinsichtlich ihrer Anwendung auf Reaktionen, Extraktionen, Kombinationen, Prozesse, Additionen, Synthesen, Zersetzungen, Kennzeichnungen und Analysen.« (Römpp Chemielexikon 9. Auflage Bd. 1 [1989] S.636).

10 s. z.B. Schumacher: Small is Beautiful. A Study of Economics as if People Mattered. London (1973); deutsch: Die Rückkehr zum menschlichen Maß - Alternativen für Wirtschaft und Technik. Reinbek: Rowohlt (1977). Zusammenfassender Überblick über diese Entwicklung in: Rüdiger Lutz: Die sanfte Wende. München: Kösel (1984).

11 Gottfried Meyer-Kress [Los Alamos National Laboratory, New Mexico]: »Enzyklopädie der Ignoranz« in: Chaos und Kreativität, Hamburg: Gruner & Jahr 1990 (Geo-Wissen Nr. 2), S. 177.

12 Kapitel »Sanftes Handeln für eine harmonische Welt« in: F. David Peat : Der Stein der Weisen. Chaos und verborgene Weltordnung. Hamburg: Hoffmann und Campe (1992) S.242 ff.

13 Es sei noch einmal betont: der hier beschriebene Regelzustand der Harten Chemie wird nicht als Ergebnis finsterer Absichten der beteiligten Wissenschaftler und Techniker gesehen, sondern als ein historisches Faktum, zu dessen Entstehung neben ideologischen Prägungen vor allem einseitige wirtschaftliche Zwänge und ein daraus folgender Mangel an Weitsicht, Scheu vor echten Innovationen und das übliche Beharrungsvermögen großer Organisationen beigetragen haben. Es geht lediglich darum, diesen nicht zukunftsfähigen Status quo als ein (vielleicht sogar unvermeidliches) Durchgangsstadium zu etwas Neuem zu betrachten. Überlegungen innerhalb der konventionellen Chemie z.B. zur stärkeren Beachtung des Prinzips der ›atomic economy‹, wie sie die Natur beispiel-

haft vorlebt, belegen, daß es durchaus Chemiker gibt, welche die gegenwärtigen Grundstoffe, Verfahren und Ergebnisse der Harten Chemie für höchst unbefriedigend halten. Die Frage ist, welches Durchsetzungsvermögen sie in den äußerst schwerfälligen Institutionen der chemischen Industrie aufbringen können.

14 Es ist dem Autor wohl bewußt, daß die Entstehung der Elemente wie die frühe geologische Chemie der Erde keinesfalls sanft abliefen, sondern unter dem Einfluß enormer Drucke und Temperaturen. Es geht hier jedoch um die Chemie der Biosphäre, jener schmalen und verletzlichen Lebenszone, in welcher der weit überwiegende Teil der Lebewesen ohne besondere Schutzmaßnahmen existieren kann. Anders ausgedrückt: Mit steigender Komplexität der Erscheinungsformen wird die anfängliche Gewaltsamkeit der Bedingungen immer unzuträglicher. Blitz und Donner in einer aggressiven Ursuppe vermochten wohl erste Aminosäure zu produzieren, für die komplexen Strukturen eines Wirbeltieres sind sie längst lebensfeindlich geworden. Die Notwendigkeit einer immer sanfteren Chemie ist damit auch Ausdruck eines fortgesetzten evolutionären Prozesses, die uns in Bezug auf die Komplexität der Organisation vielleicht noch nicht an ein Ende gebracht hat. Im dialektischen Gegenpol hat der Mensch andererseits heute chemische, physikalische und biologische Methoden an der Hand, diesen mühsamen Weg der Organisation des Komplexen in kürzester Zeit wieder ›auf Null‹ zu bringen.

15 Der Vortrag war aufgezeichnet worden und erlebte bald eine nur wenig redigierte Nachschrift und Veröffentlichung als Broschüre in der Reihe der AURO-Mitteilungen (Mitteilung Nr. 6, Braunschweig 1984). Das Verdienst der ausgezeichneten Vorbereitung dieses denkwürdigen Vortragsabends und der Gewinnung von einigen hundert Zuhörerinnen und Zuhörern gebührt Frau Elisabeth Held, Arbeitsgruppe für Verbraucherfragen, Stuttgart.

16 In eher literaturhistorischer Absicht und ohne weitergehenden Zusammenhang mit den hier vorgetragenen Ideen taucht ›Die sanfte Chemie des Geheimrats von Goethe‹ allerdings bereits 1966 auf: in der Aprilausgabe der Nachr. Chem. Techn. 14 H.7 (1966) S.149 überschrieb der Herausgeber der ›Blauen Blätter‹, Joachim Rudolph, auf diese Weise einen kurzen Auszug aus Goethes ›Wahlverwandtschaften‹. Die 17 Jahre später folgende Metamorphose des Begriffs zu einer neuen Perspektive der Chemie hat Rudolph dabei wohl nicht vorausgesehen, allerdings ist die Nähe zu Goethes Verständnis von Chemie in den ›Wahlverwandtschaften‹ kein schlechtes Omen. - Ich verdanke den Hinweis auf dieses Zitat Henning Hopf aus Braunschweig.

17 Ausführlicheres zum Entgiftungsprogramm der grünen Bundestagsfraktion sowie zum Zustandekommen der Zusammensetzung und den Arbeitsergebnissen der ›Arbeitsgruppe Sanfte Chemie‹ auf den Seiten 102-104.

18 Auf die Unschärfe zahlreicher Begriffe aus dem Bereich der vorgeblich »exakten« Wissenschaften wies überzeugend auch der Chemiker und Politiker Uwe Lahl anläßlich der Vorstellung seines Konzeptes für ein »Institut für naturnahe Stoffe und Verfahren« hin (s. zu diesem auch Seite 184-185.

19 Mins Minssen: Über die miserable Natur, die deutsche Innerlichkeit und die Verhältnisse zwischen chemieindustrieller Innovation und Sanfter Chemie. Unveröff. Manuskript für die Arbeitsgruppe Sanfte Chemie, 1988.

20 Die Tatsache, daß solche Störfälle sowie die Anhäufung riesiger Mengen an Sondermüll im Verlauf der Evolution des Lebendigen nicht vorgekommen sind, sollte auch denjenigen zu denken geben, die in den vergangenen Jahren - mit der unverkennbaren Zielrichtung, eine schlagkräftige Gegenargumentation gegen die Argumente für eine Sanfte Chemie aufzubauen - keine Mühe gescheut haben, an abgelegenen Stellen der Biosphäre pflanzliche und tierische Stoffwechselprodukte z.B. mit Halogenen in organischer Bindung aufzuspüren (s. als neuestes Beispiel den Artikel des Bayer-Abteilungsleiters K. Naumann: Chlorchemie der Natur, in: Chemie in unserer Zeit Heft 4 (1993) S. 33-41). Im Gegenteil: diese Prinzipien sind von der molekularen Evolution offenkundig zwar »ausprobiert« worden, kamen dann gerade wegen ihrer Eigenschaften jedoch als »Massenartikel« nicht in Betracht. Und so haben wir eben heute eine stoffliche Umwelt aus Polysacchariden, Terpenoiden, Pflanzenharzen, Zuckern usw. - und nicht eine solche aus halogenierten Kohlenwasserstoffen, wie sie sich vielleicht in einigen seltenen Pilz- und Algenarten finden, auch wenn sich dies global gesehen zu stattlichen Mengen summieren sollte. Für eine Argumentation pro PVC und Pentachlorphenol taugen solche Beispiele wohl allenfalls in den Augen derer, die glauben, mit der heutigen Harten Chemie in der besten aller denkbaren Welten zu leben.

21 S. die aktuelle Broschüre der Umweltschutzorganisation Greenpeace: Clean Production: Wege in eine umweltverträgliche Produktionsweise. Hamburg: Greenpeace 1992. Dazu ausführlicher auf S. 92-94

22 Aktuelles Beispiel für eine derartige Verwendung des Begriffes »Sanfte Chemie« ist der Artikel: »Enzyme: Zauberstoff für eine sanfte Chemie« von Monika Kirschne in »bild der wissenschaft« Heft 4/1993 S.14-18.

23 MAK: Maximale Arbeitsplatz-Konzentration. ADI acceptable daily intake = akzeptierbare tägliche Aufnahme. LD50: Dosis eines Stoffes, bei der gerade 50 % der eingesetzten Versuchstiere umkommen. LC50: Analog zum LD50-Wert im Wasser. WGK: Wassergefährdungsklasse. Solche Stoffdaten sind für eine große Zahl von Chemikalien, aber auch für viele Naturstoffe bestimmt worden.

24 Gemäß dieser Sichtweise stehen die wissenschaftstheoretischen Wurzeln der Sanften Chemie dem eher prozeßbezogenen aktuellen Instrument der sog. Produktlinienanalyse (dazu z.B. Grieshammer 1992) näher als dem eher stoffbezogenen Instrument der klassischen Chemikalienbewertung, welche nach wie vor das gängige Mittel zur ökologischen und gesundheitlichen Produktbewertung darstellt, auf diesem Feld aber schon zahlreiche schwere Fehlbeurteilungen produziert hat. Dazu z.B. Hermann Fischer: Blauer Engel - ein Freibrief für die Chemie? In: Gesünder Wohnen Nr. 2, Rosenheim 1985. Zu diesem ganzen Komplex ausführlicher auf Seite 55 bis 57.

25 Auf einem verwandten gedanklichen Ansatz beruht beispielsweise das Konzept der ›Biomimetik‹ in der Natustoffsynthese, bei welche die Synthesestrategien der Natur gerade aufgrund ihrer Bewährtheit dem künstlichen Aufbau solcher Stoffe als Vorbild dienen. Allerdings ist diesbezüglich zu fragen, ob es auf breiterer Front Sinn macht, mit viel Aufwand dasjenige doch nur unvollkommen und zwanghaft nachahmen zu wollen, was draußen in der Natur ohne unser Zutun und ohne komplizierte chemische Verfahrenstechnik von sich aus abläuft.

Die Geschichte und Gegenwart der Harten Chemie

1 z.B. Wilhelm Strube: Der historische Weg der Chemie, Band I. und II. Leipzig: VEB Vlg. der Grundstoffwissenschaften (1986); Otto Krätz: Faszination Chemie. 7000 Jahre Lehre von Stoffen und Prozessen. München: Callwey (1990).

2 z.B. Caroly Merchant: The Death of Nature. Women, Ecology and the Scientific Revolution. San Francisco: Harper & Row 1980; Übersetzung: Der Tod der Natur. München: C.H. Beck 1987; Hans Primas: Umdenken in der Naturwissenschaft, in: Gaia 1 (1992) Nr. 1 S. 5-15; Gernot Böhme: Am Ende des Baconschen Zeitalters, in: Chemie in unserer Zeit 26 (1992) Nr.3 S.129-137; Hermann Fischer: Weg vom vergifteten Alltag - Plädoyer für eine Sanfte Chemie. (=AURO-Mitteilung Nr. 6), Braunschweig 1984.

3 s. z.B. Paracelsus: Labyrinthus medicorum, Das fünfte Kapitel, von dem Buch der Alchemie, wie ohne das selbige der Arzt kein Arzt sein kann (entstanden 1529): in: Paracelsus: Sämtliche Werke, Abt. 1: Medizinische, naturwissenschaftliche und philosophische Schriften, hg. von Karl Sudhoff Bd. XI . München und Berlin: Oldenbourg (1928) S.189f.

4 Dazu z.B. Bruce T. Moran: Der alchemistisch-paracelsische Kreis um den Landgrafen Moritz von Hessen-Kassel (1572-1632). Der fürstliche Forscher und die Methode experimenteller Wissenschaft. in: Zeitschr. Verein f. hess. Geschichts- u. Landeskunde 92 (1987) S.131-146. Auch: Frances A. Yates: The Rosicrucian Enlightenment. London 1972 (dt.: Aufklärung im Zeichen des Rosenkreuzes. Stuttgart: Klett [1975].)

5 Francis Bacon: Über die Würde und den Fortgang der Wissenschaften, Pest 1783 S.182-3

6 Carolyn Merchant: Der Tod der Natur, München 1987 S.182

7 Antoine Lavoisier: Traité elementaire de chimie, 1789, s. die dt. Übersetzung: System der antiphlogistischen Chemie, Bd. 1. Berlin: Nicolai (1803), S.69

8 Francis Bacon: Neu-Atlantis, Stuttgart 1982, S.71. Geradezu verblüffend die Parallele zur heutigen Einstellung vieler Wissenschaftler und Unternehmer, gerade im Bereich der chemischen Technik, wenn man sich beispielsweise eine Verlautbarung des Vorstands des Verbands der Lackindustrie angesichts zunehmender öffentlicher Forderungen zur Offenlegung der Zusammensetzung (Volldeklaration) dieser besonders umwelt- und gesundheitsrelevanten Produkte ansieht: »Wir erkennen für die Lackindustrie einen ›Anspruch‹ [die verräterischen Anführungszeichen stehen so im Original!] auf allgemeine und totale Offenlegung unserer Rezepturen ... nicht an. Einen derart weitgehenden ›Anspruch‹ lehnen wir vielmehr als offensichtlich unpraktikabel, für den einzelnen Verbraucher sinnlos und von der Sache her unbegründet ab.« [Quelle: farbe + lack Jg. 93 H.7 S.576]

9 Carolyn Merchant: Der Tod der Natur, München 1987, S. 185.

10 Francis Bacon: Neu-Atlantis, Stuttgart 1982, S.46-7

11 Julien Offroy de La Mettrie: Der Mensch eine Maschine (1748).

12 Carolyn Merchant: Der Tod der Natur, München 1987 S.182.

13 Francis Bacon: Neu-Atlantis, Stuttgart 1982, S.67.

14 Erwin Chargaff: «Unbegreifliches Geheimnis«, Stuttgart 1986 S.85.

15 J.W. Goethe: Die Schriften zur Naturwissenschaft, hg. im Auftrag der Loepoldina, Abt 1 Bd. 5 S. 45.

16 J.W. Goethe: ebd., Bd. 8 S.361.

17 J.W. Goethe: Faust, Teil I, in: Goethes Faust Gesamtausgabe. Frankfurt: Insel o.J., S.193. Das Zitat stammt aus der Belehrung des Schülers durch Mephisto und bezieht sich deutlich auf die Chemie.

18 »Für Descartes waren Pflanzen und Tiere Automaten ohne geistiges Leben, die man deshalb nach Belieben manipulieren durfte« (Primas1992 S.14)

19 z.B.: Michael Maier: Atalanta fugiens 1616. Man denke dabei auch an die alchemistischen Symbole der Hauptmetalle, die mit den Symbolen der damals bekannten Planeten identisch waren.

20 s. dazu z.B. Eberhard Schmauderer (Hg): Der Chemiker im Wandel der Zeiten. Skizzen zur geschichtlichen Entwicklung des Berufsbildes. Weinheim: Vlg.Chemie (1973); Otto Krätz, Alfonsa Riggi-Haberstock: Falsches Gold. Emanuele Caetano - oder: Korruption und Intrige im 18. Jhdt. In: Kultur & Technik 4 (1990) S.19-25

21 z.B. bei Johann Christian Wiegleb: Historisch-kritische Untersuchung der Alchemie, oder der eingebildeten Goldmacherkunst; von ihrem Ursprunge sowohl als Fortgange, und was nun von ihr zu halten sey. Weimar: Hoffmann (1777)

22 Auch hier geht es nicht um die Unterstellung einer düsteren Absicht bei den beteiligten Wissenschaftlern, sondern um die Konstatierung eines kulturgeschichtlichen und psychologisch wirksamen Phänomens. Natürlich wäre es völlig unmöglich, alle 4 Millionen organischen Verbindungen der Beilstein-Datenbank jeweils mit einem attraktiven Trivialnamen zu versehen. Allerdings zeigt sich heute, daß die systematisch-cartesianische Nomenklatur der Chemie an der Überfülle neuer Verbindungen zu ersticken droht, so daß unsystematische Trivialnamen für häufig auftretende Molekülkonfigurationen wieder sehr zunehmen. Diese haben allerdings selten eine logische Verbindung zur tatsächlichen Herkunft oder Verwendung der Verbindung und sind daher nicht weniger menschenfern als die Systemformeln.

23 Daß Stoffverwandlung im natürlichen, evolutionär angepaßten Kontext durchaus zu gravierenden Änderungen der molekularen Strukturen führt, ist eine Selbstverständlichkeit: die Verwandlung von Gras zu Milch in der Kuh ist und bleibt ein transmutatorisches Wunder, und die photosynthetische Assimilation im Pflanzenorganismus führt zu Produkten, die molekular vom Kohlendioxid kaum entfernter sein könnten. Es geht hier eben um den Unterschied zwischen dem Ergebnis eines langen Optimierungsprozesses einerseits und den hastig entdeckten und nicht langfristig erprobten menschlichen Manipulationen an den Stoffstrukturen der Welt andererseits.

24 Briefwechsel Berzelius-Wöhler, Bd. 1 Leipzig 1901, S. 206.

25 Strube: Der historische Weg der Chemie, Band II. Von der industriellen Revolution bis zum Beginn des 20.Jhts. Leipzig: VEB Deutscher Verlag für Grundstoffindustrie (1976) S.114 ff.

26 s. dazu ausführlich Walter Botsch: Wöhler, Liebig und die Lebenskraft, in: Naturwissenschaftliche Rundschau Jg. 46 H.5 (1993) S.176-182.

27 Erwin Chargaff: »Unbegreifliches Geheimnis«, Stuttgart 1986 S.28

28 Robert Harris / Jeremy Paxmann: Eine Höhere Form des Tötens. Die geheime Geschichte der B- und C-Waffen. Düsseldorf: Econ 1983 , S.23. (Originalausgabe London 1982)

29 Harris / Paxmann 1983 S. 22.

30 »Als die Kanone den Panzerreiter niederwarf, fand sie ebenso moralische Mißbilligung wie die Gase im Weltkrieg. Immer aber siegt die technisch höhere Form.« (Fritz Haber in einem Vortrag in Buenos Aires am 4.12.1923). Das charakteristische Haber-Zitat gab der ganzen vorstehenden Monographie von Harris und Paxmann den Titel.

31 Erwin Chargaff: «Zeugenschaft«, Stuttgart 1985 S.230

32 s. dazu den Beitrag von Bernd Patze: Dr. Clara Immerwahr, verh. Haber. In: Wechselwirkung Nr. 31, Novemberheft (1986). Teilabdruck im AGÖF-Rundbrief 2 (1987) S.44-46

33 Katalyse (Hg.): Das Umweltlexikon. Köln: Kiepenheuer & Witsch (1993) S.541.

34 zit. nach Joseph Borkin: Die unheilige Allianz der I.G.Farben: eine Interessengemeinschaft im Dritten Reich, Frankfurt: Campus (1979; amerikanisches Original New York 1978)

35 z.B. Joseph Borkin (wie Anm. 34); später aber auch z.B. Gottfried Plumpe: Die I.G. Farbenindustrie AG. Wirtschaft, Technik und Politik 1904-1945. Berlin: Duncker & Humblot 1990

(=Schriften zur Wirtschafts- und Sozialgeschichte, Bd. 37)

36 Walter Teltschik: Geschichte der deutschen Großchemie. Entwicklung und Einfluß in Staat und Gesellschaft. Weinheim: VCH (1992)

37 Z.B. in Gestalt des Fernsehfilms von Bernhard Sinkel: »Väter und Söhne«. S. dazu die Rezension von Otto Krätz in: Nachrichten aus Chemie, Technik und Laboratorium Bd. 35 Nr.1 (1987) S.30-32 sowie die sich hieraus entwickelnde Leserbriefkontroverse; s. auch die Dokumentation: Bernhard Sinkel: Väter und Söhne. Eine deutsche Tragödie. Frankfurt: Athenäum 1986.

38 AG Naturwissenschaften - sozial (Hg.): Biozide: Chemische Waffen und Pflanzenschutzmittel; Materialien zu einer Unterrichtsreihe. Marburg: Redaktions-Gemeinschaft Soznat (Reihe Soznat Band 25) 1988.

39 Walter Greiling: »Chemie erobert die Welt«, Düsseldorf : Econ 1951, S.388-92, hier aus dem Kapitel »Chemische Eroberungsziele der Zukunft - ein neuer Menschentyp«. Die erste Auflage war in Berlin 1941 erschienen. Der geistige Hintergrund Greilings wird auch deutlich anhand eines weiteren Buches aus seiner Feder, das 1940 erschienen war: »Chemiker kämpfen für Deutschland«, Berlin 1940. Von diesem Buch gab es naturgemäß keine Nachkriegsauflage!

40 s. dazu mehr auf S.159ff sowie S.185.

41 Carsten Alsen, Otmar Wassermann: Die gesellschaftspolitische Relevanz der Umwelttoxikologie. Berlin: IIUG 1986 (IIUG-rep 86-5). S.2. Diese wichtigen Texte sind jetzt leichter zugänglich in: Otmar Wassermann et al.: Die schleichende Vergiftung. Die Grenzen der Belastbarkeit sind erreicht. Frankfurt: Fischer 1990. - Die gleichen Autoren zur Verantwortung der Produzenten angesichts dieses Dilemmas: »Wie sich Chemikalien in der Umwelt verhalten, ob sie sich in kompliziert vernetzten Nahrungsketten anreichern, den Menschen schädigen, Tier- und Pflanzenarten ausrotten, die unzähligen Symbioseprozesse oder Bodenlebewesen und damit die Bodenqualität vernichten, hat Chemikalienproduzenten nie besonders interessiert, obwohl solche tiefgreifenden Schädigungen seit über 100 Jahren vorausgesagt wurden, seit über 30 Jahren bekannt waren und zahlenmäßig inzwischen exponentiell zugenommen haben.« [S.8 des bereits zitierten Werkes von 1986.]

42 Der Fairneß halber muß hier angemerkt weden, daß der größte Teil der neu veröffentlichten Verbindungen das Stadium des Laborpräparats mit einer Gesamtproduktion in Gramm- oder gar Milligrammmengen nie verläßt und daher keine umwelttoxikologische Relevanz erreicht. Diese Tatsache schmälert allerdings die Richtigkeit und Aussagekraft des Zitates in keiner Weise: die auch nach Abzug der Laborprototypen verbleibende Zahl chemischer Verbindungen ist enorm und weder toxikologisch beherrschbar noch umweltpolitisch verantwortbar.

43 UPI Umwelt- und Prognose-Institut Heidelberg (Hg.): Leistungen und Funktionen der Biosphäre. Ein System-Vergleich mit der menschlichen Zivilisation. Heidelberg: UPI (1989) (= UPI-Bericht Nr. 15). Hier: S.5: ›Raumschiff Erde‹.

44 Quelle: «BioTechnologie Jahrg. 2 (1987) Nr. 10 S. 8

45 Inzwischen ist die Situation eher noch undurchsichtiger geworden: Das RAL-Gütezeichen für Holzschutzmittel wird nur in Einzelprüfung vergeben und nicht mehr nach einer Liste zugelassener Wirkstoffe. Die Prüfung erfolgt beim Bundesgesundheitsamt nach einer internen Liste - die in der Öffentlichkeit niemand kennt und erhält. Zum Thema Holzschutzmittel besitzen wir inzwischen ein kritisches Standardwerk, auf das hier verwiesen werden kann: Bernhard Leiße: Holzschutzmittel im Einsatz. Bestandteile, Anwendungen, Umweltbelastungen. Wiesbaden: Bauverlag 1992. Zum RAL Gütezeichen siehe dort die kritischen Ausführungen auf S.140ff und 146 ff.

46 s. dazu das Urteil vom 25.05.1993 im großen Frankfurter Holzschutzmittelprozeß, der mit (aufgrund der angenommenen bloßen Fahrlässigkeit zur Bewährung ausgesetzten) Freiheitsstrafen für die verantwortlichen Manager der Fa. Desowag endete. In den nun folgenden Zivilprozessen sind Schadenersatzforderungen in dreistelliger Millionenhöhe zu erwarten. Unter dem Eindruck der Urteilsbegründung hat die Fa. Desowag am 14. Juni 1993 in einem Einschreiben an alle holzschutzmittelproduzierenden Unternehmen darauf hingewiesen, daß jeder Produzent von HSM nun alle Anwender seiner Produkte (auch aus weit zurückliegenden Jahren!) aktiv in Anzeigen vor den heute noch möglichen gesundheitlichen Auswirkungen der Biozide warnen müsse, da sich sonst »ein Übergang von der Fahrlässigkeit in den Vorsatz ergeben« würde. Bei gegebenem Vorsatz jedoch könnte keine Strafaussetzung zur Bewährung mehr erfolgen. In konsequenter Umsetzung dessen hat Desowag Anfang August 1993 tatsächlich solche Anzeigen in der Süddeutschen Zeitung, im Spiegel etc. geschaltet und warnt darin vor Gesundheitsschäden, die auch heute noch bei weit zurückliegender Anwendung der Produkte Xylamon, Xyladecor etc. auftreten können. Ein singulärer Akt in der deutschen Industriegeschichte.

47 manager magazin 6 (1993), Titelblatt und S. 34-47

48 Erwin Chargaff: »Unbegreifliches Geheimnis«, Stuttgart 1986 S.115

49 Hans Dieter Degler: Wissenszwerge unter Druck. Die Krise auf dem Weg ins Informationszeitalter. In: Spiegel 14/1993 S.150. S. auch den aufschlußreichen Artikel von Edward Tenner: Die verschwundene Information. Statt der Informationsexplosion droht eher eine Informationsimplosion. In: Kultur & Technik 3 (Juli 1993) S. 28-33. Der Autor beschreibt, wie die ungeheure Informationsflut von einer immer schlechteren Zugänglichkeit der essentiellen Informationen konterkariert wird.

50 Rachel Carson: The Silent Spring, New York 1962. Übersetzung: Der stumme Frühling München: C.H. Beck 1981, 1990. s. dazu auch die neue Monographie: Gino J. Marco et al. (Hg.): Silent Spring revisited. Washington: ACS (1987), in der auch aus 25jähriger Rückschau die Treffsicherheit der Carsonschen Thesen zugestanden wird. Im Juni 1993 erschien dazu noch das folgende interessante Buch: H. Patricia Hynes: Als es Frühling war. Von Rachel Carson zur feministischen Ökologie. Frankfurt: Fischer (1993). Hier wird die Warnung Carsons vor den Folgen der Chemisierung ergänzt um eine sehr aktuelle Warnung vor den neuen Gefahren der Bio- und Gentechnologie aus feministischer Sicht. Ebenso wird Person und Werk Rachel Carsons in neuer, eindrucksvoller Weise beleuchtet.

51 Das Literaturverzeichnis im Anhang nennt zahllose einschlägige Titel, z.B. Bücher zu den Themen PVC, PCP, Lindan, Waschmittel, Lösemittel, Formaldehyd, Cadmium etc.

52 Rainer Grieshammer et. al., Öko-Mitteilungen 4/1990 S.22

53 Karl Otto Henseling: Ein Planet wird vergiftet. Der Siegeszug der Chemie: Geschichte einer Fehlentwicklung. Reinbek: Rowohlt 1992 (=rororo aktuell 13013)

54 Umweltbundesamt (Hg.): Ökoinstitut Freiburg: Vorstudie zu einer Produktlinienanalyse Waschmittel . 2 Bde. Berlin: Umweltbundesamt 1992

55 zitiert nach Hoffmann:1993, S.70.

56 Einige der Vorprodukte können zwar auch aus Erdgas hersgestellt werden, aber dies würde an den ökologischen Konsequenzen einer solchen Produktlinie kaum etwas ändern, da auch Erdgas zu den fossilen, nicht erneuerbaren und darum bald erschöpften Kohlenstoffquellen gehört.

57 Römpp Chemielexikon 9. Aufl. Band 4 (1991) gibt an, daß »Erdöl und Erdgas als Rohstoffquellen für organische Chemialien ... seit 1950 ihren Anteil gegenüber anderen Rohstoffen verdoppelt [haben]: 44% (1950), ... 96% (1979).«

58 z. B. Deutsche BP AG (Hg.): Das Buch vom Erdöl. Hamburg: Reuter u. Klöckner 1989, S.688. Römpp Chemielexikon gibt in der 9. Aufl. Bd. 2 (1990) S.1211 an: »1988 beliefen sich die *förderbaren Reserven* auf 135 Mrd t - die beim gegenwärtigen Verbrauch u. ohne Neufunde in 42 Jahren (!) erschöpft sein würden.« Ausrufungszeichen und Hervorhebung stehen übrigens so in der Quelle. Das gelegentlich zu hörende Argument, diese Reichweite der Ölreserven sei seit Jahren konstant, ist trügerisch: diese Tatsasche beruht vielmehr auf der zunehmenden Verlagerung von der (leichten) Primär- und Sekundärförderung zu der (sehr aufwendigen und chemikalienintensiven) Tertiärförderung. Diese interne Konversion, die nach außen einen quantitativen Status quo suggeriert, ist nach der Logik bald am Ende. Zudem ist es für die Belange des vorliegenden Buches weitgehend unerheblich, ob die Erdölvorräte in 42, in 50 oder in 80 Jahren erschöpft sein werden - es ist in jedem Falle höchste Zeit für den Einstieg in den Ausstig aus diesem Monopolrohstoff und den auf ihm fußenden chemischen Technologien. Siehe dazu auch das ganz neu erschienene Buch von Eva Müller: Das Ende der Ölzeit. Strategie für eine saubere Wirtschaft in Deutschland. Frankfurt: Fischer (August 1993). Das Buch kommt auf dem Feld der Primärenergieverwendung zu ganz ähnlichen Prämissen und Folgerungen wie das vorliegende Werk auf dem Gebiet der Stoffverwendung und stellt so eine wichtige Ergänzung dar.

59 Zwar wird eine Substitution des Erdöls durch Kohle auf der Basis des in Nazideutschland erprobten Fischer-Tropsch-Verfahrens erforscht. Aber dabei handelte es sich auch nur um eine Verlagerung von einer fossilen Kohlenstoffquelle auf eine, wenn auch reichhaltigere, andere. Zudem ist die Verarbeitung von Kohle zu organisch-chemischen Gebrauchsprodukten entropisch noch unsinniger und verhängnisvoller als die von Erdöl (hierzu Näheres auf S. 136 ff).

60 Bundesumweltminister Klaus Töpfer: Leitartikel in Nachrichten aus Chemie, Technik und Laboratorium (Organ der Gesellschaft Deutscher Chemiker, GDCh) 36 (1988) S. 245. Töpfer steht hier allerdings nicht allein: auch im ›Römpp Chemielexikon‹ findet sich in der 9. Aufl. in Bd. 1 S.637 unter dem Stichwort ›Chemie‹ ein verwandter Gedankenkurzschluß: »Angesichts ... der Abnahme der natürlichen Rohstoffe ... bleiben dem Chemiker auch in ferner Zukunft bedeutende Forschungs- und Entwicklungsaufgaben ...«

61 Hier trifft auch nicht das gelegentlich von denjenigen, die sich als industriell oder ideologisch Betroffene von der Diskussion um eine Abkehr von den petrochemischen Rohstoffen genervt fühlen, vorgebrachte Argument, man solle doch nicht über die Chemie als Erdölverbraucher reden, sondern über das Auto. Zwar ist richtig, daß nur knapp 10% des Rohöls für nichtenergetische Zwecke verbraucht werden, aber damit bleibt das Mißverhältnis zwischen Konsumption und Produktion auch für den chemischen Bereich eben doch immer noch 1:300.000 - unter bilanztechnischen Gesichtspunkten keine entscheidende Verbesserung. Zudem sollten Chemiker einfach über die Zukunftsprobleme der Chemie reden und nicht auf die noch größeren Probleme der Verkehrspolitiker verweisen.

62 Al Gore, Wege zum Gleichgewicht. Ein Marshallplan für die Erde. Frankfurt: Fischer 1992. In konkret-materieller Hinsicht bleibt das hochgepriesene Buch des Hoffnungsträgers vieler nach ökologischer Erneuerung Strebender übrigens seltsam blaß. Dazu paßt, daß die Umweltpolitik der neuen amerikanischen Regierung bislang auch nicht erkennen läßt, wie diese nur angedeuteten Wege zum Gleichgewicht konkret beschritten werden sollen.

63 s. dazu: Deutsche BP AG: Das Buch vom Erdöl, Hamburg 1989, S. 85

64 s. dazu die Abbildungen nach S.660 in dem vorgenannten Werk.

65 Römpp Chemielexikon 9. Aufl. Bd .5 (1992) S.3576

66 Römpp Chemielexikon 9. Aufl. Bd.2 (1990) S.1259.

67 Ullmanns Encyklopädie der technischen Chemie, 4. Aufl. Bd. 13. Weinheim: Vlg. Chemie 1977, S.350. Eine Aussage über das Nichtvorkommen einer Stoffklasse in der Natur kann allerdings in solcher Ausschließlichkeit formuliert, schnell überholt sein: zu gewissen »Sonderzwecken« werden in biologischen Systemen, wie erwähnt, auch hochgiftige und reaktive Stoffe produziert, ohne daß man aus dieser Tatsache ableiten könnte, solche Exoten hätten auch im Mainstream der Biosphärenchemie evolutionär eine Bedeutung erhalten können.

68 Carsten Alsen und Otmar Wassermann: Die gesellschaftspolitische Relevanz der Umwelttoxikologie. Wissenschaftszentrum Berlin: IIUG-Report 86-5 (1986) Seite 6.

69 H.G. Hauthal in: Nachrichten aus Chemie, Technik und Laboratorium Bd. 41 (1993) S.440

70 Carsten Alsen und Otmar Wassermann: Die gesellschaftspolitische Relevanz der Umwelttoxikologie. Wissenschaftszentrum Berlin: IIUG-Report 86-5 (1986) S.16. In kaum einem anderen Bild wird die Dramatik unserer Situation wohl besser verdeutlicht, die Notwendigkeit zu sofortigem Handeln plausibel und die Tatsasche einsichtig, daß nur durch einen radikalen Verzicht auf die allermeisten xenobiotischen, d.h. der Biosphäre evolutionär fremden, Chemikalien ein Ausweg aus diesem Dilemma erreicht werden kann. Allerdings sind Alsen und Wassermann auch darin skeptisch: »... selbst schwache Hoffnungen auf eine Verbesserung der toxischen Gesamtsituation schwinden angesichts der geringen Zahl unabhängiger Toxikologen gegenüber derjenigen der synthetisierenden Chemiker in der Industrie und deren Produktionsausstoß«. [zitiertes Werk, S. 8]

71 Im Referat: »Seife - ein fast vergessenes Produkt der Sanften Chemie«. Tautropfen-Seminar am 18.03.89 in Grassau/Chiemgau

72 »Frech wie Oskar«. Ein Film von Hanswerner Mackwitz und Susanne Terschak. Wien 1992

73 Arbeitskreis Chemische Industrie / Katalyse (Hg.): Gift Macht Geld. Köln: Volksblatt (1986) S.148

74 Nach Öko-Test Magazin Heft 6 (1987).

75 Carsten Alsen und Otmar Wassermann (1986): zitierte Arbeit S. 10

76 Europ. Chem. News. Bd. 10 (1987).

77 Erwin Chargaff: «Unbegreifliches Geheimnis«, Stuttgart 1986 S.81

78 Novalis: Die Lehrlinge zu Sais (1798/9) Stuttgart: Reclam 1984 S. 68

79 Erwin Chargaff: «Unbegreifliches Geheimnis«, Stuttgart 1986 S.26

80 Es eröffnet allerdings auch einen interessanten dialektischen Aspekt der »Spaltungs-Frage«, wenn man bedenkt, daß viele wichtige Tatsachen und Daten über Umweltbelastungen, Schadstoffkonzentrationen etc. mit Hilfe extrem ›spaltungsintensiver‹ Analysemethoden wie GC/MS gewonnen wurden. Auch die Erkenntnisse dieses Buches setzen häufig solche Methoden der Erkenntnisgewinnung voraus. Andererseits stellt sich die Frage, ob eine solche Analytik wirklich eine notwendige Bedingung zur Erkenntnis unseres ökologischen Status ist, oder ob nicht oft schon wache, nicht abgestumpfte Sinne ausreichen, um die Kakophonie der Noxen als solche zu erkennen.

81 Martina Keller: Grüner Mist und weiße Westen. Gentechnik erobert den Alltag. In: Öko-Test Magazin 6 (Juni 1993) S.22-25.

82 Gen-ethischer Informationsdienst in: Forum Wissenschaft Jg. 10 H.1 (1993) S.8. Wesentliche Teile dieses Heftes der Zeitschrift reflektieren den aktuellen Stand der kritischen Auseinander-

setzung um die Gentechnik in Deutschland.

83 Otmar Wassermann: Naturwissenschaften - nein danke? Essay in ›natur‹ Heft 4 (1993) S.120-1

84 Fischer, Hermann: Pflanzenchemie statt Genmanipulation. Nachschrift einer gutachterlichen Stellungnahme auf dem Hearing der Enquete-Kommision Gentechnologie des Dt. Bundestages am 28.3.1984

85 Erwin Chargaff: Herkules vor der Verkehrsampel: Einge Bemerkungen über die geistigen und moralischen Grundlagen unserer Naturforschung. Vortrag bei den 10. Goldegger Dialogen am 1.6.91

86 Egmont R. Koch, und Fritz Vahrenholt: Seveso ist überall. Die tödlichen Risiken der Chemie. Köln: Kiepenheuer & Witsch (1978) Mit einem Vorwort von Erhard Eppler.

87 BUND-Positionen 10 (1984) S.7

88 Bundestagsdrucksache 10/5181 (1986)

89 Weg aus der Krise? Neues Umweltprogramm der SPD-Bundestagsfraktion (Mitautor: Michael Müller, umweltpolitischer Sprecher der Fraktion). In: Der Spiegel Dokumente. Beilage für Abonnenten zum Spiegel 17 (1993) S.3ff.

90 Greenpeace (Hg.): Chlorchemie - die organisierte Vergiftung. Hamburg: Greenpeace 1992 (24 Seiten); hier S. 19-22. Wie groß die Abhängigkeit der Chemieindustrie von chlorierten organischen Zwischenprodukten nach wie vor ist, wird auch aufgezeigt in dem folgenden Artikel: Bernd Eusemann: Die Abkehr läßt auf sich warten. Warum die chemische Industrie so sehr am Chlor hängt. In: Bild der Wissenschaft H. 8 (August 1993) S. 80-85.

91 Martin Held (Hg.): Chemiepolitik: Gespräch über eine neue Kontroverse. Weinheim: VCH (1988); später: Martin Held (Hg.): Leitbilder der Chemiepolitik. Stofflökologische Perspektiven der Industriegesellschaften Frankfurt: Campus (1991)

92 Klaus Naumann: Chlorchemie der Natur. In: Chemie in unserer Zeit 27 (1993) H.1 S.32-41

93 S. dazu den prägnanten Kommentar zu dem Naumann-Artikel in: Informationsdienst Chemie & Umwelt Nr. 3 (24.6.1993) S.12-13

Die Entwicklung der Idee einer Sanften Chemie

1 Otmar Wassermann: Naturwissenschaften - nein danke? Essay in ›natur‹ Heft 4 (1993) S.120-1

2 Ansätze dazu bestehen seit über 70 Jahren in den Grundlagen des naturwissenschaftlichen (und auch handwerklichen) Unterrichts an Waldorfschulen. Allerdings sollte zu denken geben, daß Waldorfschüler bevorzugt in Stabs- und Leitungsfunktionen großer High-Tech-Unternehmen (vor allem im Bereich der Kernenergienutzung) eingeworben wurden - womöglich in der Spekulation darauf, daß die Absolventen einer solchen Schule aufgrund ihrer eher ganzheitlichen Bildung und Qualifikation am besten in der Lage sein könnten, den klassischen ›harten‹ Ausstoß der Hochtechnologien auch einer wertegewandelten Gesellschaft ›zu verkaufen‹. Das Beispiel zeigt, daß es mit der naturphilosophischen Bildung allein nicht getan sein kann, wenn diese nicht ergänzt wird durch ein entsprechend gewecktes politisches Bewußtsein. - Andere Ansätze im Bereich der naturwissenschaftlichen Bildung werden an der Gesamthochschule Kassel verfolgt und haben zu zahlreichen sehr eindrucksvollen Unterrichtsprojekten im Bereich der Umweltbildung geführt (veröffentlicht v.a. in der Reihe Soznat, Marburg). Neuestes Beispiel: Lutz Stäudel: Lufthülle aus dem Gleichgewicht. WWF-Ozon-Kampagne. Experimente, Modellversuche, Informationen. WWF, o.O. (1993). - Überhaupt fällt auf, daß die meisten ständigen Mitglieder der Arbeitsgruppe Sanfte Chemie in der Unterrichtspraxis an Schulen und Hochschulen erfahrene Naturwissenschaftler sind.

3 Rudolf Steiner: Farbenerkenntnis. Dornach: Rudolf Steiner Verlag (1990) (=Gesamtausgabe Bd. 291a), S.399 ff, insbesondere S.403 ff.

4 Rudolf Steiner: Naturwissenschaftliche Kurse. Dornach: Rudolf Steiner Verlag (=Gesamtausgabe Bd. 320-327)

5 Rudolf Steiner: Vorträge für die Arbeiter am Goetheanumbau. Dornach: Rudolf Steiner Verlag (=Gesamtausgabe Bd. 347-354)

6 Das Verdienst, diesen Impuls über Jahrzehnte wachgehalten zu haben, steht Günter Meier zu.

7 Merrill Jones: From Chemurgy to Soft Chemistry. Prospectives for an Agrochemical Industry. Report for the National Toxics Campaign, Washington 1991. Deutsche Ausgabe: M. Jones: Von der Chemurgie zur Sanften Chemie. Konzepte der ›Pflanzenchemie‹ in den USA und Europa seit 1920. Braunschweig: Alembik (in Vorbereitung). Neuerdings gibt es in den USA wieder interessante Ansätze, die harten Synthesestrategien der industriellen Chemie grundsätzlich in Frage zu stellen

und nach »radikalen« Alternativen zu suchen. Beispiele für diese Diskussion sind in einem Artikel in der angesehenen Wissenschaftszeitschrift »Science« zu finden: Ivan Amato: The Slow Birth of Green Chemistry. In: Science 259 H. 12 (März 1993) S. 1538 - 1541.

8 Der Bundesminister für Forschung und Technologie (Hg.): Nachwachsende Rohstoffe. Konzept zur Forschungsförderung. Bonn: BMFT 1990.

9 William J. Hale: Farmer Victorious. Money, Mart, and Mother Earth. New York: Coward-McCann (1949) S. 109.

10 s. z.B. Fischer 1979, Fischer 1980, Fischer 1984. S. auch die Literaturhinweise am Ende des Buches.

11 DIE GRÜNEN: Entgiftungsprogramm. Beschluß der 8. Bundesversammlung (Teil 2) in Hagen, 15./16.2. 1986, S.2

12 Antrag der Fraktion DIE GRÜNEN im Deutschen Bundestag an die 10. Wahlperiode: »Chemie-Politik - Entgiftung der Chemischen Industrie - Förderung und Weiterentwicklung einer ›Sanften Chemie‹« (Bundestagsdrucksache 10/6052 vom 24.09. 1986, Umfang: 20 Druckseiten; hier: S.8)

13 Kontinuierlich arbeiten in dem ›Arbeitskreis Sanfte Chemie‹ folgende Personen mit: der Biologe und Sozialwissenschaftler Dr. Arnim von Gleich (Institut für Ökologische Wirtschaftsforschung, Bremen) der Chemiker Dr. Wolfgang Linden (Katalyse Köln), der Chemiker und Chemiedidaktiker Dr. Lutz Stäudel (Gesamthochschulle Kassel), der Chemiker Dr. Peter Braun (Analyseinstitut B.A.U.C.H., Berlin), der Arzt und Ernährungswissenschaftler Andreas Steneberg (Institut für Umweltkrankheiten, Emstal), der Bioingenieur Wilfried Bobles (Hamburg), der Biochemiker Dr. Mins Minssen (Institut für Pädagogik der Naturwissenschaten, Kiel), der Chemiker Matthias Brachmann (Göttingen), Ingo Stürmer (Kiel), der Betriebswirt Uwe Welteke (Ökologische Bautechnik, Hirschhagen), der Chemiker Hanswerner Mackwitz (Ökoinform, Wien), der Biologe Dr. Georg Keller (Stuttgart) sowie der Autor.

14 Die folgenden Beiträge waren um die Jahreswende 1987/1988 an den Arbeitsgruppenleiter Arnim von Gleich eingereicht worden und zur Publikation vorgesehen: Arnim von Gleich: Sanfte Chemie als politisches, praktisches und wissenschaftliches Konzept (24 Seiten, datiert September 1988); Mins Minssen: Über die miserable Natur, die deutsche Innerlichkeit und die Verhältnisse zwischen chemieindustrieller Innovation und Sanfter Chemie (12 S.); Hanswerner Mackwitz: Sandinos Erben setzen auf Niem (21 S.) Lutz Stäudel: Fasern und Farben aus der Natur (dat. August 1987, 12 S.); Wolfgang Linden: Harte Chemie und ihre Folgen (10 S.); Uwe Welteke: Sanfte Strukturen im Wohnhaus [Baustoffe und Sanfte Chemie] (5 S.); Klaus-Dietrich Runow / Alexander Steneberg: Allergie und Umwelt. Einführung in die angewandte Umweltmedizin (14. S.); Hermann Fischer: Farben - der ›harte Kern‹ der chemischen Industrie (9 S.).

15 Arnim v. Gleich: Überwindung des Machbarkeitswahns durch Naturethik? In: Kommune 10 (1986) S. 61-68; Arnim v. Gleich: Über den Umgang mit Natur. Sanfte Chemie als wissenschaftliches, chemiepolitisches und regionalwirtschaftliches Konzept, in: Wechselwirkung Nr.48 (1991) S.4-11; Hermann Fischer: Harte und Sanfte Chemie am Beispiel der Farben und Lacke. in: Wechselwirkung Nr.48, (April 1991) S.15-18. 1991; Lutz Stäudel: Fasern aus der Natur - eine ökologische Alternative? in: Wechselwirkung Nr.48, (1991) S.19-22. S. auch den Rundbrief der Arbeitsgemeinschaft Ökologischer Forschungsinstitute (AGÖF) Nr. 2 (1987), in dem die Arbeitsgruppenmitglieder Wolfgang Linden (Sanfte Chemie) und Arnim von Gleich (Sanfte Chemie - ein Weg aus der Sackgasse) Beiträge aus den Diskussionen innerhalb der AG Sanfte Chemie veröffentlichten.

16 z.B. Mins Minssen: Der sinnliche Stoff. Vom Umgang mit Materie. Stuttgart: Klett-Cotta 1986; Wolfgang Linden: Die Konversion der Farbstoffindustrie. In: AK Chem. Industrie/Katalyse (Hg.): Gift Macht Geld, Köln 1986 S.126-154; Arnim v. Gleich: Der wissenschaftliche Umgang mit der Natur. Über die Vielfalt harter und sanfter Naturwissenschaften. Frankfurt: Campus 1989. Hanswerner Mackwitz: Öko-Tricks und Bio-Schwindel. Damit uns Wirtschaft und Politik nicht mehr für dumm verkaufen können. Wien: Orac 1990, s. besonders Kapitel 9 S.170 ff.

Wissenschaftliche Grundlagen einer Sanften Chemie

1 Armin Kremer, Lutz Stäudel (Hg.): Natur - Umwelt - Unterricht. Zwischen sinnlicher Erfahrung und gesellschaftlicher Bestimmtheit. Marburg: Soznat (1993) (=Reihe Soznat Bd 6)

2 Otmar Wassermann: Naturwissenschaften - nein danke? Essay in ›natur‹ Heft 4 (1993) S.120-1

3 Erwin Chargaff: Unbegreifliches Geheimnis. Stuttgart: Klett-Cotta 1986 S.217

4 Gernot Böhme: Am Ende des Baconschen Zeitalters in: Chemie in unserer Zeit 26 H.3 S. 129-137, hier: S. 136

5 Gernot Böhme, wie Anmerkung Nr. 4

6 Franz Alt: Schilfgras statt Atom. München: Piper (1992)

7 Mins Minssen: Der sinnliche Stoff. Vom Umgang mit Materie. Stuttgart: Klett-Cotta 1986.

8 Mins Minssen: Über die miserable Natur, die deutsche Innerlichkeit und die Verhältnisse zwischen chemieindustrieller Innovation und Sanfter Chemie. Unveröff. Manuskript, 1988

9 Hermann Fischer: Naturfarben: Nahrung für die Sinne - Entlastung für die Umwelt. Braunschweig 1985 (=AURO-Mitteilung Nr. 13)

10 Gernot Böhme: Für eine ökologische Naturästhetik. Frankfurt: Suhrkamp 1989 (edition suhrkamp NF Bd. 556)

11 Erwin Chargaff: «Zeugenschaft«, Stuttgart 1985 S.201

12 Ludwig Wittgenstein: Tractatus logico-philosophicus 6.52. Frankfurt 1959, S. 114

13 z.B. Beilstein-Institut (Hg.): Beilstein's Handbuch der Organischen Chemie (umfaßt derzeit mehr als 320 Bände), neuerdings auch als Datenbank mit über 4 Mill. Verbindungen zugänglich.

14 An Introduction to NATCOL ‹Natural Food Colours Association‹ (Ohne Ort und Datum, ca. 1985)

15 Man vergleiche den Abschnitt ›Lebensmittelfarbstoffe‹ in einer älteren Ausgabe von ›Ullmanns Enzyklopädie der Technischen Chemie‹ (z.B. 1. Aufl. Berlin: Urban und Schwarzenberg 1915) mit der aktuellen Positivliste: Farbstoffkommission der Deutschen Forschungsgemeinschaft (Hg.): Farbstoffe für Lebensmittel. Weinheim: VCH (1988). Bereits die 4. Aufl. von Ullmans Encyklopädie Bd. 8 (1974) S. 272 deutet diese Entwicklung bei Behandlung der Lebensmittelazofarbstoffe an: »Chemisch gesehen gehören die meisten der synthetischen Lebensmittelfarbstoffe der Azoreihe an. Daneben gewinnen Naturfarbstoffe zunehmend an Bedeutung.« Seit 1974 wurden weitere Azofarbstoffe von der Positivliste gestrichen.

16 Die ehrenwerten Motive solcher Präparatoren exotischer Moleküle sollen hier nicht in Frage gestellt werden. Oft geht es nicht nur darum, daß ein Molekül besonders ›witzig‹ ist, sondern darum, die Grenzen atomarer Kombinationsmöglichkeiten auszuloten, um daraus die Eigenschaften ›normaler‹ Moleküle besser verstehen zu können.

17 s. dazu neuerdings: Manfred Eggersdorfer et al. (Hg.): Nachwachsende Rohstoffe. Perspektiven für die Chemie. Basierend auf einem Symposium, das im April unter der Schirmherrschaft des BMFT bei der BASF in Ludwigshafen stattfand. Weinheim: VCH (1993)

18 Ideen aus dem Bereich der Sanften Chemie fanden beispielsweise Eingang in die vom Bundesamt für Landwirtschaft und Forsten herausgegebene Broschüre: »Lein als nachwachsender Rohstoff«, Münster-Hiltrup: Landwirtschaftsverlag 1992 (=Schriftenreihe des Bundeministers für Ernährung, Landwirtschaft und Forsten, Reihe A Heft 412). Siehe darin den Artikel: Hermann Fischer: Leinöl für AURO Naturfarben, S. 162-174.

19 S. z.B. das im Jahre 1993 groß aufgelegte Werbekonzept der Fa. Henkel für Wasch- und Reinigungsmittel auf Basis der »Plantarene« (»Überwiegend auf Basis nachwachsender Rohstoffe«).

20 S. die Vorträge des Henkel-Mitarbeiters Richtler zum Thema Nachwachsende Rohstoffe.

21 Franz Alt: Schilfgras statt Atom. (wie Anm. 6)

22 Andrea Strunz: Aus dem Regenwald ernten statt ihn zu vernichten. In: ›impulse‹ H. 11 (1993) S. 242-250

23 Uwe Hellner in: Süddeutsche Zeitung vom 26. Nov. 1992, Seite 41: «Schätze des Dschungels«

24 Römpp Chemielexikon 9. Auflage Band 1 (1989) S.426

25 Deutsche Shell AG (Hg.): Die Zukunftsaussichten der Petrochemie in: Shell Briefing Service, Hamburg, Oktober 1985, S.1

26 UPI Umwelt- und Prognoseforschungs-Institut: Leistungen und Funktionen der Biosphäre, Heidelberg 1989

27 Frederick Vester, zit. nach: Barth v. Wehrenalp: Man sollte es nicht für möglich halten, Düsseldorf 1988, S.257

28 Auf humorvolle Weise haben die Redakteure der Satirezeitschrift »Titanic« vor einigen Jahren in einem ihrer berühmt-berüchtigen »Briefen an die Leser« diese Schwierigkeit zum Ausdruck gebracht, indem sie - nach Lektüre eines allerdings durch Verkürzung stark entstellten Beitrags des Autors zum Thema »Sanfte Chemie« in den »Greenpeace-Nachrichten« - in einer öffentlichen Zuschrift an den Autor satirisch auf ihrem selbstverständlichen Recht beharrten, auch weiterhin die Schreibwerkzeuge ihrer Büros ihren Willen aufzuzwingen. Dies sei ihnen als durchaus im Rahmen

eines sanften Umgangs mit den unbelebten Gegenständen in der Welt als unbedenklich zugestanden.

29 Johann Wolfgang Goethe: Faust I. In: Goethes Faust Gesamtausgabe. Frankfurt: Insel o.J., S. 236 (›Wald und Höhle‹)

30 Die praktische Anwendung solcher Seifen aus ganz unterschiedlichen Pflanzenfetten ist seit einigen Jahren sehr erfolgreich umgesetzt worden z.B. bei den AWALAN-Wasch- und Reinigungsmitteln: nach einer jahrelangen intensiven Erforschung der waschtechnischen Eigenschaften der individuellen Einzelseifen aus unterschiedlichsten Pflanzenfetten gelang es, durch deren unterschiedliche, gezielte Kombination Produkte für die verschiedensten Einsatzzwecke herzustellen - vom einfachen Textilwaschmittel über Universalreiniger bis hin zu technischen Metallentfettungspräparaten. Abgesehen von den vorteilhaften ökologischn Eigenschaften der Produkte haben sie sich gerade aufgrund der Ausnutzung der breiten Pflanzenvariabilität auch in technischer Hinsicht als ausgezeichnet und herkömmlichen Produkten der Harten Chemie zumindest gleichwertig erwiesen (s. Testergebnisse der Stiftung Warentest in Heft 4/1993).

31 Hermann Fischer: Naturstoffe - Stufen der Denaturierung. Referat am 6.6.1986 in Würzburg. Überarbeitete Nachschrift unter dem Titel: Wesensunterschiede zwischen Naturprodukt und Chemieprodukt in: Qualität ist das Essentielle. Braunschweig: Auro Naturfarben 1988 (Auro-Mitteilung Nr. 17)

32 s. dazu: Fritz-Albert Popp: Biophotonenanalyse zu Fragen der Lebensmittelqualität und des Umweltschutzes. in: Ökologische Konzepte 26 (1987) S39-55. In der aktuellen Lebensmittelbewertung hat allerdings keine der genannten Methoden bislang genügend aussagefähige und widerspruchsfreie Ergebnisse erbracht, um als Standardmethode anerkannt zu werden.

33 Lithiumaluminiumhydrid ist allerdings eine typische Laborchemikalie, die in technischen Prozessen kaum eingesetzt wird.

34 Christian Schütze: Das Grundgesetz vom Niedergang. Arbeit ruiniert die Welt. München: Hanser 1989

35 Peter Kafka: Das Grundgesetz vom Aufstieg. Vielfalt, Gemächlichkeit, Selbstorganisation: Wege zum wirklichen Fortschritt. München: Hanser 1989

36 Hans-Peter Dürr: Die Natur und die Wirtschaft. In: Bild der Wissenschaft 10 (1991) S. 122-125

37 Auf wie dünnem Eis sich die chemische Industrie mit der Behauptung erheblich verbesserter Störfallsicherheit bewegt, wurde jüngst durch folgende pikante Koinzidenz deutlich: Gerade in dem Monat (August 1993), in dem »bild der wissenschaft« einen Artikel über das »Hochsicherheits«-Vorbild Dow Chemical in Stade veröffentlichte (Klaus Jopp in: bdW 8 (August 1993) S. 86-89), ging die Nachricht über das angeblich Ausgeschlossene über den Äther: »Austritt des Kampfgases Phosgen bei Dow Chemicals«. Glücklicherweise ging es noch glimpflich ab. Dennoch ein weiterer Beleg für die These: Chemikalien wie Phosgen sollten nicht immer aufwendiger »eingeschlossen«, sondern besser aus den Synthesestrategien ganz verbannt werden.

38 UPI Umwelt- und Prognoseforschungs-Institut: Leistungen und Funktionen der Biosphäre, Heidelberg 1989

39 Müfit Bahadir: Ökologische Chemie, in: Chemie in unserer Zeit 5 (1991) S.242

40 zitiert nach: Ernährungsrundbrief 5/89 S.5

41 Novalis: Fragmente in der von Kamnitzer herausgegebenen Ausgabe Nr.467, S. 193

42 Johann Wolfg. Goethe: Faust I. In: Goethes Faust Gesamtausgabe. Frankfurt: Insel o.J., S. 158

43 Paracelsus: De lunaticis Traktat III; in: Gesammelte Werke, Abt. I, hg. von Karl Sudhoff, Bd 14 S. 58

44 Walter Pagel: Gedanken zur Paracelsus-Forschung und zu van Helmont. In: Salzurger Beiträge zur Paracelsus-Forschung (1980) S.57

45 Erwin Chargaff: «Unbegreifliches Geheimnis«, Stuttgart 1986 S.47

46 Johann Wolfgang Goethe: Faust I (Mephisto zu den »Großen Herren«)

47 z.B. Lutz Wicke: Umweltökonomie. Eine praxisorientierte Einführung. München: Vahlen 1993

48 Umwelt- und Prognose-Institut Heidelberg (UPI): Ökologische und soziale Kosten der Umweltbelastung in der Bundesrepublik Deutschland im Jahr 1989. Heidelberg: UPI 1991 (=UPI-Bericht Nr. 20 Januar 1991

49 Umwelt- und Prognose-Institut Heidelberg (UPI), zitert nach M. Oertl: Der richtige Preis für die schöne, gesunde Natur. in: PM Magazin Nr. 5 (1993) S. 104.

50 Interview mit Ernst Ulrich von Weizsäcker in: Industriemagazin 1/1991 S.128

51 Friedrich Schmidt-Bleek: Was kostet die Umwelt? in: bild der wissenschaft Nr. 5 (1993) S. 84-

87; hier: 84-5.

52 Schmidt-Bleek im bereits zitierten Artikel S.87.

Zukunftsmodelle: Sanfte Chemie in der Praxis

1 Ausführlicher dazu in: Hermann Fischer: Naturfarben als Anstoß für die Perestroika in der Chemie? Dankrede zur Preisverleihung »Ökomanager des Jahres« im Palmengarten Frankfurt am 23.10.1992, unveröffentlichtes Manuskript.

2 zu dieser aufschlußreichen Auseinandersetzung die Broschüre des Dt. Lackinstitutes: Deutsches Lackinstitut DLI GmbH: Fakten zu Lacken und Farben Nr.3: Biolacke und Naturfarben. Undatiert (1991), und die entsprechende ausführliche Entgegnung und Widerlegung der Hauptargumente des DLI durch die Arbeitsgemeinschaft Naturfarben (AGN) in der Broschüre: Lackinstitut gegen Naturfarben - Furcht vor ökologischer Konsequenz? Stuttgart 1992

3 Bei den mineralischen Stoffen kommen mangels bislang entwickelter Alternativen auch noch Substanzen mit problematischer Produktlinie zum Einsatz, z.B. Titandioxid, zwar aus Verfahren mit Dünnsäurerecycling, aber doch relativ energieaufwendig und abfallträchtig aus mineralischen Rohstoffen raffiniert; weiterhin Chromoxidgrün, ein ungiftiges Pigment, aber mit der ganzen Vorgeschichte einer typischen Schwermtallverbindung, schließlich Trockenstoffe auf Cobaltbasis, zwar nur bei einigen Produkten als Trocknungsbeschleuniger in sehr geringen Konzentrationen eingesetzt, aber doch ebenfalls aus fragwürdigen und relativ umweltbelastenden Produktionsverfahren. Hier besteht noch erheblicher Forschungsbedarf, um die im Bereich der organischen Inhaltsstoffe erreichte Konsequenz auch bei allen anorganischen Inhaltsstoffen der Naturfarben umstzen zu können.

4 So schnitten Naturfarben als Unterwasser-Bootsbeschichtungen in einem Test auf Initiative des Umweltbundesamtes nicht schlechter ab als konventionelle, z.T. sehr biozidreiche Produkte; auch einige mit Naturfarben lackierte Lastwagen und PKW sind vor einigen Jahren zu Testzwecken mit Naturfarben lackiert worden - bis heute durchaus zur Zufriedenheit der Nutzer.

5 Info Berufsgenossenschaft. Großhandel und Lagerei: »Umgang mit Azofarbstoffen«. Mannheim 1991

6 z.B. Erna Bächi-Nussbaumer: So färbt man mit Pflanzen: ein Werkbuch zum Färben von Schafwolle mit vielen praktischen Hinweisen, Rezepten, Abbildungen, einem Pflanzenatlas und einem Lehrgang zum Karden und Spinnen. Bern: Haupt 1980

7 ›Mensch und Kleidung‹, seit Jahren verdienstvoll und unermüdlich redigiert von Juliane und Bruno Endlich, herausgegeben in Stuttgart.

8 Frühe Literatur zu diesem Thema: a) Hubert Palm: Das gesunde Haus. Unser nächster Umweltschutz. Konstanz: Vlg. Gesundheitsdienst 1968; b) Arbeitsgruppe Gesundes Bauen und Wohnen (AGBW) (Hrsg): Gesundes Bauen - Gesundes Wohnen. o.O.: AGBW. 2. Aufl. 1974.

9 Den aktuelleren Stand der baubiologischen Diskussion faßt ausgezeichnet zusammen: Holger König: Wege zum Gesunden Bauen. Freiburg: Ökobuch 1985. s. auch Bernhard Kolb: 1000 Tips zum Bauen und Wohnen. Bauen, Renovieren, Einrichten: gesünder, besser, schöner. Karlsruhe: C.F. Müller 1992

Diskussionsstand und Perspektiven einer Sanften Chemie

1 Jürgen Neffe: Sanfte Chemie. Vorwärts zurück zur Natur? in: Geo H. 8 (1986) S. 82-98

2 Hanno Parmentier: Sanfte Chemie. In: Öko-Test Heft 2 (1987) S.8-13; Hanno Parmentier: Die Morgenröte aus der Retorte [Über das Konzept der Naturfarben]. In: Öko-Test Heft 6 (1987) S.8-12

3 AGÖF-Rundbrief Nr. 2 (1987) mit Schwerpunkt: Sanfte Chemie. Mit Beiträgen u.a. von Fritz Vahrenholt (Die Chemisierung unserer Umwelt, darin ein Kapitel über Sanfte Chemie), Wolfgang Linden (Sanfte Chemie), Henning Friege (Chemiepolitik), Birgit Grahl (Kriterien für eine Chemiewende), Arnim von Gleich (Sanfte Chemie - ein Weg aus der Sackgasse)

4 ›Sanfte Chemie‹ in: ›Römpps Chemielexikon‹ 8. Aufl. Bd. 5 [1987] S. 3679 f.

5 ›Sanfte Chemie‹ in: ›Römpps Chemielexikon‹ 9. Aufl. Bd. 5 [1992] S.3987 f.

6 Süddeutsche Zeitung vom 3. März 1987. Das Interview war Teil 2 einer SZ-Reihe »Leben mit Chemie«, in deren Teil 1 (28.2.87) die Redaktion die Feststellung getroffen hatte: »Die Anfänge einer ›Sanften Chemie‹ sind gemacht«.

7 Heinrich Eilingsfeld: Der Sanfte Wahn. Ökologismus total. Mannheim: SVA (1989).

8 Hubert Markl: Die Natürlichkeit der Chemie. in: H. Markl.: Wissenschaft im Widerstreit, Weinheim: VCH (1990) S.23-49; Nachdruck in: Jürgen Mittelstraß (Hg.): Chemie und Geisteswissenschaften. Versuch einer Annäherung. Berlin: Akademie (1992) S. 139-157.

9 Uwe Lahl, Barbara Zeschmar-Lahl: Chemie und Natur. In: Henning Friege, Frank Claus (Hg.): Chemie für wen? Chemiepolitik statt Chemieskandale. Reinbek: Rowohlt 1988, S.182-187; hier: S.183.

10 Rainer Grießhammer: Gute Argumente: Chemie und Umwelt. München: Beck 1993, S.70-1.

11 Klaus Naumann: Chlorchemie der Natur. In: Chemie in unserer Zeit 27 (1993) H.1 S.32-41, hier: S. 33

12 Katalyse Umweltgruppe (Hg.): Umweltlexikon. Köln: Kiepenheuer und Witsch (1993). Hier S. 602-3

13Renate Hauser: Ökomanager des Jahres 1992. In: capital Heft 11 (1993) S.242-250

14 z.B. Andrea Strunz: Aus dem Regenwald ernten› statt ihn zu vernichten. In: impulse Heft 3 (1993) S.140-149

15 Uwe Lahl: Konzeptionelle Überlegungen zum geplanten Institut für naturnahe Stoffe und Verfahren aus der Sicht des Senators für Umweltschutz und Stadtentwicklung. Bremen, 14.04,1993 (unveröffentlichtes Manuskript).

16 Hermann Fischer: Zum Forschungsbedarf bei Farben und Anstrichstoffen auf der Basis nachwachsender Rohstoffe. Referat auf dem Hearing zur Planung eines »Institutes für naturnahe Stoffe und Verfahren« in der Universität Bremen am 16. April 1993. Braunschweig 1993 (unveröffentlichtes Manuskript)

17 Beschluß über die Aufnahme eines Staatsziels Umweltschutz in das Grundgesetz der Bundesrepublik Deutschland, mit welcher die gemeinsame Verfassungskommission von Bundestag und Bundesrat am 2. Juli 1993 ihre Arbeit beendete.

18 Otmar Wassermann: Naturwissenschaften - nein danke? Essay in ›natur‹ Heft 4 (1993) S. 120-1

19 Diese prägnanteste aller denkbaren Zusammenfassungen des Ansatzes für eine Sanfte Chemie stammt von Meffert und steht als Motto über seinem beachtlichen Artikel: Heribert Meffert/Manfred Kirchgeorg: Das neue Leitbild Sustainable Development - der Weg ist das Ziel. In: Havard Business manager 2 (1993) S.34-45 - wie es denn überhaupt bezeichnend, erfreulich und hoffnungsgebend ist, daß sich gerade unter den weiterblickenden Wirtschaftswissenschaftlern und Unternehmern die Ideen der Sanften Chemie besonders rasch auszubereiten beginnen.

Literaturverzeichnis

Weitere, hier nicht nochmals aufgeführte Literatur findet sich in den Anmerkungen S. 188-200.

Abderhalden, Emil (Hg.): Farbstoffe der Pflanzen- und Tierwelt. Berlin: Springer (1911) [= Biochem. Handlexikon Bd. 6]

Adler, Jeremy: Eine fast magische Anziehungskraft. Goethes ‚Wahlverwandtschaften' und die Chemie seiner Zeit. München: Beck (1987)

AG Naturwissenschaften - sozial (Hg.): Biozide: Chemische Waffen und Pflanzenschutzmittel; Materialien zu einer Unterrichtsreihe. Marburg: Redaktions-Gemeinschaft Soznat (1988) [= Soznat Bd. 25]

Ahrens, Andreas; Henseling, Karl Otto: Vom lästigen Salzsäuregas zum Margarinebecher. Die Geschichte des PVC. In: Wechselwirkung H. 43 (1989) S. 16-22

Hoechst AG (Hg.): Beginn der Alizarin-Ära, zusammengestellt aus Archiv und Literatur. Frankfurt-Hoechst: Hoechst (1970) [= Dokumente aus Hoechster Archiven. Beiträge zur Geschichte der Chemie, Bd. 42]

Alsen, Carsten; Wassermann, Otmar: Die gesellschaftspolitische Relevanz der Umwelttoxikologie. Berlin: IIUG (1986) [= IIUG-rep 86-5]

Alt, Franz: Schilfgras statt Atom. München: Piper (1992)

Apitz, Klaas; Gege, Maximilian: Was Manager von der Blattlaus lernen können. Erfolgsrezepte der Natur im Unternehmen anwenden Wiesbaden: Gabler (1991)

Asinger, Friedrich: Die petrolchemische Industrie, Teil 1. Berlin: Akademie (1971)

Bacon, Francis: Weisheit der Alten. Hg. u. mit einem Essay von Philipp Rippel. Aus dem Lateinischen u. Englischen übertragen und mit Anmerkungen versehen von Marina Münkler. Frankfurt: Fischer (1990)

Bacon, Francis: Neues Organ der Wissenschaften [1620]. Darmstadt: Wissenschaftliche Buchgesellschaft (1990)

Bäumler, Ernst: Die Rotfabriker. Familiengeschichte eines Weltunternehmens [Hoechst]. München: Piper (1988)

Bäumler, Ernst: Farben, Formeln, Forscher. Hoechst und die Geschichte der industriellen Chemie in Deutschland. München: Piper (1989)

Bahadir, Müfit: Ökologische Chemie. Das schlechte Gewissen der Zivilisation oder Herausforderung für umwelttechnische Innovationen? In: Chemie in unserer Zeit Jg. 25 Nr.5 (1991) S.239-248

Bayer, G. C.: Anleitung zum Anbau und zur Verwerthung der wichtigsten Handels-Gewächse. Hannover: Hahn (1838)

Bayerisches Staatsministerium für Ernährung, Landwirtschaft und Forsten (Hg.): Im Kreislauf der Natur - Naturstoffe für eine moderne Gesellschaft. Sonderschau. München (1991)

Bechtoldt, Frank: Die I.G. Farben und die Politik Hitlers. In: Mitteilungen der GdCH-Fachgruppe Geschichte der Chemie Nr. 5 (1991) S.16-19

Beer, John J.: The Emergence of the German Dye Industrie. Urbana: Univ.of Illinois Press (1959)

Beer, John J.: Die Beziehungen zwischen chemischer Industrie und Deutscher Regierung im Urteil der Forschung. In: Mitteilungen der GdCH-Fachgruppe Geschichte der Chemie Nr. 5 (1991) S.40-46

Berman, Morris: Reenchantment of the World. Ithaca + London: Cornell Univ. Press (1981). Dt. Ausgabe: Die Wiederverzauberung der Welt. Am Ende des Newtonschen Zeitalters. Reinbek: Rowohlt (1985)

Berman, Morris: Coming to our Senses. Body and Spirit in the hidden History of the West. London: Unwin (1990)

Bertrich, Fred: Kulturgeschichte des Waschens. Herausgegeben zum 90jährigen Bestehen der Henkel & Cie GmbH, Düsseldorf. Düsseldorf: Econ (1966)

Betzhold, Franz: Die deutschen Handels- und Gewerbspflanzen, oder Anleitung zur Kultur der wichtigsten Gespinnst-, Oel-, Farbe-, Gewürz- und sonstigen Fabrikspflanzen. Brünn: Winiker (1841)

Beyer, Hans: Lehrbuch der organischen Chemie. Stuttgart: Hirzel (1991)

Binning, Gerd: Aus dem Nichts - über Kreativität, Mensch und Natur München: Piper (1992)

Bödeker, Wolfgang (Hg.): Pestizide und Gesundheit. Vorkommen, Bedeutung und Prävention von Pestizidvergiftungen. Karlsruhe: Müller (1990)

Böhm, Walter: Die Naturwissenschaft und ihre Philosophie - Geistesgeschichte der Chemie. Freiburg und Basel: Herder (1961)

Böhme, Gernot: Für eine ökologische Naturästhetik. Frankfurt: Suhrkamp (1989)
Böhme, Gernot: Am Ende des Baconschen Zeitalters. In: Chemie in unserer Zeit Jg 26 H. 3 (1992) S.129-137
Böhme, Gernot (Hg.): Klassiker der Naturphilosophie. Von den Vorsokratikern zur Kopenhagener Schule. München: Beck (1989)
Bohmert, Friedrich: Hauptsache sauber? Vom Waschen und Reinigen im Wandel der Zeit. Würzburg: Stürtz (1988)
BP AG, Deutsche (Hg.): Das Buch vom Erdöl. Hamburg: Reuter u. Klöckner (1989)
Brockman, John: Einstein, Frankenstein & Co. oder die Geburt der Zukunft. Die Bilanz unseres naturwissenschaftlichen Weltbildes an der Schwelle zum dritten Jahrtausend. Bern: Scherz (1990)
Brooke, John Hedley: Methods and methodology in the development of organic chemistry. In: Ambix 34 (1987) S.147-55
Brookes, Charles V.W.: Sensory Awareness. The Rediscovery of the Experiencing. New York: Viking (1974)
Brookes, Charles V.W.: Erleben durch die Sinne, Sensory Awareness. München: dtv (1991)
Bugge, Günther (Hg): Das Buch der großen Chemiker. Weinheim: Verlag Chemie (1984)
Calwer, Carl Gustav: Deutschlands Technische Pflanzen mit genauer Beschreibung ihres Arten-Charakters, ihres Vorkommens, ihrer Blüthezeit und Dauer, ihres Anbaus, ihrer Eigenschaften, ihrer Anwendung, und vollständiger Aufführung ihrer Synonymen für das praktische Bedürfniß dargestellt. Stuttgart: Krais&Hoffmann (1854)
Chargaff, Erwin: Unbegreifliches Geheimnis: Wissenschaft als Kampf für und gegen die Natur. Stuttgart: Klett-Cotta (1981)
Chargaff, Erwin: Bemerkungen. Stuttgart: Klett-Cotta (1982)
Chargaff, Erwin: Das Feuer des Heraklit. Skizzen aus einem Leben vor der Natur. München: dtv (1984)
Chargaff, Erwin: Zeugenschaft. Essays über Sprache und Wissenschaft. Stuttgart: Klett-Cotta (1985)
Chargaff, Erwin: Kritik der Zukunft. Stuttgart: Klett-Cotta (1988) [= Bibliothek der Moderne Bd. 18]
Chargaff, Erwin: Warnungstafeln: Die Vergangenheit spricht zur Gegenwart. Stuttgart: Klett-Cotta (1988)
Chargaff, Erwin: Erforschung der Natur und Denaturierung des Menschen. Marburg: Basilisken-Presse (1988)
Chargaff, Erwin: Herkules vor der Verkehrsampel: Einige Bemerkungen über die geistigen und moralischen Grundlagen unserer Naturforschung (1991) [Vortrag bei den 10. Goldegger Dialogen am 1.6.91]
Chargaff, Erwin: Vermächtnis. Stuttgart: Klett-Cotta (1992)
Coordination gegen BAYER-Gefahren (Hg.): BAYER macht Kasse. Bericht über die Geschäfte des Bayer-Konzerns. Stuttgart: Schmetterling (1991)
Cruse, Axel (Hg.): Dicke Luft. Ratgeber gegen Gifte in der Wohnraumluft. Bonn: Die Verbraucherinitiative (1988)
Csikszentmihalyi, Mihaly: Flow - Das Geheimnis des Glücks. Stuttgart: Klett-Cotta (1992)
Cutler, Horace G. (Hg.): Biologically Active Natural Products. Potential Use in Agriculture. Washington, DC: American Chemical Society (1988)
Cwienk, Dieter (Hg.): Natur - Verlust und Versöhnung. Graz: dbv (1985) [= Vorträge der 26. Steirischen Akademie]
Cytowic, Richard E.: Synestesia. A Union of the senses. New York etc.: Springer (1989)
Daring, Thomas: Ausbeuter der Natur. Auf der Suche nach den Schätzen der Erde. Leipzig: Goldmann (1935)
Daunderer, Max: Handbuch der Umweltgifte. Klinische Umwelttoxikologie für die Praxis. Landsberg/Lech: ecomed (1990)
Daunderer, Max (Hg.): Umweltgifte. Diagnostik und Therapie. Landsberg/Lech: ecomed (1990)
Daunderer, Max (Hg.): Naturstoffvergiftungen. Diagnostik und Therapie. Landsberg/Lech: ecomed (1992)
Dijksterhuis, E.J.: Die Mechanisierung des Weltbildes. Berlin u.a.: Springer (1983)
Duncan, Alistair M.: Styles of Language and Modes of Chemical Thought. In: Ambix Bd.28 (1981) S. 83-107
Eggersdorfer, Manfred (Hg.): Nachwachsende Rohstoffe. Perspektiven für die Chemie. Basierend

auf einem Symposium, das im April unter der Schrirmherrschaft des BMFT bei der BASF in Ludwigshafen stattfand. Weinheim: VCH (1993)

Elliot, Eric: Die I.G. Farbenindustrie: Ein Thema für Wissenschaftshistoriker? In: Mitteilungen Nr.5 der GdCH-Fachgr. Gesch.d.Chemie (1991) S.10-15

Engelhardt, Dietrich von: Wissenschaftliche Chemie um 1800 und Hegels Philosophie der Chemie im Rahmen der zeitgenössischen Wissenschaft und Philosophie der Natur. Heidelberg: Universität (1968) [= Phil. Diss.Univ. Heidelberg]

Ernst, Andrea: Gift-Grün. Chemie in der Landwirtschaft und die Folgen. München (1988)

Evangelische Akademie Bad Boll (Hg.): Chlorchemie. Probleme, Alternativen, Perspektiven. Beiträge und Ergebnisse einer Fachtagung am 9.+10.10. in der EABB. Bad Boll: Evangel. Akademie (1990)

Faltheimer, O.: Vom Königsmantel zur Blue Jeans oder: Der Siegeszug des Indigo. In: Kultur und Technik Jg. 9 H.1 (1985) S.1-14

Fischer, Ernst Peter: Wissenschaft für den Markt. Die Geschichte des forschenden Unternehmens Boehringer Mannheim. München: Piper (1991)

Fischer, Hermann: Farbe, Duft und Glanz des Lebendigen. In: Wohnung und Gesundheit Heft 5 (3/1980) S.11-13; Heft 7 (9/1980) S.17-18; Heft 8 (12/1980) S.13; Heft 9 (3/1981) S.22-24; Heft 10 (6/1981) S. 23-24)

Fischer, Hermann: Weg vom vergifteten Alltag - Plädoyer für eine Sanfte Chemie, Braunschweig: AURO Naturfarben (1984) [= AURO-Mitteilungen Nr. 6]

Fischer, Hermann: Naturfarben als Beispiel für eine Sanfte Chemie. Braunschweig: AURO Naturfarben (1984) [= AURO-Mitteilungen Nr. 7]

Fischer, Hermann: Naturfarben: Nahrung für die Sinne - Entlastung für die Umwelt. Braunschweig: AURO Naturfarben (1985) [=AURO-Mitteilungen Nr. 13]

Fischer, Hermann: Gesünder wohnen - vergängliche Bio-Mode oder anhaltender Wandel? In: Gesünder Wohnen H.3 (1987) S.38-9

Fischer, Hermann: Zur Frage der Qualität bei Naturprodukten. Braunschweig: AURO Naturfarben (1988) [= AURO-Mitteilungen Nr. 17]

Fischer, Hermann: Diskussionsbeiträge zur Neuen Nützlichkeit der Natur. In: Hennings, Lars (Hg.): Küstenratschlag I. Bericht über eine Veranstaltung [am 16.04.1988 in Brunsbüttel] und Einladung zu einer weiteren Kiel: Die Grünen SH (1988) S.13-19

Fischer, Hermann: Oberflächenbehandlung mit Naturfarben. Basel: Schweizerischer Ingenieur- und Architekten-Verein (1990) in: SIA (Hg.). Schadstoffarmes Bauen, Referate der Tagung des SIA Basel vom 13. Juni 1989 in der Ingenieur-Schule Muttenz, Zürich 1990, S.37-50

Fischer, Hermann: Energie und Entropie. Neue Aspekte zur ökologischen und baubiologischen Produktbewertung. In: Gesundes Bauen und Wohnen Nr. 45 (Dezember 1991) S.43-7

Fischer, Hermann: Harte und Sanfte Chemie am Beispiel der Farben und Lacke. In: Wechselwirkung Nr.48 (April 1991) S.15-18

Fischer, Hermann: Leinöl für AURO-Naturfarben. In: Bundesministerium für Ernährung, Landwirtschaft und Forsten (Hg.): Leinsamen als nachwachsender Rohstoff. Bonn: BM ELF (1993) [= Angewandte Wissenschaft Bd. 412] S. 162-174

Forschungsinstitut Hohenstein (Hg.): Ökologie in der textilen Kette. Bönnigheim: Forschungsinst. Hohenheim (1992) [= Dokumentation des 1. Hohenheimer Fachsymp. 'Ökologie in der textilen Kette' 22./23.10.91 Ettlingen]

Franke, Gunther: Nutzpflanzen der Tropen und Subtropen. Leipzig: Hirzel (1975)

Friege, Henning: Chemiepolitik. In: AGÖF-Rundbrief 2 (1987) S.17-22

Fruton, J.S.: The Liebig Research Group: A Reappraisal. In: Proc. Am. Philosophical Soc. 132 (1988) S.1-66

Gierer, Alfred: Die gedachte Natur. Ursprung, Geschichte Sinn und Grenzen der Naturwissenschaft. München: Piper (1991)

Gillispie, Charles Coulston (Hg.): Dictionary of Scientific Biography. New York: Scribner's (1981)

Gistl, R.: Naturgeschichte der pflanzlichen Rohstoffe. München: Lehmann (1938)

Gleich, Arnim von: Harte oder Sanfte Chemie? In: AK Chem. Industrie/Katalyse (Hg.): Gift Macht Geld, Köln: Volksblatt (1986) S.155-181

Gleich, Arnim von: Überwindung des Machbarkeitswahns durch Naturethik? In: Kommune 10 (1986) S. 61-68

Gleich, Arnim von: Naturfarben und Naturfasern statt Biosprit! Versuch eines alternativen

Hofmann, Peter: Carbon Source in the Future Chemical Industries. In: Die Naturwissenschaften 69 H.11 (1982) S.509-19

Hofmann, Regina: Färbepflanzen. Wien: Universität (1989) [Diss. Dr. Phil. am Inst. f. Pflanzenphysiologie]

Holdermann, Karl: Im Banne der Chemie: Carl Bosch. Leben und Werk. Düsseldorf: Econ (1953)

Holmes, Frederic L.: Eighteenth-Century Chemistry as an Investigative Enterprise. Berkeley: Office for History of Science (1989)

Hounsell, David A.: The Nylon Drama . In: American Heritage of Invention and Technology 4 (1988) S.40-55

Hübler, Karl-Hermann (Hg.): Bewertung der Umweltverträglichkeit. Bewertungsmaßstäbe und Bewertungsverfahren für die Umweltverträglichkeitsprüfung. Taunusstein: Blottner (1989)

Hufbauer, Karl: The Formation of the German Chemical Community (1720-1795). Berkeley et.al.: Univ. of California Press (1982)

Ihde, Aaron John: The Development of Modern Chemistry. New York: Dover Publications (1984)

Jacobi, Günter: Detergents and Textile Washing. Principles and Practice. Weinheim: VCH (1987)

Jäger-Mischke, Ismene: Pyrethrum und Pyrethroide - ein Betrag zur Naturstoffdiskussion. In: Öko-Mitteilungen 4 (1988) S.40-3

Jahrbuch Chemiewirtschaft 92/93. Düsseldorf: Verlagsgruppe Handelsblatt (1993)

Jones, Merril: Chemurgy to Soft Chemistry: Prospects from a historical Perspective for an agrochemical Industry. Boston, Mass. (1991) [Special Report for the National Toxics Campain]

Jones, Paul R.: The Strong German Influence on Chemistry in Britain and America. In: Bull.Hist.Chem. 4 (1989) S.3-7

Kafka, Peter: Das Grundgesetz vom Aufstieg. Vielfalt, Gemächlichkeit, Selbstorganisation: Wege zum wirklichen Fortschritt. München: Hanser (1989)

Karrer, Walter: Konstitution und Vorkommen der organischen Pflanzenstoffe (exclusive Alkaloide). Basel, Stuttgart: Birkhäuser (1976ff)

Katalyse e.V. (Hg.): Zimmerluft - Dicke Luft. Schadstoffe in Innenräumen und was man dagegen tun kann. Köln: Kiepenheuer & Witsch (1992)

Kayser, Hans: Lehrbuch der Harmonik. Zürich: Occident (1950)

Keim, Wilhelm: Grundlagen der industriellen Chemie. Technische Produkte und Prozesse. Frankfurt etc.: Salle (1986)

Keller, Martina: Grüner Mist und weiße Westen. Gentechnik erobert den Alltag. In: Öko-Test Magazin 6 (1993) S.22-25

Kennedy, Paul: In Vorbereitung auf das 21. Jahrhundert. Frankfurt: Fischer (1993)

Klimmek, Reinhard: Chemische Gifte und Kampfstoffe. Wirkung und Therapie. Stuttgart: Hippokrates (1983)

Knight, David Marcus: The Transcendental Part of chemistry. Folkstone: Dawason (1978)

König, Holger: Wege zum Gesunden Bauen. Karlsruhe: C.F. Müller (1992)

König, Johann Karl: Droguerie-Spezerei- und Farb-Waaren-Lexikon. München: Kaiser (1872)

Korte, Friedhelm (Hg.): Ökologische Chemie. Grundlagen und Konzepte für die ökologische Beurteilung von Chemikalien. Stuttgart, New York: Georg Thieme Verlag (1987)

Kortenkamp, Andreas (Hg.): Die Grenzenlosigkeit der Grenzwerte. Zur Problematik eines politischen Instrumentes im Umweltschutz - Ergebnisse eines Symposions des Öko-Institutes und der Stiftung Mittlere Technologie. Karlsruhe: Müller (1989) [= Alternative Konzepte Bd. 63]

Kos, Wolfgang: Landgemacht & handgemacht. Bemerkungen zur kulturellen Handschrift im alternativen Milieu. In: Bogner, Dieter (Hg.): Kunst und Ökologie (1988) S. 126-34

Kränzlein, Georg: Werden, Sein und Vergehen der künstlichen organischen Farbstoffe. Stuttgart: Enke (1935)

Krätz, Otto Paul: Zur Geschichte der Farben-Chemie. In: Chemie für Labor u. Betrieb Bd.30 H.12 (1979) S.525-530

Krätz, Otto Paul: Väter und Söhne [Filmrezension]. In: Nachr. Chem. Techn. Lab. 35 Nr.1 (1987) S.30-32

Krätz, Otto Paul: Man rächt die Klugheit, wenn man einen Dummkopf betrügt .... Alchemie und Chemie im Leben des Giacomo Casanova. In: Kultur und Technik 1 (1989) S. 51-59

Krätz, Otto Paul: Faszination Chemie. 7000 Jahre Lehre von Stoffen und Prozessen. München: Callwey (1990)

Kremer, Armin (Hg.): Natur - Umwelt - Unterricht. Zwischen sinnlicher Erfahrung und gesellschaftlicher Bestimmtheit. Marburg: Soznat (1993) [Reihe Soznat]

Ansatzes in der Debatte über nachwachsende Rohstoffe (1986) [Unveröff. Manuskript]
Gleich, Arnim von: Sanfte Chemie - ein Weg aus der Sackgasse. In: AGÖF-Rundbrief 2 (1987) S.31-36
Gleich, Arnim von: Der wissenschaftliche Umgang mit der Natur. Über die Vielfalt harter und sanfter Naturwissenschaften. Frankfurt, New York: Campus (1989)
Gleich, Arnim von: Über den Umgang mit Natur. Sanfte Chemie als wissenschaftliches, chemiepolitisches und regionalwirtschaftliches Konzept. In: Wechselwirkung Nr.48 (1991) S.4-11
Graebe, Carl: Geschichte der organischen Chemie. Berlin (1920)
Graf, Georg Engelbert: Erdöl, Erdölkapitalismus und Erdölpolitik. Jena: Urania (1925)
Grahl, Birgit: Kriterien für eine Chemiewende. In: AGÖF-Rundbrief 2 (1987) S.23-30
Greenpeace (Hg.): Chlorchemie - die organsierte Vergiftung. Hamburg: Greenpeace (1991)
Greiling, Walter: Chemie erobert die Welt. Berlin: Limpert (1938)
Greiling, Walter: Chemie erobert die Welt. Düsseldorf: Econ (1951)
Grießhammer, Rainer: Gute Argumente: Chemie und Umwelt. München: Beck (1993)
Grießhammer, Rainer (Hg): Szenarien einer Chemiewende. Freiburg i. Br.: Öko-Institut (1992)
Grimmel, Eckhard: Kreisläufe und Kreislaufstörungen der Erde. Reinbek: Rowohlt (1993)
Groehler, Olaf: Der lautlose Tod. Einsatz und Entwicklung deutscher Giftgase von 1914 bis 1945. Reinbek: Rowohlt (1989)
Groeschke, Hanns F.: Baum des Lebens. Alles über die Kokosnuß. Ein Lesebuch im Kontext der philippinischen Kultur, Geschichte und Wirtschaft. Wuppertal: Hammer (1990)
Haase, Rudolf: Geschichte des harmonikalen Pythagoreismus. Wien: Lafite (1969)
Haber, Fritz: Aus Leben und Beruf. Aufsätze, Reden, Vorträge. Berlin: Springer (1927)
Haber, Lutz F.: The Chemical Industry During the 19th Century. A Study of the Economic Aspect of Applied Chemistry in Europe and North America. Oxford: Claredon (1969)
Habermehl, Gerhard: Naturstoffchemie. Eine Einführung. Berlin: Springer (1992)
Haken, Hermann: Entwicklungslinien der Synergetik. In: Naturwissenschaften 75 (1988) S.163-172, 225-234
Haken, Hermann: Die Selbststrukturierung der Materie. Synergetik in der unbelebten Welt. Braunschweig: Vieweg (1991)
Hamm, W.v.: Die Chemie des täglichen Lebens. Leipzig u. Berlin: Spamer (1873)
Harris, Robert: Eine höhere Form des Tötens. Die geheime Geschichte der B- und C-Waffen. Düsseldorf, Wien: Econ (1983)
Heine, Jens Ulrich: Verstand und Schicksal. Die Männer der I.G. Farbenindustrie A.G. (1925-1945) in 161 Kurzbiographien. Weinheim: VCH (1990)
Heinig, Karl (hg): Biographien bedeutender Chemiker. Eine Sammlung von Biographien. Berlin: Volk und Wissen (1988)
Held, Martin (Hg.): Chemiepolitik: Gespräch über eine neue Kontroverse. Beiträge und Ergebnisse einer Tagung der Evangelischen Akademie Tutzing 4. bis 6. Mai 1987. Weinheim: VCH (1988)
Held, Martin (Hg.): Leitbilder der Chemiepolitik. Stoffökologische Perspektiven der Industriegesellschaft. Frankfurt: Campus (1991)
Henseling, Karl Otto: Chemiepolitik und Chemiewende. In: Wechselwirkung Nr.48 (1991) S.12-13
Henseling, Karl Otto: Ein Planet wird vergiftet - Der Siegeszug der Chemie: Geschichte einer Fehlentwicklung. Reinbek: Rowohlt (1992)
Herbst, Willy: Industrielle organische Pigmente - Herstellung, Eigenschaften, Anwendung. Weinheim: VCH (1987)
Heuser-Keßler, Marie-Luise: Die Produktivität der Natur. Schellings Naturphilosophie und das neue Paradigma der Selbstorganisation in den Naturwissenschaften. Berlin: Duncker&Humblot (1986)
Hickel, Erika: Gibt es eine feministische Naturwissenschaftskritik? (1983 Vortrag beim autonomen Frauenreferat der TU Braunschweig am 15.11.1983)
Hickel, Erika: Entstellt männliches Denken die Naturwissenschaft? In: Lebenswelt der Frauen. Dokumentation einer Veranstaltungsreihe, hg. von der Volkshochschule München (1987)
Hickel, Erika: Die neue Alchemisten-(Un)kultur. In: Forum Wissenschaft 3 (1989) S.28-31
Hjelt, Edvard: Geschichte der organischen Chemie von ältester Zeit bis zur Gegenwart. Braunschweig: Vieweg (1916)
Hölscher, Friedrich: Kautschuk, Kunststoffe, Fasern. Sechs Jahrzehnte technische Herstellung synthetischer Polymere. Ludwigshafen: BASF (1972) [Schriftenreihe des Firmenarchivs]

Krohn, Helga (Hg.): Geschichte der Farbwerke Hoechst und der chemischen Industrie in Deutschland. Ein Lesebuch aus der Arbeiterbildung. Offenbach: Verlag 2000 (1989)

Kuczynski, Jürgen: Francis Bacon. In: Die Großen. Bd. V/1. Zürich: Kindler. (1977) S.438-447

mmmKühlewind, Georg: Die Belehrung der Sinne. Wege zur fühlenden Wahrnehmung. Stuttgart: VFG (1990) Studien und Versuche 29

Kükelhaus, Hugo: Kleines Organon der Anatomie und Ontogenese der Sinnesorgane (1988 arch+ S.20-3

Kükelhaus, Hugo: Eine mitzuteilende Methode. In: arch + (1988) S.46-54.

Kükelhaus, Hugo: Entfaltung der Sinne. Ein Erfahrungsfeld zur Bewegung und Besinnung. Frankfurt: Fischer (1990)

Kuhn, Thomas S.: Die Struktur wissenschaftlicher Revolutionen. Frankfurt: Suhrkamp (1976)

Lahl, Uwe: Chemie und Natur in: Henning Friege, Frank Claus (Hg.): Chemie für wen? Chemiepolitik statt Chemieskandale. Reinbek: Rowohlt (1988), S.182-187

Lawlor, D.W.: Photosynthese. Stoffwechsel, Kontrolle, Physiologie. Stuttgart: Thieme (1990)

Leicester, Henry Marshall: The Historical Background of Chemistry. New York: Dover (1971)

Leiße, Bernhard: Holzschutzmittel im Einsatz. Bestandteile, Anwendungen, Umweltbelastungen. Wiesbaden: Bauverlag (1992)

Liebig, Justus von: Die Chemie in ihrer Anwendung auf Agrikultur und Physiologie (1840)

Liebig, Justus von: Chemische Briefe. Heidelberg: Winter Akad. Varlagshadlg. (1844)

Liebig, Justus von: Die organische Chemie in ihrer Anwendung auf Physiologie und Pathologie. Hamburg: Agrimedia (1992)

Linden, Wolfgang: Konversion der Farbstoffindustrie. In: AK Chem. Industrie/Katalyse (Hg.): Gift Macht Geld. Köln: Volksblatt (1986) S.126-154

Linden, Wolfgang: Sanfte Chemie. In: AGÖF-Rundbrief 2 (1987) S.14-16

Lippe, Rudolf zur: Sinnenbewußtsein. Grundlegung einer anthropologischen Ästhetik. Reinbek: Rowohlt (1987)

Loef, Carl: Farbe, Musik, Form. Ihre bedeutenden Zusammenhänge [Zur Synästhesie]. Göttingen: Musterschmidt (1974)

Löw, Reinhard: The Progress of Organic Chemistry during the Period of German Romantic Naturphilosophie (1795-1825). Ambix 27 (1980) S. 1-10

Lovelock, James: Das Gaia-Prinzip. Die Biographie unseres Planeten. Zürich: Artemis & Winckler (1991)

Mackwitz, Hanswerner: Zeitbombe Chemie. Strategien zur Entgiftung unserer Welt. Wien: Orac-Pietsch (1983)

Mackwitz, Hanswerner: Sandinos Erben setzen auf Niem. Unveröff. Manuskript (1988)

Mackwitz, Hanswerner: Öko-Tricks und Bio-Schwindel. Damit und Wirtschaft und Politik nicht mehr für dumm verkaufen können. Wien: Orac-Pietsch (1990)

Marco, Gino J. (Hg.): Silent Spring Revisited. Washington: ACS (1987)

Markl, Hubert: Biologie und Chemie: Die Zukunft einer Wechselwirkung. In: Nachr. Chem. Tech. Lab 35 H.11 (1987) S.1128-1138

Markl, Hubert: Wissenschaft im Widerstreit. Zwischen Erkenntnisstreben und Verwertungspraxis. Weinheim: VCH (1990)

Mason, Stephen F.: Geschichte der Naturwissenschaft in der Entwicklung ihrer Denkweisen. Stuttgart: Verlag f. Geschichte der Naturwissenschaften und der Technik (1991)

McKie, Douglas: Antoine Lavoisier: Scientist, Economist, Social Reformer. New York: DaCapo Press (1990)

Meier, Maria: Farbe aus Pflanzen zum Färben: Dornach: Selbstverlag: (1985)

Meier-Seethaler, Carola: Ursprünge und Befreiungen. Eine dissidente Kulturtheorie: Zürich: Arche (1990)

Meinel, Christoph (Hg.): Die Allianz von Wissenschaft und Industrie: August Wilhelm Hofmann (1818-1892). Zeit, Werk, Wirkung. Weinheim: VCH (1992)

Meldola, R.: The Scientific Development of the Coal Tar Colour Industry. In: J. Soc. Arts 34 (1886) S. 759-771

Merchant, Carolyn: The Death of Nature. Women, Ecology and the Scientific Revolution. San Francisco: Harper & Row (1980). Deutsche Übersetzung: Der Tod der Natur. Ökologie, Frauen und neuzeitliche Naturwissenschaft. München: C.H.Beck (1987)

Meyers, Robert A. (Hg.): Handbook of petroleum refining processes. New York: McGraw Hill (1986)

Minssen, Mins: Gerüche und Duftstoffe - Ein Projekt, um vernachlässigte Beziehungen zum Naturstoff erfahrbar zu machen. In: Lauterbach, Roland, et al. (Hg.) Lehrerbildung Sachunterricht, Kiel (1982) S.225-246

Minssen, Mins: Vernachlässigte Ansichten des Naturstoffs. In: Neue Sammlung, Zeitschrift für Erziehung und Gesellschaft 23. Jg Heft 5 (1983) S.377-394

Minssen, Mins: Schmetterlingstraum und Handwerk - Verhältnisse mit dem Stoff. In: Scheidewege Jg. 13 (1983/84) S.307-326

Minssen, Mins: Naturstoffe, Kunststoffe und das Makromolekülkonzept. Dokumente aus Forschung und Forschungsbetrieb. Textband und Kommentarband. Bad Salzdetfurth: Didaktischer Dienst Franzbecker (1985) [= Kurs-Unterrichtseinheiten Naturwissenschaften: Fallstudien zur Wissenschaftsgeschichte]

Minssen, Mins: Häuschen auf dem Eis. Zu Labor und Landschaft. In: Scheidewege Jg. 14 (1984/85) S.314-341

Minssen, Mins: Der sinnliche Stoff. Vom Umgang mit Materie. Stuttgart: Klett-Cotta (1986)

Minssen, Mins: Das Ding als Taugenichts. In: Scheidewege Jg. 15 (1985/86) S.109-125

Minssen, Mins: Verschwinden eines Skeptikers (1988) [=Manuskript eines Vortrags auf der Tagung der AG Sanfte Chemie in Frankfurt, Frühjahr 1988]

Minssen, Mins: Über die miserable Natur, die deutsche Innerlichkeit und die Verhältnisse zwischen chemieindustrieller Innovation und Sanfter Chemie (1988) [Unveröff. Manuskript]

Mittasch, Alwin: Schopenhauer und die Chemie. In: Jahrb. d. Schopenhauer-Ges. 26 (1939) S.81-168

Mittasch, Alwin: Der Stickstoff als Lebensfrage. Ein Überblick. Berlin: VDI-Vlg. (1941) [= Dt. Museum, Abh. u. Berichte 13 H.1]

Morris, Peter J.T.: I.G. Farben und das Dritte Reich: zum Beispiel Synthesekautschuk. In: Mitteilungen Nr.5 der GdCH-Fachgr. Geschichte der Chemie (1991) S.20-30

Myslak, Z.: Azofarbmittel auf der Basis krebserzeugender und -verdächtiger aromatischer Amine. Identifikation, Verwendungsbereiche, Herstellungszeiträume. Dortmund: Bundesanstalt für Arbeitsschutz (1991)

Nagel, Alfred von: Fuchsin, Alizarin, Indigo. Der Beginn eines Weltunternehmens. Ludwigshafen: BASF (1968)

Nagel, Alfred von: Stickstoff. Die technische Chemie stellt die Ernährung sicher. Ludwigshafen: BASF (1969)

Neger, F.W.: Die Handelspflanzen Deutschlands. Wien: Hartleben (1904)

Nuhn, Peter: Naturstoffchemie. Mikrobielle, pflanzliche und tierische Naturstoffe. Stuttgart: Hirzel (1990)

Ökopol (Hg.): Projekt ‚Chlor hat keine Zukunft' im Auftrag von Aktionskonferenz Nordsee e.V. Bremen. Kurzfassung 28.6.1990 /Endbericht/Phase I 8.6.1990. Hamburg: Ökopol (1990)

Olbert, Rainer: Der Elsbett-Motor. Saubere Energie aus Pflanzenöl?. In: Kultur&Technik Nr.2 (1990) S.62-72

Parlar, Harun: Chemische Ökotoxikologie. Berlin: Springer (1991)

Parmentier, Hanno: Sanfte Chemie. In: Öko-Test Heft 2 (1987) S.8-13

Parmentier, Hanno: Die Morgenröte aus der Retorte [Über das Konzept der Naturfarben]. In: Öko-Test Heft 6 (1987) S.8-12

Partington, James Riddick: A History of Chemistry, Bd. 2. London/New York: Macmillan/St. Martin's Press (1961)

Patze, Bernd: Dr. Clara Immerwahr, verh. Haber. In: Wechselwirkung Nr. 31, Novemberheft (1986)

Paulinyi, Akos: Mechanisierung und Maschinisierung. 1600-1840. Berlin: Propyläen (1991) [=Technikgeschichte (Hg.:W.König) Bd. 3]

Pestizid Aktions-Netzwerk (PAN): Pestizide - ein Mittel gegen den Hunger?. Hamburg: PAN (1991)

Pestizid Aktions-Netzwerk (PAN): Globale Ernährungssicherung und Pestizide. Besteht ein Zusammenhang?. Hamburg: PAN (1991)

Plumpe, Gottfried: Die I.G. Farbenindustrie AG. Wirtschaft, Technik und Politik 1904-1945. Berlin: Duncher & Humblot (1990)

Pötsch, Winfried R. (Hg.): Lexikon bedeutender Chemiker. Thun: Deutsch (1989)

Pohle, Horst: Chemische Industrie. Umweltschutz, Arbeitssicherheit, Anlagensicherheit. Rechtliche und Technische Normen. Umsetzung in die Praxis. Weinheim: VCH (1991)

Popp, Fritz-Albert: Biophotonenanalyse zu Fragen der Lebensmittelqualität und des Umweltschutzes. Ökologische Konzepte 26 (1987) S. 39-55

Primas, Hans: Chemistry, quantum mechanics and reductionism. Perspectives in theoretical Chemistry. Berlin: Springer (1983)

Primas, Hans: Kann Chemie auf Physik reduziert werden? Erster Teil: Das Molekulare Programm. Zweiter Teil: Die Chemie der Makrowelt. In: Chemie in unserer Zeit 19 Tl.1:Nr.4 (1985) S.109-119; 2.Tl.:Nr.5 S.160-166

Primas, Hans: Umdenken in der Naturwissenschaft. In: Gaia 1 H. 1 (1992) S.5-15

Projektgruppe Ökologische Wirtschaft (Hg).: Produktlinienanalyse. Bedürfnisse, Produkte und ihre Folgen. Ein Diskussionsbeitrag aus dem Öko-Institut. Köln: Volksblatt-Vlg. (1987)

Rassmann, Herbert W.: Naval Store-Produkte als Rohstoffbasis für die Riechstoffindustrie. In: dragoco-report 3 (1990) S.102-113

Rehm, Sigmund: Die Kulturpflanzen der Tropen und Subtropen: Anbau, witrschaftliche Bedeutung, Verwertung. Stuttgart: Ulmer (1984)

Reif, Adelbert (Hg.): Grenzgespräche. Dreizehn Dialoge über Wissenschaft. Stuttgart: Hirzel (1993)

Reinbothe, H.: Mensch und Pflanze. Kulturgeschichte und Wechselbeziehung. Heidelberg: Quelle & Meyer (1986)

Reinhardt, Ludwig: Kulturgeschichte der Nutzpflanzen. München (1911) [= Die Erde und die Kultur, Bd.1+2]

Riedl, Rupert: Die Ordnung des Lebendigen. Systembedingungen der Evolution. München: Piper (1990)

Rifkin, Jeremy: Genesis Zwei. Biotechnik - Schöpfung nach Maß. Reinbek: Rowohlt (1988)

Römpp, Hermann: Chemielexikon [1. Aufl.]. Stuttgart: Franck'sche Verlagshdlg. (1947)

Rossi, Paolo: Francis Bacon. From Magic to Science. London: Routledge + Kegan Paul (1968)

Roth, Lutz: Färbepflanzen, Pflanzenfarben. Botanik, Färbemethoden, Analytik, türkische Teppiche und ihre Motive. Landsberg: ecomed (1992)

Runow, Klaus-Dietrich: Neurodermitis - Folge veränderter Umwelt. In: Orthomolekular 6 H.4 (1990) S. 142-152

Sachtleben, Rudolf: Mit den Farbstoffen durch die Jahrhunderte. In: Kramer, Hans: Farben in Kultur und Leben. Stuttgart: Battenberg (1963) S.223-275

Sandermann, Wilhelm: Die Entdeckungsgeschichte des 2,3,7,8-Tetrachlordibenzo-p-dioxins (TCDD, Dioxin, Sevesogift). In: Naturwiss. Rundschau 37 H.5 (1984) S.173-8

Schildknecht, Hermann: Reiz- und Abwehrstoffe höherer Pflanzen - ein chemisches Herbarium. In: Angew. Chemie 93 (1981) S.164-183

Schmauderer, Eberhard (Hg): Der Chemiker im Wandel der Zeiten. Skizzen zur geschichtl.Entwicklung des Berufsbildes. Im Auftrag der Fachgruppe Geschichte der Chemie in der GDCh hg. v. E.S.. Weinheim: Vlg.Chemie (1973)

Schmincke, Eva: Produktlinienanalyse und Bewertung von Kunststoffen. In: Öko-Mitteilungen 4 (1988) S.15-22

Schmit, Tomas: Erster Entwurf (einer zentralen Ästhetik). Berlin: Selbstverlag (1989)

Schneider, Anton: Gesundes Wohnklima durch Bienenwachs. Rosenheim: Inst. f. Baubiologie (1979) [= Schriftenreihe Nr. A2]

Schönherr, Hans-Martin: Von der Schwierigkeit, Natur zu verstehen. Entwurf einer negativen Ökologie. Frankfurt: Fischer (1989)

Schomers, Michael: Giftig, ätzend, explosiv. Gefährliche Transporte auf unseren Straßen. Reinbek: Rowohlt (1988)

Schramm, Engelbert: Welche Zukunft für die Großchemie? In: Wechselwirkung Nr.48, (April 1991) S.23-25

Schütt, Hans-Werner: Der Wandel des Begriffs 'aromatisch' in der Chemie. In: F. Rapp und HW Schütt (Hg.): Begriffswandel und Erkenntnisfortschritt, Berlin: TU (1987) S.255-272

Schütze, Christian: Das Grundgesetz vom Niedergang. Arbeit ruiniert die Welt: München: Hanser (1989)

Schuster, Curt: Vom Farbenhandel zur Farbenindustrie. Die erste Fusion der BASF. Ludwigshafen: BASF (1973)

Schwarz, Winfried: Chlor-Unfälle. Entwicklung der Chlor-Unfälle in der BRD von 1952 bis 1991. Hamburg: Greenpeace (1992)

Schweppe, Helmut: Handbuch der Naturfarbstoffe - Vorkommen - Verwendung - Nachweis.

Landsberg: ecomed (1992)

Selinger, Ben K.: Chemistry in the Market Place. London: Murray (1980)

Selle, Gert: Gebrauch der Sinne. Eine kunstpädagogische Praxis. Reinbek: Rowohlt (1988)

Shell AG (Hg.): Die Zukunftsaussichten der Petrochemie: Hamburg: Dt. Shell AG, Abt. Information und Presse (1985) [= Briefing Service Okt. 85]

Shell AG (Hg.): Die Petrochemie. Hamburg: Dt. Shell AG, Abt. Information und Presse (1990) [= Briefing Service 2/1990]

Sievers, Sielke: Grenzwerte in der Kritik. In: Öko-Mitteilungen 4 (1988) S.15-22

Snyder, Carl H.: The Extraordinary Chemistry of Ordinary Things. New York: Wiley & Sons (1992)

Specht, Rainer: Descartes. Reinbek: Rowohlt (1986)

Spitz, Peter H.: Petrochemicals: The rise of an industry. New York etc.: John Wiley (1988)

Sprecher von Bernegg, A.: Tropische und Subtropische Weltwirtschaftspflanzen. Stuttgart: Enke (1962)

Stache, Helmut (Hg.): Waschmittel. Aufgaben in Hygiene und Umwelt. Für Mediziner - Chemiker - Biologen - Umweltforscher - Technologen - Hausfrauen und Hausmänner. Berlin: Springer (1992)

Stadt Frankfurt am Main, Umweltdezernat (Hg.): Erste Frankfurter Studie zur Förderung chemiepolitischer Verständigungsprozesse: Planungsstudie und diskursanalytische Vorstudien. Elmshorn und Frankfurt: Umweltamt Ffm (1990)

Stadt Frankfurt am Main Umweltdezernat (Hg.): Zweite Frankfurter Studie zur Förderung chemiepolitischer Verständigungsprozesse: Teil I: Zur Initiierung, Durchführung und Fortsetzung erster kooperativer Arbeiten mit gewerkschaftlichen, industriellen und ökologischen Partnern. Elmshorn und Frankfurt: Umweltamt Ffm (1992)

Stadt Frankfurt am Main Umweltdezernat (Hg.): Zweite Frankfurter Studie zur Förderung chemiepolitischer Verständigungsprozesse: Teil II: Ausarbeitungen des gewerkschaftlichen, industriellen und ökologischen Partners im Rahmen der kooperativen Arbeiten. Elmshorn und Frankfurt: Umweltamt Ffm (1992)

Stäudel, Lutz: Fasern aus der Natur - eine ökologische Alternative? In: Wechselwirkung Nr.48 (April 1991) S.19-22

Steger, Ulrich (Hg.): Chemie und Umwelt. Das Beispiel der chlorchemischen Verbindungen. Berlin: Schmidt (1991)

Steineck, Rudolf: Vergessene deutsche Farbpflanzenkultur . in: Dragoco-Report 25 Nr.1 (1978) S.21-7

Stiftung Verbraucherinstitut (Hg.): Der Neue Öko-Putzschrank. Eine Entscheidungshilfe für den umwelt- und gesundheitsbewußten Umgang mit Putz- und Reinigungsmitteln im Haushalt - Wissenschaftlicher Begleittext -. Berlin: SV (1988)

Stokes, Raymond G.: Die Nachfolger der I.G. Farben und der Staat, 1945-1961. In: Mitteilungen Nr.5 der GdCH-Fachgruppe Geschichte der Chemie (1991) S.31-39

Stolz, Rüdiger: Zur Geschichte synthetischer organischer Farbstoffe in der 2. Hälfte des 19.Jhdts. In: NTM 17 H. 2 (1980) S.84-102

Stolz, Rüdiger (Hg.): ABC Geschichte der Chemie. Leipzig: VEB Dt. Verlag f. Grundstoffindustrie (1989)

Stranges, A.N.: Friedrich Bergius and the Transformation of Coal Liquefaction from Empirism to a Science. In: J.Chem.Educ. 65 (1988) S. 749-751

Streit, Bruno: Lexikon Ökotoxikologie. Weinheim: VCH (1991)

Ströker, Elisabeth: Denkwege der Chemie, Elemente ihrer Wissenschaftstheorie. Freiburg/München: Alber (1967)

Strube, Irene: Geschichte der Chemie. Ein Überblick von den Anfängen bis zur Gegenwart. Berlin: VEB Dt. Vlg d. Wiss. (1986)

Strube, Wilhelm: Der historische Weg der Chemie, Band II. Von der industriellen Revolution bis zum Beginn des 20.Jhts.. Leipzig: VEB Deutscher Verlag für Grundstoffindustrie (o.J.)

Strunz, Franz: Kekulés Träume. Zum Zusammenhang von geistiger Spontanaktivität und wissenschaftlichem Problemlösen. In: Chemie in unserer Zeit 23 (1989) S.170-6

Szabadváry, Ferenc: Antoine Laurent Lavoisier. The Investigator and His Times (1743-1794). Cincinatti: Univ. of Cinc. (1977)

Taylor, Frank Sherwood: A History of Industrial Chemistry. London: Heinemann (1957)

Teltschik, Walter: Geschichte der deutschen Großchemie. Entwicklung und Einfluß in Staat und

Gesellschaft. Weinheim: VCH (1992)

Teranishi, Roy (Hg.): Bioactive Volatile Compounds from Plants. Developed from a symposium sponsored by the Division of Agricultural and food Chemistry at the 203rd National Meeting of the ACS, San Francisco, California, April 5-10, 1992. Washington: American Chemical Soc. (1993)

Thomas, Christian: Auf der Suche nach dem ganzheitlichen Augenblick. Der Aspekt der Ganzheit in den Wissenschaften. Zürich: Vlg. der Fachvereine (1992)

Travis, Anthony S.: William Henry Perkin: A Teenage Chemist discovers How to Make the First Synthetic Dye from Coal Tar. In: Textile Chemist and Colorist 20 H. 8 (1989) S.13-18

Tschimmel, Udo: Die Zehntausend-Dollar-Idee. Kunststoff-Geschichte vom Zelluloid zum Superchip. Düsseldorf: Econ (1989)

Umweltbundesamt: Was Sie schon immer über Umweltchemikalien wissen wollten - Ausgabe 1991. Stuttgart: Kohlhammer (1990)

Umweltbundesamt (Hg.): Handbuch Chlorchemie I. - Gesamtstofffluß und Bilanz. Berlin: UBA (1992) [=UBA Texte 55/91]

Umweltbundesamt (Hg.): Handbuch Chlorchemie I. - Ausgewählte Produktlinien. Berlin: UBA (1992) [UBA Texte 42/92]

Unseld, Godela: Maschinenintelligenz oder Menschenphantasie? Ein Plädoyer für den Ausstieg aus unserer technisch-wissenschaftlichen Kultur. Frankfurt: Suhrkamp (1992)

Vahrenholt, Fritz: Die Chemisierung unserer Umwelt. In: AGÖF-Rundbrief 2 (1987) S.7-13

Verband der Chem. Industrie (Hrg): Natur und Chemie. Frankfurt: VCI (1986) [= Chemie und Fortschritt Heft 2]

Verg, Erik: Meilensteine [Firmengeschichte Bayer]. Köln: Infomedia (1988)

Vester, Frederich: Neuland des Denkens. Vom Technokratischen zum kybernetischen Zeitalter. München: dtv (1991)

Vieweg: Abgewandelte Naturstoffe. München: Hanser (1965) [=Kunststoff-Handbuch Bd. 3]

Voit, Josef: Handbuch für den Drogen-, Material-, Kolonial- und Farbwaren-Handel. Wien: Selbstverlag (1926)

Vollmer, Günter: Chemie in Hobby und Beruf. Farben, Holzschutz, Korrosoinsschutz, Klebstoffe, Schweiß- und Lötmaterialien, Büromaterialien. München: dtv (1991)

Waddams, A. Lawrence: Chemische Produkte aus Erdöl. Zur Einführung und Übersicht. Basel: Birkhäuser (1970)

Walden, Paul: Geschichte der organischen Chemie seit 1880: Berlin: Springer (1990)

Wassermann, Otmar: Schadstoffbelastung in Innenräumen. Manuskript zum Seminar an der Fachhochschule Fulda am 3./4.5.1985

Wassermann, Otmar: Die schleichende Vergiftung. Die Grenzen der Belastbarkeit sind erreicht. Die Notwendigkeit einer unabhängigen Umwelttoxikologie. Frankfurt: Fischer (1990)

Wegler, Richard (Hg.): Chemie der Pflanzenschutz- und Schädlingsbekämpfungsmittel, Bd. 3: Geschichte, Ökologie, Forschung, Tropenkrankheiten, Textilschautz, Insektizidresistenz, Materialschutz. Berlin etc.: Springer (1976)

Weissermel, Klaus: Industrielle Organische Chemie. Bedeutende Vor- und Zwischenprodukte. Weinheim: VCH (1988)

Weizsäcker, Ernst Ulrich von (Hg.): Waschen und Gewässerschutz. Ein Konflikt kommt zur Sprache. Bericht von 2 Expertengesprächen. Karlsruhe: Müller (1988)

Welham, R.D.: Early History of the Dye Industry. In: J.Soc.Dyers& Colourists 79 (1963) 229-237

Whitney, Charles: Francis Bacon. Die Begründung der Moderne. Frankfurt: Fischer (1989)

Wicke, Lutz: Umweltökonomie. Eine praxisorientierte Einführung. München: Vahlen (1993)

Wickel, Helmut: I.G.-Deutschland - ein Staat im Staate. Berlin (1932)

Winnacker; Küchler: Chemische Technologie, Band 5, Organische Technologie I. München, Wien: Carl Hanser Verlag (1981); Bd. 7: Organische Technologie III (1986)

Yergin, Daniel: Der Preis. Die Jagd nach Öl, Geld und Macht. Frankfurt: Fischer (1991)

Zahn, Joachim: »Dr. Gift« und die ersten Anilinfarbstoffe. Ein 150jähriges Jubiläum In: Bayer Farben Revue Nr.36 (1984) S.47-71

Zeschmar-Lahl, Barbara: Der umweltfreundliche Haushalt. Tips, Ideen, Informationen. Niedernhausen/Ts: Falken (1991)

Index